JN261780

流体力学

非圧縮性流体の流れ学

中山 司 著
Nakayama Tsukasa

森北出版株式会社

●本書のサポート情報を当社 Web サイトに掲載する場合があります．下記の URL にアクセスし，サポートの案内をご覧ください．

http://www.morikita.co.jp/support/

●本書の内容に関するご質問は，森北出版 出版部「(書名を明記)」係宛に書面にて，もしくは下記の e-mail アドレスまでお願いします．なお，電話でのご質問には応じかねますので，あらかじめご了承ください．

editor@morikita.co.jp

●本書により得られた情報の使用から生じるいかなる損害についても，当社および本書の著者は責任を負わないものとします．

■本書に記載している製品名，商標および登録商標は，各権利者に帰属します．

■本書を無断で複写複製（電子化を含む）することは，著作権法上での例外を除き，禁じられています．複写される場合は，そのつど事前に(社)出版者著作権管理機構（電話 03-3513-6969，FAX 03-3513-6979，e-mail：info@jcopy.or.jp）の許諾を得てください．また本書を代行業者等の第三者に依頼してスキャンやデジタル化することは，たとえ個人や家庭内での利用であっても一切認められておりません．

はじめに

　機械には必ず可動部分がある．自動車や航空機のように機械自体が動くものもある．大気中や水中，水上で機械を動かすと空気や水の流れが生じ，その流れは機械の効率に少なからぬ影響を及ぼす．すなわち，効率のよい機械をつくるためには機械の稼働にともなう周囲の流体の動きを把握することが重要である．これが，流体力学を機械工学の4力学の一つとして重要視するゆえんである．

　本書は，機械工学系の学部学生がはじめて流体力学を学ぶための教科書としてまとめられた．流体力学には大別して実験流体力学と理論流体力学があるが，本書が扱う内容は理論流体力学である．したがって，本書のなかでは多くの数式が飛び交っている．この数式の多用，とくに微積分を用いた数式の使用が，流体力学は難解であるとして学生に敬遠される理由のようである．しかし，流れが引き起こす現象やそれが機械に及ぼす影響を，理論にもとづいて事前に予測するためには数式の使用は必須である．理論流体力学を習得するためには，数式を用いて推論する技能を会得することが重要である．そのためには，数式の使い方，とくに式変形の過程を理解することが重要である．しかし，式変形の過程や公式の導出過程を独学できるレベルにまで詳しく解説している教科書は少ないように思われる．これが本書を執筆しようと思い立った大きな理由である．

　本書は以下の方針にしたがって執筆されている．

① 「流れのなかに置かれた物体は，なぜ力（抗力）を受けるのか」を本書の主題とする．粘性のない理想的な流体の理論の帰結として，流れのなかの物体には抗力がはたらかないことを示し，抗力の発生には流体の粘性が重要な要因であることを説明する．そのうえで，粘性流体の流れの理論を展開し，抗力の発生のメカニズムを解説する．流体の粘性の作用に注目して解説を展開するので，圧縮性流体の力学は割愛する．

② 機械が動けばその周囲の流体も動く．そのとき流体の運動は機械の可動部分にどのような作用を及ぼすのか，その作用によって機械の効率はどのように変化するのか，という問いに答えることが機械工学における流体力学の役割である．したがって，本書ではアルキメデスの原理（浮力の原理）に代表される流体静力学

は扱わず，話題を流体動力学に絞る．
③ 従来の学部学生用の流体力学の教科書では，非粘性流体の理論に複素関数を使用しており，複素関数論の履修が前提条件になっている．しかし，流体力学の講義の前に複素関数論が講じられているとは限らず，また複素関数の使用は流れのイメージをつかみにくいなど，流体力学を学ぶうえで高いハードルになっている．そこで，本書では複素関数の使用を排除し，学部1，2年次の微積分の知識のみで読破できるよう解説の方法を工夫する．
④ 流体力学の学習において重要なことは，流れのパターンのイメージをつかむことである．しかし，コンピューターゲーム世代の最近の学生は，情報を画像で与えられることに慣れており，文章や数式から流れのイメージを頭のなかに描くことがにがてのようである．それが流体力学の学習を妨げる要因の一つになっているように思われる．そこで，本書では，できるだけ多くの図や可視化写真を用意し，読者の理解の助けとする．
⑤ 計算練習のための演習問題ではなく，実際の現象への応用力が身につくように，日常生活で経験する実際的な流れ現象を演習問題に採用する．そして，問題内容の理解を助けるために，演習問題にも説明のための図を付ける．

著者は，上述の執筆方針にしたがって流体力学の理論のなかから基本的なものを選び，できる限りわかりやすく説明したつもりであるが，説明が独りよがりになっているところがあることを危惧している．読者からのご指摘，ご意見をいただければ幸いである．本書によって流体力学に興味をもち，圧縮性流体の力学や乱流の力学も学んでみようと思っていただけるならば望外の喜びである．

執筆方針にも述べたように，理解の一助として，できるだけ多くの図や写真を掲載することを心がけた．しかし，流れの可視化写真，とりわけ見る者に感銘を与える美しい写真は誰にでも簡単に撮れるものではない．そのため，良書の写真を引用させていただいた．引用を許可してくださった，一般社団法人 日本機械学会，一般財団法人 東京大学出版会，株式会社 朝倉書店，株式会社 講談社，丸善出版株式会社に御礼を申し上げる．さらに，補助人工心臓の写真（図 1.2）を提供してくださった山根隆志博士（神戸大学教授）と，自然界で観察されたカルマン渦列の写真（図 7.21）の使用を許可してくださった木村龍治博士（東京大学名誉教授）に御礼を申し上げる．また，本書の構成について貴重なアドバイスをくださり，編集の労をとられた森北出版の大橋貞夫氏，小林巧次郎氏に御礼を申し上げる．

2013年7月

著者 記す

目　　次

第 1 章　流体と流れ　　1
1.1　暮らしと流れ　　1
    1.1.1　生活のなかの流れ　　1
    1.1.2　人体のなかの流れ　　2
    1.1.3　スポーツにおける流れ　　3
    1.1.4　自然界の流れ　　4
    1.1.5　工学における流れ　　5
    1.1.6　暮らしと流れの科学　　7
1.2　流れを観る　　7
1.3　連続体と流体　　8
1.4　流体の状態量　　10
    1.4.1　密　度　　10
    1.4.2　圧　力　　10
    1.4.3　温　度　　12
1.5　流体の性質　　13
    1.5.1　圧縮性　　13
    1.5.2　粘　性　　15
1.6　流れの分類　　19
    1.6.1　空間的分類　　19
    1.6.2　時間的分類　　20
    1.6.3　流れの状態による分類　　21
1.7　流れの表現　　21
    1.7.1　流　線　　21
    1.7.2　流跡線　　22
    1.7.3　流脈線　　23
    1.7.4　流線，流跡線，流脈線の可視化　　23
演習問題　　24

第2章　非粘性流体の1次元定常流れ　27

- 2.1　流　管　27
- 2.2　質量保存の法則　27
- 2.3　エネルギー保存の法則　28
  - 2.3.1　ベルヌーイの定理　28
  - 2.3.2　ベルヌーイの定理の応用　31
- 2.4　運動量の法則　34
  - 2.4.1　運動量　34
  - 2.4.2　検査面と検査体積　35
  - 2.4.3　運動量の法則の応用　36
- 2.5　プロペラの理論　41
- 2.6　角運動量の法則　44
  - 2.6.1　角運動量　44
  - 2.6.2　角運動量の法則の応用　46
- 演習問題　48

第3章　2次元流れの基礎方程式　55

- 3.1　理想流体　55
- 3.2　流れの観察方法　55
- 3.3　連続の方程式　56
- 3.4　運動方程式　59
  - 3.4.1　ニュートンの運動の第2法則　59
  - 3.4.2　加速度　59
  - 3.4.3　外　力　61
  - 3.4.4　内　力　61
  - 3.4.5　運動方程式　64
- 3.5　角運動量方程式　65
- 3.6　エネルギー方程式　67
  - 3.6.1　エネルギー保存の法則　67
  - 3.6.2　系の外から加えられる熱量　68
  - 3.6.3　系の全エネルギーの増加　68
  - 3.6.4　流体運動によって系の外へ出るエネルギー　69
  - 3.6.5　熱伝導によって系の外へ出る熱量　69
  - 3.6.6　内力が系に対してする仕事　71

　　　　　　　　　　　　　　　　　　　　　　　　　　　　　　　　目　次　**v**

　　　3.6.7　エネルギー方程式 ･････････････････････････････････････ 72
3.7　非圧縮性非粘性流体の流れの基礎方程式 ･････････････････････ 74
演習問題 ･･ 76

第4章　渦，速度ポテンシャル，流れ関数　　　　　　　　　　　79

4.1　流体粒子の運動と変形 ･･････････････････････････････････････ 79
　　　4.1.1　伸長変形 ･･･ 80
　　　4.1.2　せん断変形 ･･ 81
　　　4.1.3　回　転 ･･ 82
4.2　渦と渦度 ･･ 83
4.3　循　環 ･･･ 85
4.4　渦の不生不滅の定理 ･･ 88
4.5　速度ポテンシャル ･･ 90
4.6　流れ関数 ･･ 91
4.7　基本的なポテンシャル流れ ･･････････････････････････････････ 95
　　　4.7.1　調和関数 ･･･ 95
　　　4.7.2　一様流 ･･ 96
　　　4.7.3　わき出しと吸い込み ････････････････････････････････････ 97
　　　4.7.4　二重わき出し ･･ 100
　　　4.7.5　渦 ･･ 104
　　　4.7.6　円柱まわりの流れ ････････････････････････････････････ 105
演習問題 ･･･ 107

第5章　ベルヌーイの式とその応用　　　　　　　　　　　　　111

5.1　一般化されたベルヌーイの式 ･･·· 111
5.2　一様流中の円柱にはたらく力 ･･··· 113
　　　5.2.1　円柱が静止している場合 ･･････････････････････････････ 113
　　　5.2.2　円柱が回転する場合 ･･････････････････････････････････ 115
5.3　定常流れのベルヌーイの式の応用 ････････････････････････････ 119
　　　5.3.1　貯槽からの液体の流出 ･･･････････････････････････････ 120
　　　5.3.2　ピトー静圧管 ･･ 120
　　　5.3.3　いくつかの身近な現象 ････････････････････････････････ 122
5.4　一般化されたベルヌーイの式の応用 ･･････････････････････････ 123
演習問題 ･･･ 125

第6章　粘性流体の2次元流れ　131

- 6.1　応力の構成式 …………………………………………………… 131
- 6.2　ナビエ・ストークス方程式 …………………………………… 133
- 6.3　境界条件 ………………………………………………………… 134
  - 6.3.1　固体壁境界 …………………………………………… 135
  - 6.3.2　流入境界，流出境界 ………………………………… 135
- 6.4　ナビエ・ストークス方程式の厳密解 ………………………… 136
  - 6.4.1　ポアズイユ流れ ……………………………………… 136
  - 6.4.2　クエット流れ ………………………………………… 138
  - 6.4.3　ポアズイユ流れにおける流体内の温度分布 ……… 140
  - 6.4.4　レイリー問題 ………………………………………… 143
- 6.5　流れの方程式の無次元化 ……………………………………… 148
- 6.6　レイノルズの相似法則と模型実験 …………………………… 149
- 6.7　レイノルズ数の物理的意味 …………………………………… 153
- 6.8　重力項をもつナビエ・ストークス方程式の無次元化 ……… 155
- 6.9　遅い粘性流れ …………………………………………………… 156
  - 6.9.1　ストークス近似 ……………………………………… 156
  - 6.9.2　すべり軸受の潤滑油膜内の流れ …………………… 158
- 演習問題 ……………………………………………………………… 162

第7章　境　界　層　167

- 7.1　速い流れに対する近似 ………………………………………… 167
- 7.2　平板表面の境界層 ……………………………………………… 168
- 7.3　境界層近似 ……………………………………………………… 169
- 7.4　ブラジウスの解 ………………………………………………… 172
- 7.5　境界層厚さ ……………………………………………………… 176
- 7.6　平板表面にはたらく粘性摩擦力 ……………………………… 180
- 7.7　境界層の運動量積分方程式 …………………………………… 181
  - 7.7.1　境界層方程式の積分 ………………………………… 181
  - 7.7.2　平板表面の境界層への応用 ………………………… 184
- 7.8　境界層のはく離 ………………………………………………… 188
- 7.9　境界層制御 ……………………………………………………… 191
- 7.10　カルマン渦列 ………………………………………………… 193
- 演習問題 ……………………………………………………………… 196

第 8 章　流れのなかの物体にはたらく力　　201

8.1　層流と乱流 ………………………………………………………… 201
8.2　揚力と抗力 ………………………………………………………… 203
8.3　翼と揚力 …………………………………………………………… 208
　　8.3.1　翼と翼型 ……………………………………………………… 208
　　8.3.2　揚力の発生 …………………………………………………… 210
8.4　抗力係数とレイノルズ数 ………………………………………… 211
8.5　流れのなかの物体にはたらく力の計算 ………………………… 216
演習問題 …………………………………………………………………… 222

第 9 章　非ニュートン流体　　227

9.1　ニュートン流体と非ニュートン流体 …………………………… 227
9.2　非ニュートン流体の特徴的な挙動 ……………………………… 228
　　9.2.1　せん断速度依存粘性 ………………………………………… 228
　　9.2.2　ワイセンベルグ効果 ………………………………………… 229
　　9.2.3　バラス効果 …………………………………………………… 229
　　9.2.4　サイフォン効果 ……………………………………………… 230
9.3　非ニュートン流体のモデル化 …………………………………… 231
　　9.3.1　非ニュートン流体の特性の時間依存性 …………………… 231
　　9.3.2　時間非依存の流体 …………………………………………… 231
　　9.3.3　時間依存の流体 ……………………………………………… 235
　　9.3.4　粘弾性流体 …………………………………………………… 235
9.4　法線応力効果 ……………………………………………………… 241
9.5　べき乗則流体のポアズイユ流れ ………………………………… 243
演習問題 …………………………………………………………………… 245

第 10 章　流れの測定　　247

10.1　圧力の測定 ………………………………………………………… 247
　　10.1.1　液柱圧力計 …………………………………………………… 247
　　10.1.2　弾性圧力計 …………………………………………………… 250
　　10.1.3　圧力変換器 …………………………………………………… 251
　　10.1.4　全圧管と静圧管 ……………………………………………… 252
10.2　流速の測定 ………………………………………………………… 252
　　10.2.1　浮遊物の利用 ………………………………………………… 253
　　10.2.2　ピトー静圧管 ………………………………………………… 253

　　　　10.2.3　熱線風速計 …………………………………………… 254
　　　　10.2.4　レーザードップラー流速計 ……………………………… 255
　10.3　流量の測定 ………………………………………………………… 256
　　　　10.3.1　絞り流量計 …………………………………………… 256
　　　　10.3.2　面積流量計 …………………………………………… 258
　10.4　粘度の測定 ………………………………………………………… 259
　　　　10.4.1　細管粘度計 …………………………………………… 259
　　　　10.4.2　回転粘度計 …………………………………………… 261
　　　　10.4.3　落体粘度計 …………………………………………… 261

第11章　次元解析　263

　11.1　単　位 …………………………………………………………… 263
　11.2　次　元 …………………………………………………………… 264
　11.3　次元解析 …………………………………………………………… 265
　11.4　次元解析の実際 ……………………………………………………… 267

付録A　ギリシャ文字　272

付録B　水と空気の物性値　273

演習問題解答　275

参 考 文 献　284

索　引　285

第1章

流体と流れ

1.1 暮らしと流れ

　"流体"という言葉を耳にするとわれわれは水や空気を思い浮かべる．たとえば，「水は方円の器に従う」ように，水や空気は自由に形を変えることができる．この性質は水や空気の移動や運動を引き起こす．この動きが"流れ"である．

　大気という空気の海の底で活動するわれわれ人間の周囲には，絶えず空気の流れが存在する．大きいものでは偏西風のような地球的規模の流れから，小さいものでは人間が呼吸するときの気管のなかの流れまでさまざまである．また，われわれのまわりには川や海のように水が存在する．川は高地から海へ向かって流れ下り，海は海流となって地球的規模で流れる．堅固そのもののような大地の地下深くでは溶岩が流れている．このように，地球上に暮らす人間の周囲にはいろいろな流れが存在し，われわれの暮らしに深く関わっている．流れのなかには洪水や津波，台風のように人間生活に脅威を与えるものがあり，われわれはそれらから生命や財産をどのように守るか，流れをどのように制御すればよいかを考えてきた．その一方で，人間は流れを利用することによって生活の質を向上させてきた．古くは風車や水車，現代においては飛行機の発明である．そこで，われわれの暮らしのなかに生じるさまざまな流れを概観して，これから学ぶ流体力学がいかに広範囲の現象に関わっているかを理解しよう．

1.1.1 生活のなかの流れ

　われわれが日常生活のなかで目にする頻度が最も高い流れといえば，水道水の流れであろう．読者は水道の蛇口の吐水口のなかを見たことがあるだろうか．吐水口のなかには図1.1のような花びらの形をした奥行き約 8 mm の部品が入っている．これは整流板とよばれるものである．水道水は蛇口内の複雑な形状の流路を通ってくるために流れが乱れている．そのため，そのまま吐水口から放出すると水が四方に飛び散ってしまう．そこで，水流を一方向に整えるために整流板が取り付けられている．日常生活で使う何気ない道具にも，流れに注目し制御するための工夫が施されている．

　芝生や花壇に水をまくときにホースを使うことがある．このとき水の出が弱いと，

図 1.1 吐水口のなかの整流板

われわれはホースの口を指でつぶす．すると，水は勢いよく遠くへ飛ぶようになる．なぜそうすると水の勢いが強くなるのかはわからなくても，われわれは経験的にそうすればよいことを知っている．空気や水に囲まれ，それを利用して生活しているわれわれには，流れを操作したり制御するための経験にもとづいた知恵がたくさんある．オーストラリア原住民のアボリジニが発明したといわれるブーメランもそのような知恵の産物である．

現代において，室内清掃の必需品といえば電気掃除機であろう．忙しい現代人は掃除機を使って床に落ちている塵やごみを吸い取るだけで掃除を終えてしまうが，果たしてそれで室内は本当にきれいになっているのだろうか．実はそうではない．毎日こまめに掃除機をかけている部屋よりも，週に数回モップで床を拭いている部屋のほうが床の上の塵が少ないという実験結果がある．塵のなかでもダニの死骸や花粉のような大きさが 100 μm 以下の微小なものは，掃除機の排気が作る流れにのって空中へ飛散している．飛散した塵は数時間空中を漂ったのち，再び床や食卓の上に落下する．掃除機で吸い取ることができるのは髪の毛のように重くて飛散しにくいごみだけで，微小な塵は取りきれていないのである．

1.1.2　人体のなかの流れ

人間の体のなかにも流れがある．血液やリンパ液などの体液の流れや口から肺に至る空気の流れである．歳をとると血管中に血栓ができやすくなるが，この現象には血流と血管壁の間に生じるせん断応力が影響することがわかっている．血栓ができるメカニズムを解明するためには，血管内の血液の流れの性質を知ることが重要である．

近年，人工心臓などの人工臓器の開発が進められ，一部では実用化されている．図 1.2 は補助人工心臓である．これは，心臓のはたらきの一部を助けて血液循環を補助する装置である．人工臓器において重要なことは，体液や空気などの流体を一定量ずつ規則的に輸送することである．そのためには，人工臓器の各部分における流れの詳

図 1.2 循環補助用遠心血液ポンプ（(独) 産業技術総合研究所提供）

細を正確に把握しておかなければならない．血液の流れを知るためには，流体としての血液そのものの特性を知っておくことも重要である．血液は，血漿（けっしょう）とよばれる液体成分のなかに赤血球や白血球，血小板という固体成分が分散した構造をもっている．このために，液体成分だけからなる水やアルコールなどとは異なる特異な性質をもっている．血液の特異な性質が血液独特の流れをつくり出している．

1.1.3 スポーツにおける流れ

ヨット，ハンググライダー，パラグライダーなど，空気の自然な流れを利用するスポーツがある一方で，人工的な流れをつくり，これを巧みに利用するスポーツもある．たとえば野球の変化球である．ボールに水平面内の回転を与えて，ボールのまわりに周回する流れをつくると，流体力が発生して球筋が曲がる．これがカーブである．また，ボールに鉛直面内の回転（バックスピン）を与えて鉛直上向きの力を発生させ，その力とボールにはたらく重力をつり合わせると，まっすぐな球筋になる．これが直球である．どちらもボールの回転によって生じる空気の流れを利用するもので，たとえば月面でボールに回転を与えながら投げてもカーブは生じない．

モータースポーツの花形，F1レースで使われるレーシングカー（F1マシン）も空気の流れを巧みに利用している．F1マシンは約 300 km/h の高速で走行する．これは，軽飛行機なら飛行できるほどの速さである．そこで，車体が浮かび上がらないように車体を押さえつける下向きの力を発生させなければならない．F1マシンの前後に翼が取り付けられているが，この翼がつくり出すのは下向きの力全体の約60%である．それでは残りの40%の力はどのようにしてつくられているのだろうか．実は，車体そのものが下向きの力をつくり出しているのである．F1マシンは，そのような力が発生するように車体形状に工夫が施されている（第2章の図2.10参照）．

ゴルフボールの表面には，ディンプル (dimple) というくぼみが多数付けられてい

る（第8章の図8.13参照）．ピンポン玉のように表面がなめらかなほうが空気との間の摩擦力が減って空気抵抗が小さくなるように思われるが，なぜくぼみを付けて表面を粗くしているのだろうか．物体の運動を妨げる流体の力を抗力 (drag) という．流れのなかの物体にはたらく抗力には2種類ある．一つは物体表面に生じる摩擦力によるもので，摩擦抗力 (friction drag) という．もう一つは，物体の上流側と下流側の間に生じる圧力差によるもので，圧力抗力 (pressure drag) という．一般に，球形の物体の場合，摩擦抗力の大きさを1とすると圧力抗力の大きさは約9である．したがって，ゴルフボールの場合，飛距離をのばすには摩擦抗力を減らすよりも圧力抗力を減らすほうが効果的である．ディンプルには，ボールの表面の流れを制御して圧力抗力を減らす効果がある．その効果については第8章で解説する．

1.1.4 自然界の流れ

地球を覆う大気は地球の自転の影響を受けて，常に西から東に向かって流れている．そして，地形や高層建築物によって局地的に複雑な流れがつくり出されている．また，大気の流れは気象のさまざまな変化に影響を及ぼしている．現在では，地球的規模の大気循環のモデル化に関する研究が進み，コンピューターによる計算によって気象の変化を予測する，数値予報の技術が確立されつつある．

地球の表面は厚さ数10 kmの地殻とよばれる岩盤で覆われている．その下には約2900 kmの深さまで，溶けた造岩物質のマグマが存在する．マグマは地球の核の約5700°Cという高温で熱せられて上昇し，地殻付近で冷やされて下降する．その結果，図1.3のようなマントル対流が生じる．マグマは粘り気の強い物質であるため，マントル対流によって地殻はせん断力を受け，流れの向きに引きずられるように移動する．冷えたマグマが沈み込むとき地殻も引きずられて沈み込み，そこに深い溝が形成される．これが海溝である．海溝部では二つの地殻が互いの間にはたらくせん断力に

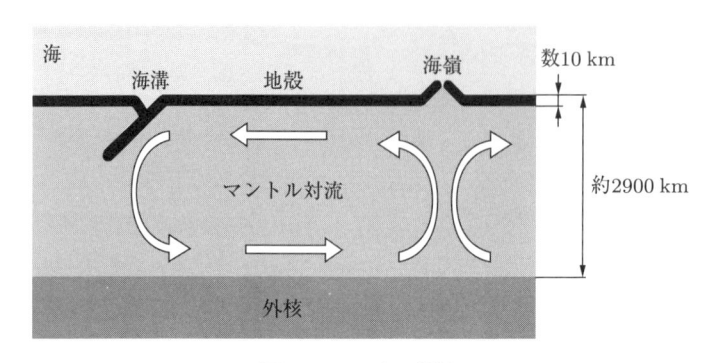

図 1.3 マントル対流

よって沈み込んでいるが，このせん断力に耐えられなくなって一方の地殻が弾けるときに生じるのが地震であり，弾けてもち上がった地殻が海水を上昇させて発生するのが津波である．マントル対流による地殻の移動が，数億年の規模で続いた結果が大陸移動である．地球の深部に存在する流れが，われわれの生活や生活環境の形成に大きな影響を及ぼしている．

1.1.5 工学における流れ

　流体の流れを利用する機械として，われわれが真っ先に思い浮かべるのは船と飛行機であろう．船の歴史はたいへん長い．最初は木材を組んで筏を作り，川や海の流れに任せて移動していたものが，丸太をくり抜いてカヌーをつくり人力で移動するようになり，ついには風の力を利用して大海原を自由に航行できる帆船を完成させた．これによって，人間は地球的規模での移動や交易を可能にしたことはよく知られている．飛行機は人類の英知がつくり上げた最高傑作の一つであろう．空気の流れを利用するために空気やその流れの性質を実験によって調べ，機体や翼のまわりの流れを予測するための理論を構築していった．まさに飛行機の開発と流体力学の理論の構築は二人三脚であった．ブーメランは，獲物に当たらなければUターンして元へ戻ってくるという画期的な狩猟道具であるが，その断面形は飛行機の翼の断面形と同じである．流体力学の理論が構築されるはるか以前に，経験とおそらくは試行錯誤によって空気の流れの性質を知り，それを応用した道具をつくり上げたことを考えると，人智の計り知れない可能性を感じる．

　船や飛行機以外にも，現代の道具のなかには流れを巧みに利用しているものがある．コンピューターの記憶媒体として使われるハードディスクドライブは，金属製の円板に磁気によってデータを記録するものである．その構造は図 1.4 に示すように，

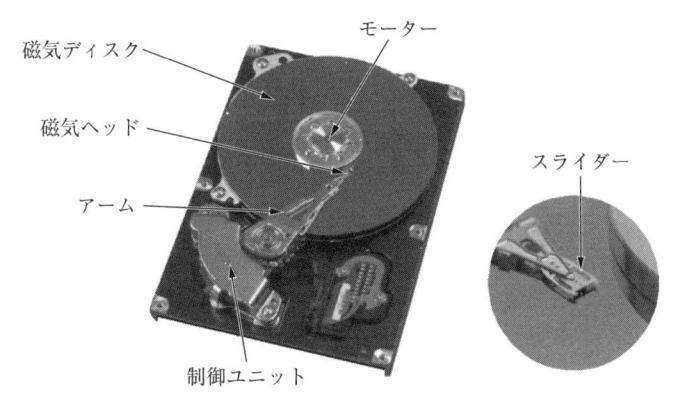

図 **1.4**　ハードディスクの構造

金属製の磁気ディスクとそれを回転させるモーター，磁気情報を読み書きする磁気ヘッド，磁気ヘッドの位置制御を行うユニットからなる．磁気ヘッドは制御ユニットから伸びるアームに取り付けられている．磁気ヘッドは磁気ディスクに対して一定の高さに固定されているのではない．磁気ヘッドの先端にあるスライダーとよばれる平板が，磁気ディスクの回転によって生じる空気の流れがつくる揚力（上向きの力）を得ることによって浮上しているのである．磁気ヘッドと磁気ディスクの間隔は 10 nm（ナノメートル，$1 \text{ nm} = 10^{-9} \text{ m}$）程度である．髪の毛の太さがおよそ 0.1 mm であるから，磁気ヘッドと磁気ディスクのすき間は髪の毛の太さの 1 万分の 1 しかない．このようなことを可能にするためには，ディスクの回転によって生じる気流の精密な制御が必要である．

　工業製品の製造過程では，金属板を切断していろいろな形状の部品をつくることがある．通常，このような切断作業には金鋸（かなのこ）や砥石（といし）が使われるが，近年，直径 1 mm 程度の細いビーム状の高速高圧水噴流を使って切断する，ウォータージェット技術が注目されている．紙や布地などの柔らかい材料から金属や鉄筋コンクリートのような硬い材料まで幅広く利用されつつある．切断箇所の温度が低いので，切断箇所の材料組織の熱による変性が起こらないことが特徴の一つである．そこで，ウォータージェットを手術用メスとして用いると，切断面の細胞組織の変性や壊死が起こらないことが期待できる．このことから，医療現場では低圧のウォータージェットメスが肝臓手術などに利用されている．図 1.5 は，アルミ板をウォータージェットで切断している写真である．コンピューターでノズルの移動経路を制御すると，図のようななめらかな曲線を描きながら切断することが可能である．

　日本に数十階を擁する高層ビルが建てられるようになって久しい．地震多発国の日本において高層ビルの建築が可能になった背景には，耐震設計の手法の向上がある．たとえば，竹はしなやかにたわんで強風による力を受け流すことによって身を守っている．同じように，高層ビルには地震のエネルギーを吸収するように柔構造が使われ

図 1.5 ウォータージェットによるアルミ板の切断

ている.ところが,この柔構造のために高層ビルは強風によって揺れやすいという性質をもっている.1979年,台風19号が関東地方を直撃したとき,新宿副都心の高層ビルのなかで働いていた人々が,船酔いに似た症状を起こしたという報告がある.強風によってビルが一日中揺れたためである.高層ビルの風による揺れを防ぐためにさまざまなタイプの制振装置が考案されているが,制振装置を取り付けるためには高層ビルのまわりにどのような流れが生じ,どのような特性をもっているのかを把握する必要がある.

1.1.6 暮らしと流れの科学

地球はさまざまな流れに満ちている.われわれは,津波や洪水のような流れがもたらす災いに悩まされる一方で,流れを巧みに利用して生活の質を向上させている.高性能の機械製品をつくるためには,流れについての高度な知識が要求されるが,流れについての知識は技術者だけのものではない.一般の人々も,流れについて知り,なぜそのような現象が起こるのかという疑問に対する答えを知り,今まで経験的に知っていた流れに対する操作の理由を知ることは生活を豊かにすることにつながる.その意味で"流れの科学"は"生活の科学"であるといえる.

1.2 流れを観る

流体の流れを理解するための第一歩は,流れを観察することである.流体力学の研究も,まず実験によって流れを再現し,観察することからはじまる.流体力学の実験では,水や空気の流れを用いることが多い.水の流れを利用する装置を水槽 (water channel) といい,空気の流れを利用する装置を風洞 (wind tunnel) という.しかし,水や空気だけでは流れの詳しい様相は把握できない.たとえば,水面に浮かぶ木の葉や煙突から吐き出される煙の動きを通して川の水や大気の動きを知ることができるように,流れの様相を把握するためには木の葉や煙のような目印を流体と一緒に流す必要がある.このような目印をトレーサー (tracer) といい,トレーサーを使って流れのパターンやその変化を目に見えるようにすることを流れの可視化 (flow visualization) という.流体力学の実験では,いろいろなものがトレーサーとして使われている.色素や煙のほかに,水素の気泡や高電圧によって生じる火花も使われる.たとえば,図1.6は円柱まわりの水の流れのようすを示した実験写真で,白線は水素気泡の集まりである.円柱の上流に,流れに直交するように金属の細い線を張っておく.金属線の表面には一定の間隔で絶縁材を塗っておく.金属線が陰極となるように電気回路を組み,金属線に通電すると,絶縁材が塗られていない部分で水の電気分解が起こり,

図 1.6 水素気泡法による円柱まわりの流れの可視化（文献 [3]）

そこに水素気泡が発生する．この水素気泡が，流れのパターンに従って流れることによって，円柱まわりの流れの様相を可視化してくれる．このような，流れの可視化のためのいろいろな手法が文献 [1] に詳しく解説されている．また，いろいろな流れの可視化写真を集めた写真集として文献 [2, 3, 4] がある．水槽や風洞を自由に使える環境はなかなかないので，これらの写真集を活用して流れに親しんでいただきたい．

近年のディジタルコンピューターの性能向上にともなって，コンピューターを利用する可視化法も実用化されている．その一つは，気流や水流のなかに多数の微粒子を浮遊させ，微小時間の間の粒子の軌跡をコンピューターで解析して流れの速度を求める方法で，PIV(particle image velocimetry) とよばれる．PIVについては，たとえば文献 [5, 6] を参照していただきたい．また，流れの支配方程式を数値計算で解いて，流れのシミュレーション画像をディスプレイ上に表示する方法もある．これは計算流体力学 (computational fluid dynamics，略して CFD) とよばれ，理論流体力学や実験流体力学と並ぶ流体力学の一分野になっている．計算流体力学に関する参考文献としては，たとえば文献 [7, 8] がある．

1.3 連続体と流体

気体，液体，固体の区別なく，あらゆる物体は原子や分子で構成されている．物体の運動を議論するとき，その微細構造にまで立ち入って個々の原子や分子の運動を調べることは不可能であり，その必要もない．なぜならば，われわれが目にする水や空気の運動は一個一個の分子の運動ではなく，無数の分子の運動の平均化されたものであるからである．そこでは，分子の種類や分子構造に関する情報は無用である．

たとえば，密度という量を考えてみよう．密度は単位体積あたりの質量である．一般に，物体は場所によって密度が異なる．その場合，密度の数学表現として，密度を位置の連続関数と考えて物体内の各点において密度を定義する．たとえば，点 $P(x,y,z)$ における密度を定義するためには，図 1.7 のようにその点のまわりに小さい体積領域を設け，その領域の質量を体積で割って平均密度を求め，体積を限りなく 0 に近づけ

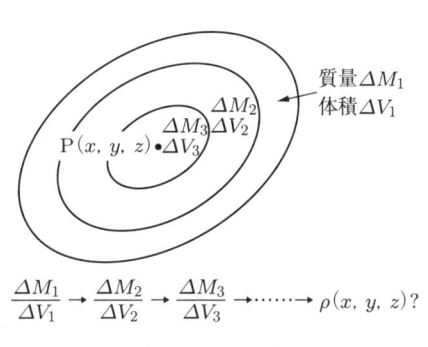

図 1.7 点 P における密度の定義

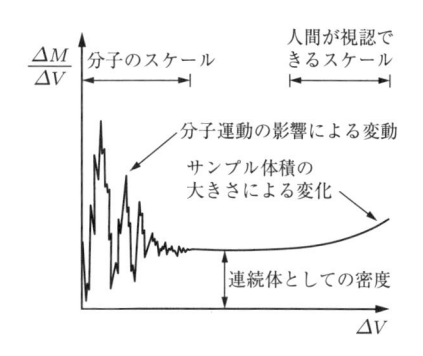

図 1.8 体積の大きさの違いによる密度の変化

るときの平均密度の極限値を求める方法が考えられる．しかし，そのようにして求める極限値は必ず一定値に収束するだろうか．体積領域を分子のスケールまで縮めると，注目する体積領域の中に含まれる分子の種類や数が影響するようになり，図 1.8 のように平均密度の値は大きく不規則に変動してしまう．したがって，この場合，空間的に広がりのない（すなわち体積が 0 の）数学的な点を考えることは無意味である．アボガドロの法則[1]によれば，常温，常圧下の空気では，1 辺が 1 μm の立方体のなかには約 2700 万個の分子が存在する．1 辺が 1 μm の立方体はわれわれが日常扱う物体の大きさに比べれば十分に小さく，われわれの目には点にしか見えない．一方，2700 万個の分子数は平均密度を求めるのに十分な数であり，分子数が多少変化しても平均密度への影響は小さい．そこで，物体をこのような微小体積領域の集合体と考え，微小体積領域の平均密度をその領域が存在する位置（点）の密度とみなすと，われわれの知覚的なスケールでは密度を位置の連続関数と考えることができる．同様にして，圧力や温度など物体の状態を表す量も位置の連続関数と考えることができる．

このようにして，物体を構成する分子の種類や構造には立ち入らず，どれほどミクロに観察しても，たとえば水と同じ性質をもつ物質が空間に連続的に分布する仮想的な物体を考える．このような仮想的な物体においては，密度などの物理量を位置の連続関数として表現することができるので，微積分を用いて物体の状態や運動を表す数学モデルを構築することができる．この仮想的な物体を連続体 (continuum) という．たとえば，本書のなかで"水の流れ"という表現が出てきたときの"水"は，H_2O という分子の集合体ではなく，現実の水とまったく同じ性質をもつ連続体という意味である．連続体のなかで，形を自由に変えられる物体を流体 (fluid) という．流体はそ

---

[1] 圧力と温度が一定のとき，同じ体積中に含まれる気体分子の数は等しい．1 モル (mole) 中の分子の数は一定で，6.02×10^{23} 個 (アボガドロ数) である．

の形を変えながら運動する．この運動を流動または流れ (flow) という．

流体のなかに置かれた物体にはたらく力を計算したり，流体の運動を調べる学問を流体力学 (fluid mechanics) というが，これは流体の状態に応じて次の二つに分けられる．

① **流体静力学**：浮力や水圧のように，静止した流体中の物体にはたらく力を調べる学問を流体静力学 (fluid statics) という．アルキメデスの原理やパスカルの原理などがよく知られている．

② **流体動力学**：流体の運動とそれによって起きるさまざまな現象を調べる学問を流体動力学 (fluid dynamics) という．

本書では流体動力学を解説する．

1.4 流体の状態量

流体の状態は密度，圧力，温度などの熱力学的な量で表現される．

1.4.1 密　度

流体の単位体積あたりの質量を密度 (density) という．一般に，流体は一様ではないので，流体内の任意の点における密度は次式で定義される．

$$\rho = \lim_{\Delta V \to 0} \frac{\Delta M}{\Delta V} \tag{1.1}$$

ここに，ΔV は微小な流体の塊の体積であり，ΔM は ΔV に含まれる流体の質量を表す．前節で述べたように，体積 ΔV の極限は連続体としての極限であり，分子のスケールまで考えるわけではない．

4°C の水の密度 $\rho_w = 999.973 \text{ kg/m}^3$ に対するほかの物質の密度 ρ の比 ρ/ρ_w を比重 (specific gravity) という．

流体の単位体積あたりの重量を γ とすると，密度 ρ との間に

$$\gamma = \rho g \quad (g \text{ は重力加速度}) \tag{1.2}$$

なる関係が成り立つ．このとき γ を比重量 (specific weight) という．

1.4.2 圧　力

流体内に面積 S の平面を考え，その面に垂直にはたらく力を F とするとき，F/S を圧力 (pressure) という．一般に，流体内に生じる力は一様ではないので，流体内の任意の点における圧力は次式で定義される．

$$p = \lim_{\Delta S \to 0} \frac{\Delta F}{\Delta S} \tag{1.3}$$

ここに，ΔS は注目する点を中心とする微小な面積要素であり，ΔF はその面積要素にはたらく垂直力を表す．式 (1.3) の極限の意味は式 (1.1) と同じである．

圧力を考えるときには，必ずその圧力が作用する平面を考えなければならない．1 点における圧力を考える場合，その点を通る平面は無数に存在するから，無数の圧力を定義することができる．ところが，それらの無数の圧力はすべて同じ大きさであることが示される．すなわち，流体内の 1 点における圧力は，いずれの方向にも同じ大きさをもつ．それは次のようにして証明することができる．

流体内に，図 1.9 のような，座標軸に平行で長さが $\Delta x, \Delta y$ の 2 辺をもつ直角三角形の微小要素を考える．紙面に垂直方向の厚さを 1 として，三つの面に作用する圧力を図のように定義し，面内では一定とする．また，y 軸の負方向に重力が作用しているとする．三角形内の流体が静止状態にあるとき，力のつり合い式を立てると，

$$\left.\begin{array}{ll}(x\text{ 方向}) & p_x\,\Delta y - (p\,\Delta s)\cos\theta = 0 \\ (y\text{ 方向}) & p_y\,\Delta x - (p\,\Delta s)\sin\theta - Mg = 0\end{array}\right\} \tag{1.4}$$

を得る．ここに，Δs は辺 AB の長さを表し，M は三角形内の流体の質量，g は重力加速度である．三角形の幾何学的な関係より，$\Delta x = \Delta s \sin\theta$，$\Delta y = \Delta s \cos\theta$ が成り立つ．また，流体の密度を ρ とし，三角形内で ρ は一定と仮定すれば，$M = (1/2)\rho\,\Delta x\,\Delta y$ である．これらを式 (1.4) に代入し，整理すると，

$$\left.\begin{array}{ll}(x\text{ 方向}) & p_x = p \\ (y\text{ 方向}) & p + \dfrac{1}{2}\rho g\,\Delta y = p_y\end{array}\right\} \tag{1.5}$$

となる．ここで，△PAB を相似な形に保ったまま点 A, B を限りなく点 P に近づけると，$\Delta x, \Delta y \to 0$ であるから，極限において，

$$p_x = p_y = p \tag{1.6}$$

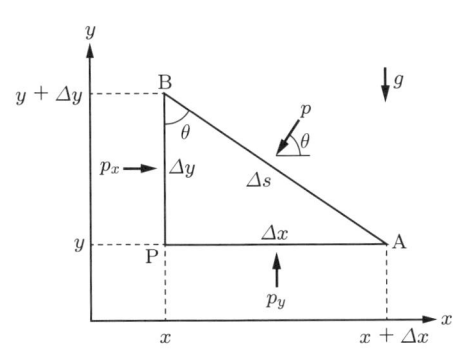

図 1.9 流体中の微小三角形要素

となる.このとき,三つの圧力はいずれも点 P における圧力であって,p_x は点 P を通る x 軸に垂直な面に作用する圧力,p_y は点 P を通る y 軸に垂直な面に作用する圧力,p は点 P を通る y 軸と角 θ を成す面に作用する圧力を表す.式 (1.6) はこれら三つの圧力が等しいことを示している.

流体が運動している場合,三角形内の流体の加速度の x, y 成分をそれぞれ a_x, a_y とすれば,三角形内の流体には x, y 方向にそれぞれ $-Ma_x, -Ma_y$ の慣性力が作用する.慣性力を式 (1.4) の左辺に加えて,上と同様に $\Delta x, \Delta y \to 0$ の極限を考えると,慣性力の項は重力の項と同様に消えてしまう.したがって,流体が運動している場合も式 (1.6) が成り立つ.

圧力の表示には,完全真空を基準にする方法と大気圧を基準にする方法がある.前者の表示方法による圧力を絶対圧 (absolute pressure) といい,後者の表示方法による圧力をゲージ圧 (gauge pressure) という.すなわち,

$$(ゲージ圧) = (絶対圧) - (大気圧)$$

である.ゲージ圧では,大気圧よりも低い圧力は負圧として表示される.SI 単位系の圧力の単位は Pa(パスカル)であり,$1\,\mathrm{Pa} = 1\,\mathrm{N/m^2} = 1\,\mathrm{kg/(m \cdot s^2)}$ である.

大気圧の大きさを表すのに 1 気圧 (1 atm) という表現が使われる.標準大気 (standard atmosphere)[1]) においては,海面上 (高度 0 m) において

$$1\,気圧 = 101325\,\mathrm{Pa} = 760\,\mathrm{mmHg}$$

とされている.

1.4.3 温　度

物質に左右されることのない温度 (temperature) として,絶対温度 (absolute temperature) を用いる.単位は K(ケルビン)である.絶対温度 T [K] と摂氏温度 θ [°C] の間には

---

[1]) 大気中を飛行する航空機の性能は,大気の温度,密度,圧力の状態に依存するが,その大気の物理的な状態は時々刻々と変化する.したがって,航空機の性能を比較するためには標準となる大気の状態を定め,その大気中での性能を表示するのが便利である.このような標準となる大気を標準大気という.国際民間航空機構 (International Civil Aviation Organization, ICAO) が国際標準大気 (International Standard Atmosphere) を定めており,わが国の標準大気も国際標準大気に準拠している (JIS W-0201).標準大気は,乾燥した空気からなる気体で,次の状態にあると定められている.
　① 理想気体とし,ガス定数は $R = 287.053\,\mathrm{J/(K \cdot kg)}$ である.
　② 重力加速度は緯度,高度によって変化せず一定であり,$g = 9.80665\,\mathrm{m/s^2}$ である.
　③ 海面上では,圧力 $p_0 = 101325\,\mathrm{Pa} = 760\,\mathrm{mmHg}$,密度 $\rho_0 = 1.2250\,\mathrm{kg/m^3}$,温度 $T_0 = 15\,°\mathrm{C}$ である.
このほかに,気温と高度の関係も定められている.

$$T = \theta + 273.15 \tag{1.7}$$

の関係が成り立つ．

1.5 流体の性質

1.5.1 圧縮性

たとえば，空気がピストンによって圧縮されるように，気体は比較的容易にその体積を変えることができる．このように，体積が変化し，その結果密度変化を起こす流体の性質を圧縮性 (compressibility) という．水の体積を1%小さくするには100気圧以上もの圧力が必要であるように，液体の体積を小さくすることは容易ではない．すなわち，液体の場合その体積変化はきわめて小さく，その圧縮性を無視することができる．このような性質を非圧縮性 (incompressibility) という．気体の場合でも，流れが遅いときには圧縮性を無視することができるが，流速が流体中の音速に近づいたり，あるいはそれを超えるようなときには圧縮性を無視することはできない．圧縮性を無視できる流体を非圧縮性流体 (incompressible fluid) といい，圧縮性を考慮しなければならない流体を圧縮性流体 (compressible fluid) という．圧縮性流体の流れでは圧力の変化によって体積変化が生じ，密度が変化するが，非圧縮性流体では体積変化は無視されるため密度は一定と仮定される．

一定質量の流体が外から力を加えられて体積を変えるとき，その体積変化と外力との間には比例関係（フックの法則）が成り立つ．たとえば，体積 V の流体に作用する圧力が p から $p + \Delta p$ ($\Delta p > 0$) に増加し，その結果体積が $V + \Delta V$ ($\Delta V < 0$) に減少するとき，

$$\Delta p = -K \frac{\Delta V}{V} \tag{1.8}$$

が成り立つ．ただし，このときの体積変化 $|\Delta V|$ は V に比べて微小であるとする．式 (1.8) の比例定数 K を体積弾性率 (bulk modulus) または体積弾性係数といい，その逆数

$$\beta = \frac{1}{K} \tag{1.9}$$

を圧縮率 (compressibility) という．10°C，1気圧において，水では $K = 2.09\,\text{GPa}$，空気では $K = 0.14\,\text{MPa}$ である[1]．

式 (1.8) において，V を単位質量あたりの体積と考えると，V は密度 ρ の逆数に

---

[1] G(ギガ) は 10^9，M(メガ) は 10^6 を意味する．11.2 節を参照のこと．

等しく，$\rho V = 1$ である．体積が V から $V + \Delta V$ に変化したとき，密度が ρ から $\rho + \Delta \rho$ に変化したとすると $(\rho + \Delta \rho)(V + \Delta V) = 1$ が成り立つ．これを展開し，$\Delta \rho \Delta V$ は高次の微小量として無視すると，

$$\frac{\Delta V}{V} = -\frac{\Delta \rho}{\rho}$$

を得る．したがって，式 (1.8) は，

$$\Delta p = K \frac{\Delta \rho}{\rho} \tag{1.10}$$

となる．これを微分を用いて書き直すと，

$$\frac{K}{\rho} = \frac{dp}{d\rho} \tag{1.11}$$

となる．体積弾性率 K は常に正であるから，$dp/d\rho$ は常に正である．これを a^2 とおくとき，a はその流体内における音速を表す．すなわち，

$$a = \sqrt{\frac{dp}{d\rho}} = \sqrt{\frac{K}{\rho}} \tag{1.12}$$

である．空気の密度 $\rho = 1.247$ kg/m^3 (10°C，1 気圧) と体積弾性率 $K = 0.14$ MPa を用いて 10°C，1 気圧の空気中での音速を計算すると，$a = 335$ m/s となる．

式 (1.10) を書き直すと，

$$\frac{\Delta \rho}{\rho} = \frac{\Delta p}{K} \tag{1.13}$$

となる．K の値が大きい流体では $\Delta \rho / \rho$ は小さく，圧縮性を無視できる．また，圧力変化 Δp が小さい場合も同様である．ところで，流体の速さを q とすれば，圧力変化 Δp の大きさの程度は $\rho q^2 / 2$ の程度であることがわかっている．したがって，

$$\frac{\Delta \rho}{\rho} \sim \frac{\rho q^2 / 2}{K} \tag{1.14}$$

とおける．ここに，記号 $\sim$ は左辺と右辺の大きさの程度が同じであることを表す．そこで，流体の圧縮性を考慮する必要があるか否かを示すパラメータとして，式 (1.14) の右辺の比を用いることができる．式 (1.12) を考慮すると，この比は，

$$\frac{\rho q^2 / 2}{K} = \frac{1}{2} q^2 \left(\frac{\rho}{K} \right) = \frac{1}{2} \left(\frac{q}{a} \right)^2 \tag{1.15}$$

となる．流体の速さ q とその流体中の音速 a との比 q/a をマッハ数 (Mach number) といい，記号 Ma で表す．すなわち，

$$Ma = \frac{q}{a} \tag{1.16}$$

である．マッハ数 Ma は無次元の量である．式 (1.14)～(1.16) より，

$$\frac{\Delta \rho}{\rho} \sim \frac{1}{2} Ma^2 \tag{1.17}$$

という関係が導かれるから，マッハ数は流体の圧縮性の度合いを示す．一般に，工学上の問題では $\Delta \rho / \rho < 0.05$ の範囲では流体の圧縮性を無視して差支えないとされている．これはマッハ数が 0.3 以下の流れに相当する．マッハ数が 0.3 を超える流れでは流体の圧縮性を考慮しなければならない．

1.5.2 粘 性

流体には，水のようにサラサラしているものや，油やグリセリンのようにドロドロしているものがある．このような粘り気を粘性 (viscosity) といい，粘り気の度合いを粘度 (viscosity) という．流体内や流体と固体の間には粘性による力が発生し，その力が流体運動にさまざまな特徴を与えている．

粘性の数量化について考えるために，図 1.10, 1.11 のような実験を考えてみよう．2 枚の平行平板があり，下の平板は固定されており，上の平板は下の平板に平行に自由に動けるようになっている．図 1.10 において，2 枚の平板の間に固体 (たとえば鋼のような金属) をはさみ，平板と固体をしっかりと接着する．そして，上の平板に図のように一定の力 F を加える．このとき，上の平板は Δx だけ変位して停止する．この結果，図中の長方形 ABCD は変形して平行四辺形 ABC′D′ になる．このような変形をせん断変形 (shearing deformation) といい，$\gamma = \Delta x / h$ をせん断ひずみ (shearing strain) という．また，加えた力の単位面積あたりの大きさ $\tau = F/S$ (S は平板の表面積) をせん断応力 (shearing stress) という．弾性学の教えるところによれば，せん断応力 τ とせん断ひずみ γ の間には比例関係

$$\tau = G\gamma \quad (G \text{ は横弾性係数}) \tag{1.18}$$

が成り立つ．これをフックの法則 (Hooke's law) という．

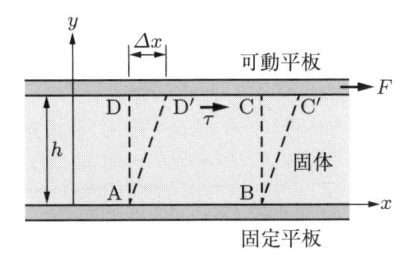

図 1.10 2 枚の平行平板にはさまれた固体の変形

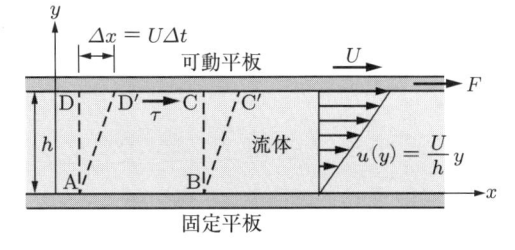

図 1.11 2 枚の平行平板間の流体の流れ

次に，図 1.11 のように 2 枚の平板の間を流体 (たとえば水) で満たして，図 1.10 と同様に上の平板に力 F を加えて動かす．今度は，上の平板は力が加えられている限り動き続け，停止することはない．上の平板が動き出してから十分に時間が経過したときを考えると，流体内には，

$$u(y) = \frac{U}{h}y \tag{1.19}$$

という線形の流速分布をもつ，平板に平行な流れが生じることがわかっている[1]．U は上の平板の移動速さを表す．ここでは，平板を動かす力 F と平板が流体から受ける抵抗（粘性による摩擦力）がつり合っていると考えて，U は一定とする．式 (1.19) によると，上の平板に接している流体部分は上の平板とともに速さ U で運動し，下の平板に接している流体部分は静止していることがわかる．つまり，上下の平板に接触する流体部分は平板に付着している．

図 1.10 と同様に，流体中に仮想的に描いた長方形 ABCD の変形を考えてみよう．前述したように，流体の上の部分は上の平板に引きずられるように移動し，下の部分は静止しているから，長方形 ABCD は平行四辺形 ABC′D′ のように変形する．すなわち，流体もせん断変形を起こす．しかし，流体が固体と異なるのは，流体は力を加えられている間は変形し続けることである．したがって，長方形 ABCD は上の平板が動き続ける限り変形を続け，ある特定の形の平行四辺形で停止することはない．時間が Δt だけ経過したとき，長方形 ABCD が平行四辺形 ABC′D′ に変形したとすると，変位 Δx は $\Delta x = U \Delta t$ と表せる．すなわち，この場合の変位 Δx は，速さ U (つまり，その速さをつくり出している力 F) に依存するだけではなく，力が作用する時間 Δt にも依存する．せん断応力 τ が一定であっても，せん断ひずみ $\gamma = \Delta x/h$ は経過時間 Δt によって変化するから，τ と γ を式 (1.18) のように関係づけることはできない．

そこで，流体の場合，せん断ひずみの時間変化率（単位時間あたりに生じるせん断ひずみ）を用いる．変位 Δx が時間の関数であるから，せん断ひずみも時間の関数と考えて $\gamma(t)$ と表すと，その時間変化率は $d\gamma/dt$ である．これをせん断速度 (rate of shearing) という．ニュートン (Isaac Newton) は，弾性体におけるフックの法則 (1.18) を参考にして，流体においては τ と $d\gamma/dt$ が比例関係にあると考えて，

$$\tau = \mu \frac{d\gamma}{dt} \quad (\mu \text{ は比例定数}) \tag{1.20}$$

とおいた．その後の研究で，水，油，ガソリン，空気などわれわれの身近に存在する多くの流体が式 (1.20) に従うことがわかり，式 (1.20) に従う流体をニュートン流体

---

[1] 6.4.2 項を参照のこと．

表 1.1 主な物質の粘性係数

物　　質	粘性係数 μ [Pa·s]
水素　　　(100°C, 1気圧)	8.8×10^{-6}
水蒸気　　(100°C, 1気圧)	1.21×10^{-5}
空気　　　(20°C, 1気圧)	1.82×10^{-5}
ガソリン†　(20°C)	3.1×10^{-4}
水　　　　(10°C)	1.31×10^{-3}
水銀　　　(20°C)	1.57×10^{-3}
グリセリン　(20°C)	1.50

† 一般的な数値で，製品によって値は変わる．

(Newtonian fluid) とよぶようになった．

流体に一定の大きさの τ が加えられたとする．式 (1.20) より，μ が大きければ $d\gamma/dt$ は小さい．すなわち，μ が大きいほど流体は変形しにくい．このように，比例定数 μ は，流体の，変形に対する抵抗の強さを表し，流体の粘度に関係していると考えられる．そこで，定数 μ を粘性係数 (coefficient of viscosity) とよび，流体の粘度を表す尺度として用いる[1]．表 1.1 にいくつかの流体の粘性係数の値を示す．粘性係数の単位は Pa·s である．

図 1.11 の場合について $d\gamma/dt$ を計算すると，

$$\frac{d\gamma}{dt} = \lim_{\Delta t \to 0} \frac{1}{h} \frac{\Delta x}{\Delta t} = \frac{U}{h} \tag{1.21}$$

となる．流速分布 (1.19) より $du/dy = U/h$ と書けるから，$d\gamma/dt = du/dy$ である．したがって，式 (1.20) は，

$$\tau = \mu \frac{du}{dy} \tag{1.22}$$

のように表すこともできる．

平板に加える力 F と流体が平板に及ぼす粘性による摩擦力はつり合っているから，τ は流体が平板に及ぼす粘性によるせん断応力に等しい．式 (1.20) の τ は平板と流体の間にはたらくせん断応力であったが，流体内に生じるせん断応力についても式 (1.20) が成り立つ．図 1.12 のように，y 軸方向に隣接する三つの微小な流体部分 A, B, C を考えよう．B の部分の流速 u_B は C の部分の流速 u_C よりも大きい．このとき，C の部分は B の部分の運動を妨げるように B の下面に図のような左向きのせん断応力を加える．一方，A の部分の流速 u_A は B の部分の流速 u_B よりも大きいから，B の上面には図のような右向きのせん断応力がはたらく．この結果，流体部分 B

---

[1] μ を粘度 (viscosity) とよぶ場合もある．

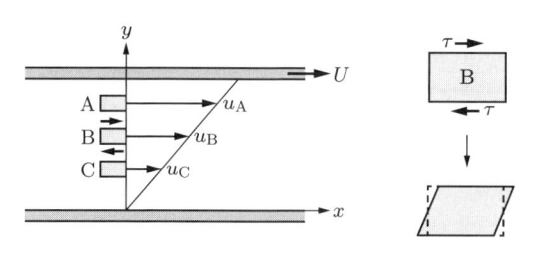

図 1.12 隣接する流体微小部分とその変形

は図 1.12 に示すようなせん断変形を起こす.このときのせん断応力 τ とせん断速度 $d\gamma/dt$ の間にも式 (1.20) が成立する.せん断速度 $d\gamma/dt$ は B の位置における速度勾配 du/dy に等しい.流体中の微小部分に作用するせん断応力とその微小部分のせん断速度の間に,式 (1.20),(1.22) が成り立つことをニュートンの粘性法則 (Newton's law of viscosity) という.

すべての流体がニュートンの粘性法則に従うわけではない.たとえば,血液,ペンキ,ボールペンのインク,練り歯磨き,スキンクリーム,溶融ポリマーなどはニュートンの粘性法則があてはまらない例である.このような流体では粘性係数 μ は定数ではなく,せん断速度 $d\gamma/dt$ の大きさによって変化する.つまり,その時々の流動状態によって流体の粘度が変わるのである.このような流体を総称して非ニュートン流体 (non-Newtonian fluid) という[1].血液を考えてみよう.血液は,血漿(けっしょう)とよばれる液体のなかに赤血球,白血球,血小板などの固体成分が分散した構造をしている.これらの固体成分は状況に応じてその形を変えることができる.そのため,大動脈のような太い血管のなかを流れているときはドロドロしていても,毛細血管のなかに入ると固体成分が変形して,流れやすくなるためにサラサラした状態になり,見かけ上粘度が低くなる[2].図 1.13 に血液の粘性係数とせん断速度の関係を示

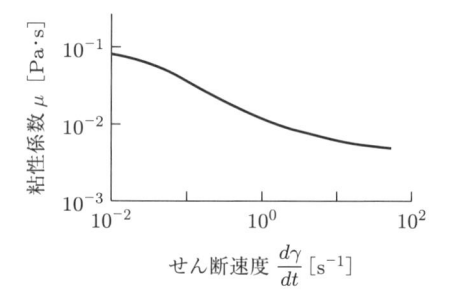

図 1.13 血液の粘性係数とせん断速度の関係

---

[1] "総称して" と書いたのは,非ニュートン流体には粘性係数とせん断速度の関係の違いによってさまざまな種類があるからである.非ニュートン流体については第 9 章で解説する.

す．ニュートン流体の場合は粘性係数は一定であるから，グラフは横軸に平行な直線になるが，血液の場合は，粘性係数はせん断速度の大きさによって変化している．

1.6 　流れの分類

流体の流れは空間的変化，時間的変化，流れの状態によって次のように分類される．

1.6.1　空間的分類

（1）1次元流れ

流れの状態がただ一つの空間座標によって，1次元的に表される流れを1次元流れ (one-dimensional flow) という．たとえば，図 1.14 のような管のなかの流れを考えるとき，断面内の速度分布を平均化し，その断面における速度を平均速度で表し，管の軸方向 (図の s 方向) の速度変化だけを考えるのが1次元流れである．1次元流れは配管系や水路系の流れの解析に利用される．

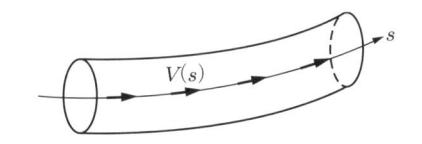

図 1.14　1 次元流れ

（2）2 次元流れ

流れの状態が一つの平面上で2次元的に表される流れを2次元流れ (two-dimensional flow) という．たとえば，浅い川の流れを考えると，水面に見られる流れのパターンがそのまま深さ方向に続いている場合がある．この場合，ある深さの断面の流れのパターンは水面で観察される流れのパターンと同じである．このときの水面上の流れは2次元流れである．

自動車は3次元的な形状をもっているが，とくにその側面から見た形状が流れにどのような影響を及ぼすかを調べたいときに，図 1.15 のように側面形状だけに注目したモデルを考えて，側面に平行な流れに注目して流れのようすを調べることがある．このとき，側面に平行に図のように x, y 軸を設け，紙面垂直方向に z 軸を考えて，速度の x, y, z 成分をそれぞれ u, v, w とすれば，$u = u(x, y)$，$v = v(x, y)$，$w = 0$ である．そして，物理量の z 軸方向の変化はないと考える．このような流れを2次元流れという．

---

2) 血漿そのものはニュートン流体として扱うことができる．

速度 $\mathbf{V} = (u(x,y), v(x,y))$

図 1.15 2次元流れ

　流体力学の理論を語るうえで2次元流れはたいへん便利であり，流体力学の基本的な考え方を少ない数式でわかりやすく説明することができる．本書でも，とくに断らない限り，2次元流れを用いて解説する．

（3）3次元流れ
　最も一般的な3次元空間内の流れを3次元流れ (three-dimensional flow) という．x, y, z 軸方向の流れの速度成分をそれぞれ u, v, w とすれば，$u = u(x,y,z)$，$v = v(x,y,z)$, $w = w(x,y,z)$ である（図1.16参照）．

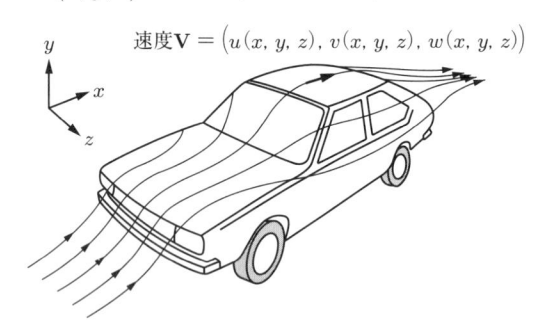

速度 $\mathbf{V} = (u(x,y,z), v(x,y,z), w(x,y,z))$

図 1.16 3次元流れ

1.6.2 時間的分類

（1）定常流れ
　時間に関係なく状態やパターンが変化しない流れを，定常流れ (steady flow) という．たとえば，一定の流量で流れる管のなかの流れは定常流れである．

（2）非定常流れ
　時間とともに状態やパターンが変化する流れを，非定常流れ (unsteady flow) という．このとき，流れの速度成分や圧力などの物理量は位置の関数であるだけではなく，時間の関数でもある．たとえば，血管のなかの血流のように心臓の収縮・弛緩に応じて脈動する流れや加速，減速する車のまわりの流れは非定常流れである．

1.6.3 流れの状態による分類

（1） 圧縮性流れ

流体の圧縮性を考慮しなければならない流れを，圧縮性流れ (compressible flow) という．この場合，流体の密度は場所や時間によって変化する．マッハ数が 0.3 を超える気体の流れは圧縮性流れとして扱わなければならない．

（2） 非圧縮性流れ

流体の圧縮性を無視できる流れを，非圧縮性流れ (incompressible flow) という．この場合，流体の密度は温度によってのみ変化し，場所や時間に関しては定数として扱うことができる．液体の流れやマッハ数が 0.3 以下の気体の流れは非圧縮性流れとして扱うことができる．

1.7 流れの表現

流体の流れのようすを図で表現する最も簡単な方法は，図 1.17 のように流体内の各点に速度を表すベクトルを描くことであるが，以下に述べる 3 種類の曲線を使って表現する方法もよく用いられる．

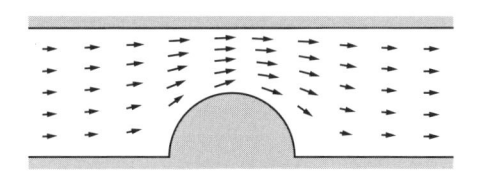

図 1.17 速度による流れの表現

1.7.1 流 線

ある時刻において，曲線上の各点における接線の方向がその点の速度の方向に一致するような曲線を流線 (streamline) という (図 1.18 参照)．流れが流線を横切ることはない．異なる 2 本の流線が交点をもつことはない．なぜなら，もし交点をもてば，その交点では向きの異なる二つの速度が存在することになって不自然であるからである．

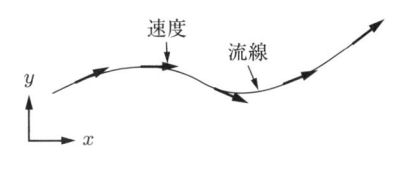

図 1.18 流 線

流線は，流体の微小部分（これを流体粒子 (fluid particle) とよぶ）の速度 $\mathbf{u} = (u, v, w)$ と曲線の線素ベクトル $d\mathbf{s} = (dx, dy, dz)$ が平行になる曲線である．したがって，k を定数として $\mathbf{u} = k\, d\mathbf{s}$ が成り立つ．これより，

$$\frac{dx}{u} = \frac{dy}{v} = \frac{dz}{w} \tag{1.23}$$

という関係が得られる．この微分方程式を，ある時刻で，空間変数 x, y, z に関して積分すれば流線の方程式が得られる．たとえば，2次元流れの場合は式 (1.23) より，

$$\frac{dy}{dx} = \frac{v}{u} \tag{1.24}$$

を得る．速度成分 u, v が x, y の関数として与えられれば，この微分方程式を解くことによって流線の方程式が x と y の関係として得られる．しかし，流線を描く実用的な手段としては，式 (1.23) や式 (1.24) を解くよりも，4.6 節で述べる流れ関数を用いるほうが便利である．図 1.19 は図 1.17 の流れを流線を用いて表現したものである．流線だけでは流れの向きや速さを知ることはできないが，曲線の形状で流れの大まかなパターンを把握することができる．また，2本の流線の間隔の大きさによって流れが速いか遅いかを知ることができる (2.2 節参照)．

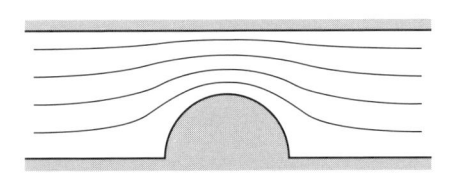

図 1.19 図 1.17 の流れの流線による表現

1.7.2 流跡線

一つの流体粒子に注目するとき，それが時間の経過とともに移動する軌跡を流跡線 (pathline) という．図 1.20 の風船を流体粒子に見立てると，時々刻々の風船の位置を連ねた曲線は流跡線である．

いま，座標 (x, y, z) にあった流体粒子が速度 $\mathbf{u} = (u, v, w)$ で 微小時間 dt 後に

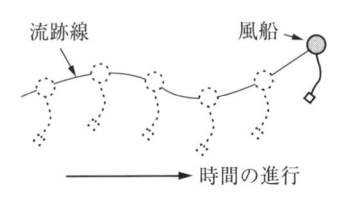

図 1.20 流跡線

$(x+dx, y+dy, z+dz)$ に移動したとすると，$dx = udt, dy = vdt, dz = wdt$ が成り立つ．したがって，

$$\frac{dx}{dt} = u, \qquad \frac{dy}{dt} = v, \qquad \frac{dz}{dt} = w \qquad (1.25)$$

を得る．u, v, w が時間 t の関数で与えられたとき，式 (1.25) を時間に関して積分すれば流跡線の方程式を得ることができる．

1.7.3 流脈線

流れのなかに一つの固定点を考えると，時間の経過とともに流体粒子が次々にこの点を通過していく．そこで，この固定点を通過するすべての流体粒子の時刻 t における位置を連ねる曲線を考えて，これを流脈線 (streakline) という．図 1.21 のように，流れのなかにノズルから染料を連続的に注入するとき，ある瞬間に染料が示す曲線が流脈線である．このとき，ノズルの先端が上述の固定点に相当する．線香の煙が示す曲線は流脈線である．

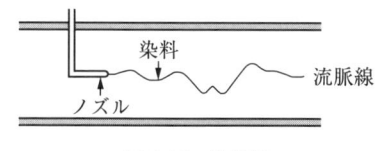

図 1.21 流脈線

1.7.4 流線，流跡線，流脈線の可視化

上述の3種類の曲線を実験で得るには，次のような方法がある．流れている水の表面の全面にアルミニウムの粉末を散布し，光を当てる．アルミニウムの粉末は光りながら流れる．そこで，短時間露出で写真をとると，粉末の一つ一つの粒は短い線分となって写る．この線分は速度に対応すると考えられる．そこで，それらの線分を接線にもつ曲線を描くと流線が得られる．次に，アルミニウムの小さい粒を水面に落し，長時間露出の写真をとると，その粒の軌跡として流跡線が得られる．これに対して，アルミニウムの粉末を水面上の1点に連続的に落し続けて，適当な時間が経過したのちに瞬間露出の写真をとれば，粉末を連ねる曲線として流脈線が得られる．図 1.6 の水素気泡が描く白線は流脈線である．また，第 8 章の図 8.9 にも流脈線が示されている．図 8.9 のトレーサーは軽油のミストである．

非定常流れの流線，流跡線，流脈線の形状はそれぞれ異なるが，定常流れの三つの曲線の形状は一致する．

演習問題

1.1 円筒容器のなかの液体に 1 MPa の圧力をかけた状態で,液体の体積は 1000 cm³ であった.圧力を 2 MPa に上げたところ,液体の体積が 995 cm³ になった.液体の体積弾性率 K を求めよ.

1.2 1 気圧（101 kPa）のもとで 1 m³ を占める水の体積を,5%縮めるにはどれほどの圧力が必要か.

1.3 水の状態方程式は近似的に,

$$p = 3001 \left(\frac{\rho}{\rho_0}\right)^7 - 3000$$

のように表されることが知られている.ここに,圧力 p の単位は気圧 (atm) であり,ρ_0 は p が 1 気圧のときの密度を表す.上の関係を用いて,温度が 20°C,圧力が 2500 kPa のときの水の体積弾性率を求めよ.ただし,1 気圧を 101 kPa とする.

1.4 問図 1.1 のような静止した 2 枚の平行平板間の流れの速度の x, y 成分をそれぞれ u, v とするとき,$u(y) = V[1 - (y/b)^2]$, $v = 0$ で与えられることがわかっている.V は定数である.このとき,次の量を求めよ.

  (a) 下の平板にはたらくせん断応力　　(b) $y = 0$ におけるせん断応力

1.5 0.5 m × 0.5 m の広さをもつ正方形の平板（重量 500 N）が,問図 1.2 のような傾斜角 30°の斜面上を一定の速さ 1.75 m/s で滑っている.平板と斜面の間には 2 mm のすき間があり,潤滑油で満たされている.潤滑油の粘性係数の値を求めよ.潤滑油は,斜面に垂直な方向に線形の流速分布をもっているとする.ただし,平板の移動によって潤滑油がとぎれることはないとする.

1.6 問図 1.3 のように,2 枚の固定平行平板の間に可動平板が置かれている.可動平板と上の固定平板の間（間隔 5 mm）は粘性係数 μ の液体で満たされている.一方,可動平板と下の固定平板の間（間隔 5 mm）は粘性係数 3μ の液体で満たされている.可動平板を 150 N の力で引っ張るとき,可動平板が一定の速さで移動するとする.その移動速さを求めよ.ただし,液体に接触している可動平板の面積を 5.0 m² とし,$\mu = 0.10$ Pa·s とする.液体中の流速分布は線形であるとする.

1.7 問図 1.4 のように無限に広がる 2 枚の平行平板が 1.5 cm の間隔で置かれており,その

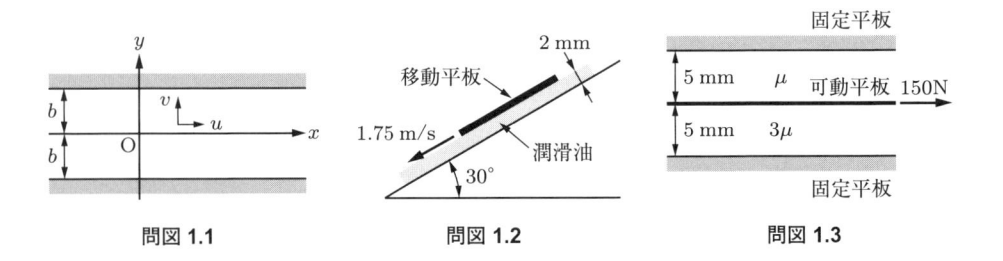

問図 1.1　　　　　問図 1.2　　　　　問図 1.3

問図 1.4　　　　　問図 1.5　　　　　問図 1.6

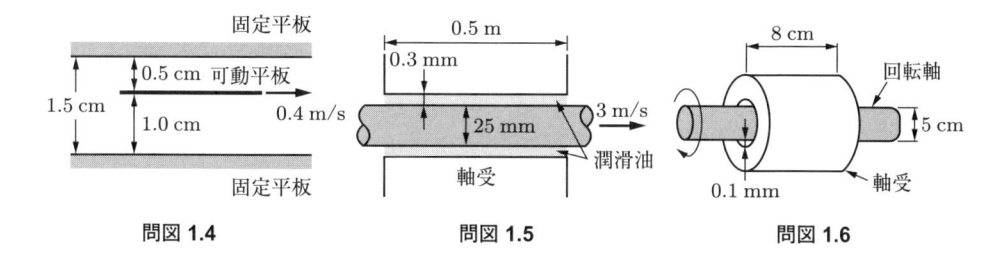

間を粘性係数 $\mu = 0.05$ Pa·s の油が満たしている．その油のなかに 30 cm × 60 cm の薄い（厚みを無視できる）長方形板（可動平板）を，図のように上の固定平板から 0.5 cm 離れた位置に挿入する．可動平板を図の向きに 0.4 m/s の速さで引っ張るために要する力の大きさを求めよ．液体中の流速分布は線形であるとする．

1.8 問図 1.5 のように直径 25 mm の軸が軸受の円筒形の穴に入っている．軸と軸受の間（間隔 0.3 mm）は粘性係数 0.728 Pa·s の潤滑油で満たされている．軸を一定の速さ 3 m/s で引き抜くために要する力 F を求めよ．ただし，軸が潤滑油に接触するのは，図の幅 0.5 m の区間のみとし，軸の移動中に潤滑油がとぎれることはないとする．潤滑油中の流速分布は線形であるとする．

1.9 問図 1.6 のように，直径 5 cm の軸が軸受内で 1500 rpm の一定の回転数[1]で回転している．軸と軸受の間には 0.1 mm のすき間があり，潤滑油（粘性係数 0.4 Pa·s）で満たされている．潤滑油のなかの流速分布は線形であるとして，軸を回転させ続けるために必要な動力[2]を求めよ．

1.10 問図 1.7 のように距離 ℓ だけ離れたローラーの間に張られた幅 b のベルトが，一定の速さ V で動いている．ベルトの下半分は深さ h の油の表面に接している．ベルトと油の間にすき間はないとする．油の粘性係数を μ とし，油のなかの流速分布は線形であると仮定して，ベルトを駆動するのに要する動力 P を求めよ．

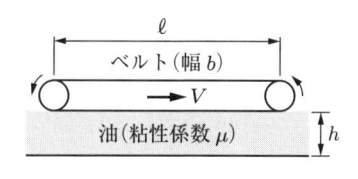

問図 1.7

1.11 問表 1.1 は，ある流体について流体内部に生じるせん断応力 τ とせん断速度 $d\gamma/dt$ を測定した結果をまとめたものである．この結果から，この流体がニュートン流体であるか非ニュートン流体であるかを判断し，理由とともに答えよ．

問表 1.1

τ [Pa]	0.04	0.06	0.12	0.18	0.30	0.52	1.12	2.10
$d\gamma/dt$ [s^{-1}]	2.25	4.50	11.25	22.5	45.0	90.0	225	450

---

1) rpm は revolution per minute の略で 回転/分 を意味する．1 rpm = $(2\pi/60)$ rad/s である．
2) 単位時間あたりの仕事量を動力 (power) といい，単位はワット (W) である．1 W = 1 N·m/s である．

1.12 流体の粘度は温度によって変化する．気体の場合，温度が上昇すると粘度も高くなる．気体の粘性係数 μ と絶対温度 T の間には近似的に，

$$\mu = \frac{CT^{3/2}}{T+S}$$

という関係が成り立つことが知られている．これをサザーランドの公式 (Sutherland formula) という．C と S は実験によって決まる定数である．次の設問に答えよ．

(a) $T^{3/2}/\mu$ と T の間には線形関係が成り立つことを示せ．

(b) ある気体について，粘性係数と温度（摂氏温度）に関する測定データが問表 1.2 のように得られた．このデータを使って，サザーランドの公式の定数 C と S を最小 2 乗法を使って決定せよ．

問表 1.2

温度 [°C]	0	100	200	300	400
粘性係数 (μ) ×10^5 [Pa·s]	1.86	2.31	2.72	3.11	3.46

1.13 u, v をそれぞれ x 方向，y 方向の速度成分とする．次のような速度成分をもつ流れの流線の方程式を求め，流線を図示せよ．流線には流れの向きを示す矢印をつけること．ただし a を正定数とする

(a) $u = ay, \quad v = -ax$

(b) $u = ax, \quad v = -ay \quad (x > 0, y > 0)$

(c) $u = x^2 - y^2, \quad v = -2xy$（流線を図示するときは，まず原点を通る流線の方程式を求め，その流線上の流れの向きを調べたのちにほかの流線のパターンを推定せよ）

1.14 2 次元非定常流れの速度成分が

$$u = \frac{x}{1+t}, \qquad v = \frac{-y}{1+t}$$

で与えられている．t は時間を表し，$x > 0, y > 0$ とする．この流れについて次の設問に答えよ．

(a) 流線の方程式を求めよ．

(b) 流線の形状を図示し，流れの向きを示す矢印を記入せよ．次に，この流れは時間の経過に従ってどのように変化するかを説明せよ．

(c) 流跡線の方程式を求めよ．ただし，$t = 0$ で $(x, y) = (a, b)$ とする．

(d) 点 (a, b) を通過する流脈線の時刻 $t = T$ のときの形状を表す方程式を求めよ．

1.15 日常生活の中で観察できる流脈線の例をできるだけ多くあげてみよ．

第2章

非粘性流体の1次元定常流れ

2.1 流 管

　流れている流体内の任意の1点に対して，その点を通る流線を必ず1本引くことができる．そこで，流体内に1本の閉曲線を考えて，その閉曲線上の各点を通る流線を引く．それらの流線は互いに交差することはないから，流線群は図2.1のような1本の管を形成する．この管の側壁は流線で構成されているから，側壁を横切る流れは存在しない．このような管を流管(stream tube)という．家庭で使うホースやストローは流管である．そこで，流管内の流れを1次元定常流れとして扱って，流れに関する質量保存の法則，エネルギー保存の法則，運動量の法則，角運動量の法則を考えてみよう．このとき，流体の粘性と圧縮性は無視する．したがって，流体の密度は時間的にも空間的にも一定である．

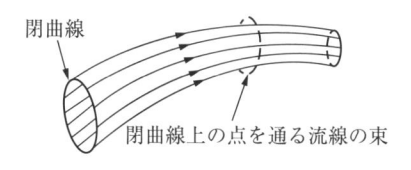

図 2.1 流 管

2.2 質量保存の法則

　図2.2に示すように，流管の一部を切り取って質量保存の法則(law of conservation of mass)を式に表してみよう．流管の両端A，Bの断面は，そこにおける流れの速度に垂直であるとし，その断面積をそれぞれS_A，S_Bとする．また，断面A，Bにおける平均流速をそれぞれV_A，V_Bとする．流体の密度をρとすると，断面Aを単位時間に通過する流体の質量は，図2.3の断面積S_A，長さV_Aの筒のなかに含まれる流体の質量に等しいから，$\rho V_A S_A$である．同様に，断面Bを単位時間に通過する流体の質量は$\rho V_B S_B$である．流管の側壁を横切る流れはないので，質量保存の法則に

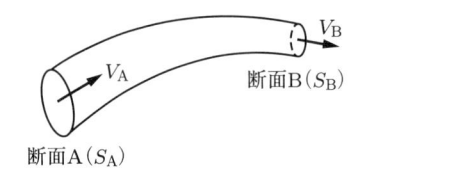

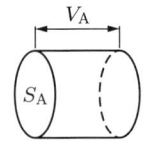

図 2.2 断面 A, B で切り取られた流管の一部

図 2.3 断面 A を単位時間に通過する流体

よって,単位時間に断面 A を通過する質量と断面 B を通過する質量は等しくなければならない.したがって,

$$\rho V_A S_A = \rho V_B S_B \tag{2.1}$$

が成り立つ.ここで,断面 A, B は任意の断面である.したがって,流管の任意の位置で流れに垂直な断面を考え,断面積を S,そこでの平均流速を V とすると,

$$\rho V S = 一定 \tag{2.2}$$

が成り立つ.密度 ρ は一定としているから

$$V S = 一定 \tag{2.3}$$

も成り立つ.式 (2.2), (2.3) を連続の方程式 (equation of continuity) という.式 (2.2) の左辺は単位時間に面積 S の平面を通過する流体の質量を表しており,これを質量流量 (mass flow rate) という.一方,式 (2.3) の左辺は単位時間に面積 S の平面を通過する流体の体積を表しており,これを体積流量 (volumetric flow rate) という.式 (2.3) より,流れの速いところでは流管の断面積が小さく,したがって流線は密集し,流れの遅いところでは断面積が大きくなり,流線の間隔は広がることがわかる.非圧縮性流体の流れにおいては,流線は,その接線によって流れの方向を示し,その間隔の大小によって流れの速さの度合いを表す.したがって,流線を描くことは流れのおおまかなようすを知るうえで便利な方法である.

式 (2.3) は非圧縮性流体の流れでしか成り立たないが,式 (2.2) は圧縮性流体の流れでも成り立つ.

2.3 エネルギー保存の法則

2.3.1 ベルヌーイの定理

図 2.4 に示す流管の一部について,エネルギー保存の法則 (law of conservation of energy) を考えてみよう.2.1 節で述べた仮定に加えて,流体の内部エネルギーや外

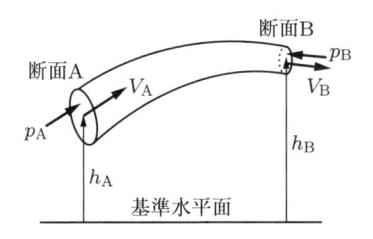

図 2.4 流管内のエネルギー保存

部からの熱エネルギーの供給,化学反応などによる発熱は考えない,という仮定を設ける.この仮定によって,流体のもつエネルギーは運動エネルギーと位置エネルギーのみとなる.

単位質量あたりの流体がもつ運動エネルギーと位置エネルギーは,断面 A においてはそれぞれ $V_A^2/2$ と gh_A であり,断面 B においてはそれぞれ $V_B^2/2$ と gh_B である.ここに,h_A, h_B は,それぞれ基準水平面から鉛直方向に測った断面 A, B の中心の高さである.したがって,流体が断面 A から断面 B へ移動する間のエネルギー増加は

$$\frac{1}{2}(V_B^2 - V_A^2) + g(h_B - h_A)$$

となる.

このエネルギー増加は,流管の外から流管内の流体に加えられる力による仕事に等しい.流体に作用する力は圧力のみである.圧力は断面 A, B と流管の側壁に作用するが,側壁に作用する圧力の向きは流れの速度に垂直であるから,側壁に作用する圧力の流れの向きの仕事は 0 である.したがって,断面 A, B に作用する圧力がする仕事だけを考えればよい.断面 A に作用する圧力を p_A とすれば断面 A にはたらく力は $p_A S_A$ である.断面 A に接している流体の塊は単位時間あたりに V_A だけ移動するから,単位時間に圧力 p_A がする仕事は $p_A S_A V_A$ である.このとき単位時間に断面 A を通過する流体の質量は $\rho S_A V_A$ であるから,単位時間に単位質量の流体に対して圧力 p_A がする仕事は,

$$\frac{p_A S_A V_A}{\rho S_A V_A} = \frac{p_A}{\rho}$$

となる.同様に,断面 B において単位時間に単位質量の流体に対して圧力 p_B がする仕事は,p_B の向きと V_B の向きが逆であることを考慮して,

$$\frac{(-p_B) S_B V_B}{\rho S_B V_B} = -\frac{p_B}{\rho}$$

となる.

以上より,エネルギー保存の法則を式にすると,

$$\frac{1}{2}(V_B^2 - V_A^2) + g(h_B - h_A) = \frac{p_A}{\rho} - \frac{p_B}{\rho}$$

より,

$$\frac{1}{2}\rho V_A^2 + p_A + \rho g h_A = \frac{1}{2}\rho V_B^2 + p_B + \rho g h_B \tag{2.4}$$

を得る.断面 A, B は任意に設けたものであるから,式 (2.4) は,流れに垂直な任意の断面において,

$$\frac{1}{2}\rho V^2 + p + \rho g h = 一定 \tag{2.5}$$

のように表すことができる.式 (2.5) をベルヌーイの式 (Bernoulli's equation) という.式 (2.5) の左辺第 1 項と第 3 項は,それぞれ単位体積あたりの流体の運動エネルギーと位置エネルギーを表している.すなわち,流体運動において圧力はエネルギーの一部であり,式 (2.5) は流管内では運動エネルギー,位置エネルギー,圧力の和が保存されることを表している.この圧力の存在が流体の運動の特徴であり,運動エネルギーと位置エネルギーの和が保存されるという質点の運動と大きく異なる点である.

式 (2.5) は 1 本の流管について成立する.流管の断面積を限りなく小さくすると,その極限では流管は 1 本の流線に帰着する.しかし,流管の断面積を変えても式 (2.5) は不変であるから,式 (2.5) は 1 本の流線に沿って成立する.1 本の流線に沿ってベルヌーイの式 (2.5) が成り立つことをベルヌーイの定理 (Bernoulli's theorem) という.

ベルヌーイの式 (2.5) は非圧縮性非粘性流体の定常流れに対して導かれたものである.非定常流れの場合を含む,より一般的なベルヌーイの式を第 5 章で解説する.ベルヌーイの式 (2.5) は,粘性による摩擦力があり,摩擦によって熱エネルギーが失われる場合には成り立たない.

水平面内の 1 本の流線を考えよう.このとき,h は一定であるから,式 (2.5) は

$$\frac{1}{2}\rho V^2 + p = p_0 \quad (p_0 は一定) \tag{2.6}$$

と書ける.ここで,左辺第 1 項の $\rho V^2/2$ は単位体積あたりの流体がもつ運動エネルギーを表しており,圧力と同じ次元である[1].この意味から,第 1 項は流体運動によって生じる圧力と見なすことができ,これを動圧 (dynamic pressure) という.これに対して,左辺第 2 項の p を静圧 (static pressure) という.式 (2.6) は動圧と静圧の和が一定であることを示しており,その一定値 p_0 を全圧 (total pressure) という.非圧縮性非粘性流体の定常流れにおいては,流体は一定の全圧 p_0 をもっており,流体が運動することによって全圧の一部が動圧になり,残りが静圧となる.流れのなか

---

[1] 次元については 11.2 節を参照のこと.

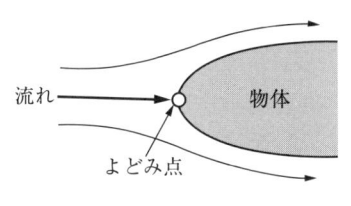

図 2.5 よどみ点

に置かれた物体の表面にはたらく圧力は静圧である．

流れのなかに物体を置くと，その前面に流れがせき止められて流速 V が 0 になる点ができる．この点をよどみ点 (stagnation point) という (図 2.5 参照)．よどみ点では，$V = 0$ であるから，静圧 p は全圧 p_0 に等しい．この意味で全圧をよどみ点圧力 (stagnation pressure) ともいう．

2.3.2 ベルヌーイの定理の応用

図 2.6 のように，断面積がゆるやかに変化する管のなかの流れを考える．流れが管の側壁を横切ることはないから，この管は流管である．図の断面 A, B の面積をそれぞれ S_A, S_B，断面における平均流速をそれぞれ V_A, V_B，断面の静圧をそれぞれ p_A, p_B とする．このとき，二つの断面の間で，連続の方程式

$$\rho V_A S_A = \rho V_B S_B \tag{2.7}$$

とベルヌーイの式

$$\frac{1}{2}\rho V_A^2 + p_A = \frac{1}{2}\rho V_B^2 + p_B \tag{2.8}$$

が成り立つ．ただし，両断面の中心軸は同じ高さにあるものとして位置エネルギーは無視する．式 (2.7) と (2.8) より V_B を消去し，V_A について解くと，

$$V_A = \sqrt{\frac{2(p_A - p_B)}{\rho[(S_A/S_B)^2 - 1]}} \tag{2.9}$$

を得る．すなわち，断面 A, B における静圧の差 $p_A - p_B$ を測定すれば，断面 A における流速 V_A がわかり，これより管内を流れる流体の質量流量 M が $M = \rho V_A S_A$

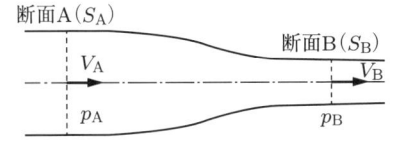

図 2.6 断面がゆるやかに変化する管

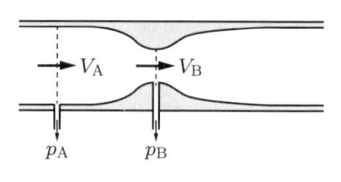

図 2.7　ベンチュリ管

で計算できる．この原理を応用して，図 2.7 のように管の途中にくびれをつくって流量を測定する装置をベンチュリ管 (Venturi tube) という．ベンチュリ管についての解説が 10.3.1 項にあるので参照していただきたい．

圧力差 $p_A - p_B$ の測定方法は，管内を流れる流体が気体の場合と液体の場合で異なる．気体の場合には図 2.8(a) に示す U 字管 (U tube) が使われる．U 字管のなかに適当な密度の液体を入れ，断面 A, B にあけた小さい穴と U 字管の両端をつなぐ．こうして U 字管内の二つの液面にそれぞれ圧力 p_A, p_B を作用させると圧力差によって液面の高さに差が生じる．この差 h を測定すると，

$$p_A - p_B = (\rho_l - \rho_g)gh \tag{2.10}$$

によって圧力差を求めることができる．ここに，ρ_g は断面 A, B を通過する気体の密度，ρ_l は U 字管内の液体の密度，g は重力加速度である．たとえば，断面 A, B を通過する流体が空気で，U 字管内の液体が水の場合，$\rho_g \approx 1\,\mathrm{kg/m^3}$, $\rho_l \approx 1000\,\mathrm{kg/m^3}$ であるから，空気の密度の影響を無視することができて，

$$p_A - p_B \approx \rho_l gh \tag{2.11}$$

のように近似できる．

管内を液体が流れる場合は，たとえば図 2.8(b) のように断面 A, B に穴をあけて

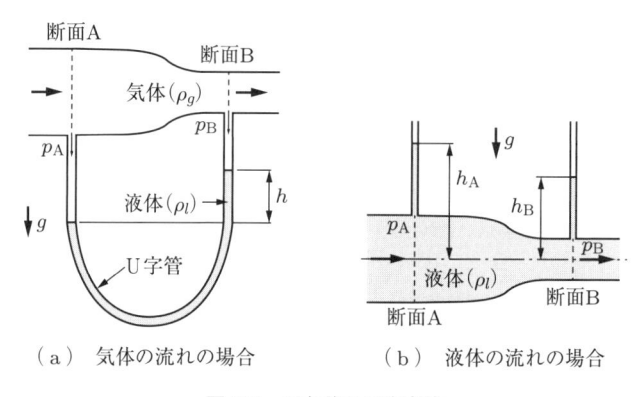

（a）気体の流れの場合　　（b）液体の流れの場合

図 2.8　圧力差の測定方法

鉛直に直管を取り付ける．直管の取り付け端の反対の端を大気に開放すると，p_A, p_B と大気圧の差によって直管内を液体が上昇し，ある高さで静止する．断面 A, B における液柱の高さをそれぞれ h_A, h_B，管内を流れる液体の密度を ρ_l，大気圧を p_{atm} とすると，$p_A = \rho_l g h_A + p_{atm}$，$p_B = \rho_l g h_B + p_{atm}$ であるから，

$$p_A - p_B = \rho_l g (h_A - h_B) \tag{2.12}$$

によって圧力差を知ることができる．

これらの例のように，液柱の高さによって圧力を測る計測器をマノメーター (manometer) といい，いろいろな工夫が施された多くの種類がある．10.1.1 項でマノメーターについて詳述しているので参考にしていただきたい．

再び図 2.6 に注目しよう．式 (2.7) より，

$$\frac{V_B}{V_A} = \frac{S_A}{S_B} > 1 \tag{2.13}$$

であるから，$V_B > V_A$ となる．さらに，式 (2.8) より，

$$p_A - p_B = \frac{1}{2}\rho(V_B^2 - V_A^2) > 0 \tag{2.14}$$

であるから，$p_A > p_B$ となる．つまり，管の細いところでは流れは速くなり，静圧は小さくなる．この原理を応用したものにガソリンエンジンで使われる気化器（キャブレター，carburetor）や家庭で使われる霧吹きがある．図 2.9 は気化器の概念図である．式 (2.9) より

$$p_A - p_B = \frac{1}{2}\rho V_A^2 \left[\left(\frac{S_A}{S_B}\right)^2 - 1\right] \tag{2.15}$$

を得る．図 2.9 の調節弁を動かして断面 A の流速 V_A を大きくすると，それに従って差圧 $p_A - p_B$ も大きくなる．差圧がある大きさを超えると，燃料タンク内の燃料が断面 B の穴より噴出して空気と燃料の混合ガスがつくられエンジンへ送られる．章

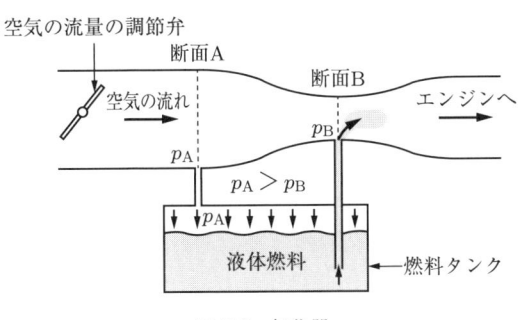

図 2.9 気化器

末の演習問題に気化器に関する設問がある．その設問を解きながら気化器の原理を考えていただきたい．

モータースポーツの代表である F1 レースに使われるレーシングカー（F1 マシン）にも，ベルヌーイの定理が応用されている．F1 マシンはおよそ 300 km/h で走行する．安定した走行のためには，タイヤの駆動力や制動力を確実に路面に伝えることが重要である．そこで，タイヤを路面に密着させるために，F1 マシンには車体を押さえ付ける下向きの力（ダウンフォース，down force）を発生させる工夫が施されている．その一つが，車体の前後に取り付けられている翼，フロントウィング (front wing) とリアウィング (rear wing)，である．もう一つの工夫は車体の下面にある．車体と路面の間のすき間をせばめることによって，そこを流れる空気の流れが車体上部の流れよりも速くなるように車体下面の形状が工夫されている（図 2.10 参照）．これによって，車体下部の圧力は車体上部の圧力よりも低くなり，ダウンフォースが発生する．F1 マシンが 300 km/h で走行しているとき，20 kN を超えるダウンフォースが発生する．その力の約 60% がフロントウィングとリアウィングによって生み出され，残りの約 40% が車体下部の圧力低下によって生み出されているといわれている．

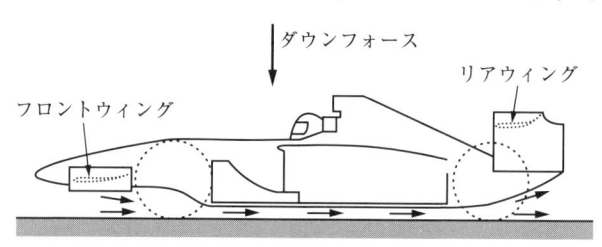

図 2.10 F1 マシン下部の空気の流れ

2.4 運動量の法則

2.4.1 運動量

100 km/h の野球のボールは手で受け止めることができるが，同じ速さの自動車を手で止めることはできない．これは，運動の大きさを表すには運動の速さだけでは不十分で，運動する物体の質量も考慮しなければいけないからである．もともと，(質量) × (速度) という量は物体が運動を続けようとする傾向の強さを表す量と考えられてきた．そこで，(質量) × (速度) を運動の大きさを表す量と考えて，これを運動量 (momentum) という．

ニュートンの運動の第 2 法則によれば，質点の運動方程式は

$$m\frac{dv}{dt} = f \quad (m \text{ は質量}, v \text{ は速さ}, f \text{ は力})$$

で与えられる．質量 m を一定と仮定すると，上式は，

$$\frac{d(mv)}{dt} = f \tag{2.16}$$

のように書き直せる．この式は，単位時間あたりの運動量の変化は質点に作用する力に等しいことを示している．複数の質点で構成される質点系の場合，単位時間あたりの系の運動量変化は，その系に系の外部から作用する力の総和に等しい．これを運動量の法則 (law of momentum) という．このとき，系内部で質点間にはたらく力は作用反作用の法則によって互いに打ち消し合い，力の総和には関与しない．系の外部から作用する力の総和が 0 の場合は系の運動量変化は 0 となり，系全体の運動量は一定である．これを運動量保存の法則 (law of conservation of momentum) という．流体を無数の流体粒子で構成される質点系とみなせば，流体の運動である流れにも運動量の法則を適用することができる．

2.4.2 検査面と検査体積

図 2.11 のような，断面 A, B で切り取られた流管の一部を考える．運動量はベクトル量であるから，一般には座標軸の方向ごとに運動量変化を考えなければならない．そこで，話を簡単にするために 1 方向だけの運動量変化を考えることにして，流管の軸（中心線）は直線と仮定する．流管内には図のように物体が置かれているとする．単位時間に断面 A を通過する流体の質量は $\rho S_A V_A$ であるから，単位時間に断面 A から流管内に流入する運動量は $\rho S_A V_A^2$ である．同様に，単位時間に断面 B から流出する運動量は $\rho S_B V_B^2$ である．したがって，単位時間あたりの流管内の運動量増加は $\rho(S_B V_B^2 - S_A V_A^2)$ である．

重力を除くと，流管内の流体に作用する力は圧力による力と流管内の物体が及ぼす力である．圧力による力は $p_A S_A - p_B S_B$ である．これは流体の運動量を増加させる力である．流体が物体に及ぼす力を F とすると，その反作用として流体は物体から $-F$ の力を受ける．以上より，運動量の法則を式にすると，

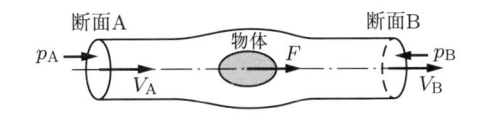

図 2.11 流管の中の障害物

$$\underbrace{\underbrace{\rho S_{\mathrm{B}} V_{\mathrm{B}}^2}_{\text{流出する運動量}} - \underbrace{\rho S_{\mathrm{A}} V_{\mathrm{A}}^2}_{\text{流入する運動量}}}_{\text{運動量の増加分}} = \underbrace{p_{\mathrm{A}} S_{\mathrm{A}} - p_{\mathrm{B}} S_{\mathrm{B}} - F}_{\text{流管内の流体が受ける力}} \qquad (2.17)$$

となる．すなわち，物体の上流と下流でそれぞれ流速と圧力を測定すれば，式 (2.17) より物体にはたらく流体力 F を知ることができる．ところで，式 (2.17) を用いるためには流管の形状，すなわち流線の形状があらかじめわかっていなければならない．しかし，流れのなかに置かれた物体のまわりの流線の形状を求めることは容易ではない．そこで，実用上は，図 2.12 のように，物体のまわりに十分大きな境界面を適当にとり，その境界面を通って流入流出する運動量を計算する．このような境界面を検査面 (control surface) といい，検査面で囲まれる空間領域を検査体積 (control volume) という．検査面は，必ずしも流線の形状に一致させる必要はなく，計算しやすい形状に設定することができる．たとえば，図 2.12 のように検査面を設けると，面 AB, CD だけではなく，面 BC, DA においても流体の流入，流出が生じるから，4 面すべてにおいて運動量の出入りを調べなければならない．さらに，座標系の設定の仕方によっては，運動量変化が x 方向だけではなく，y 方向にも生じるから，x, y 方向のそれぞれについて式 (2.17) に相当する式を立てる必要がある．

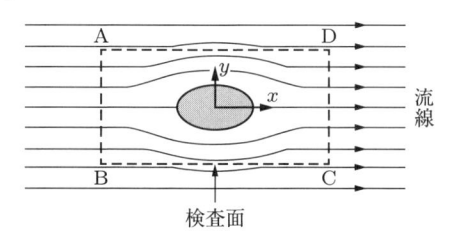

図 2.12 検査面

2.4.3 運動量の法則の応用

運動量の法則と検査面を使って，物体にはたらく流体力を計算してみよう．

例題 2.1 ロケットの推力

ロケットが，速さ V_g の燃焼ガスを噴出しながら，速さ V_0 で静止した大気中を飛行している．このときのロケットを前進させる力（推力，thrust）を求めてみよう．推力を F とし，図 2.13 のように推力の向きに一致させて x 軸を設ける．ノズルから噴出するガスの流れは x 軸に平行で，x 軸の負方向を向いているとする．ロケットを取り囲むように，x 軸に垂直な 2 面 AB, CF と平行な 2 面 BC, FA からなる検査面を図のように設ける．上流の面 AB における気流の速

さを V_{AB} とすると，$V_{AB} = V_0$ である．下流の面 CF は三つの部分に分かれる．面 CD と EF は面 AB から流入した気流が流れ去る部分で，そこでの気流の平均速さをそれぞれ V_{CD}, V_{EF} とする．面 DE はロケットのノズルから噴出された燃焼ガスの通過面であり，その面積はノズルの断面積 S_n に等しいとする．面 BC と FA はロケットから十分離れたところに設けられており，気流は面に平行であるとする．大気圧を p_a，燃焼ガスの圧力を p_g とする．面 AB, CD, EF の面積をそれぞれ S_{AB}, S_{CD}, S_{EF} とし，それらの面を通過する空気の質量流量をそれぞれ M_{AB}, M_{CD}, M_{EF} とする．燃焼ガスの質量流量を M_g とする．

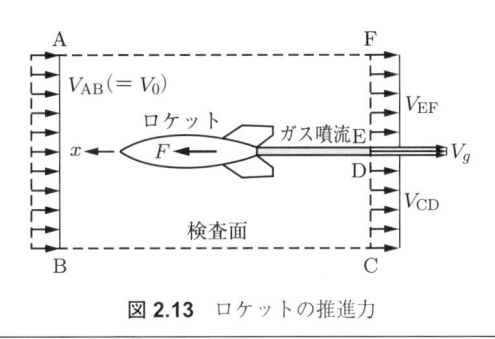

図 2.13 ロケットの推進力

ロケットの推進力を知りたいのであるから x 方向の運動量変化を調べればよい．単位時間に検査面の内から外へ流出する運動量は面 CF から流出する流体の運動量であるから，

$$M_{CD}(-V_{CD}) + M_{EF}(-V_{EF}) + M_g(-V_g)$$

である．ここで，流体が流出する向きが x 軸の負方向であるから，流出する速さに負号を付けることに注意しなければいけない．単位時間に検査面の外から内へ流入する運動量は面 AB から流入する空気の運動量であるから，

$$M_{AB}(-V_{AB})$$

である．面 AB, CD, EF における圧力は大気圧に等しいと考えると，検査面内の流体に作用する力は，面 AB に作用する $-p_a S_{AB}$，面 CF に作用する $p_a S_{CD} + p_a S_{EF} + p_g S_n$，作用反作用の法則によってロケットから受ける力 $-F$ である．以上より，x 方向の運動量変化の式を立てると，

$$\begin{aligned}\left[M_{CD}(-V_{CD}) + M_{EF}(-V_{EF}) + M_g(-V_g)\right] - \left[M_{AB}(-V_{AB})\right] \\ = p_a S_{CD} + p_a S_{EF} + p_g S_n - p_a S_{AB} - F \end{aligned} \quad (2.18)$$

となる．ここで，面 AB から流入した空気が面 CD, EF から流出すると考えている

から，

$$M_{\mathrm{AB}}V_{\mathrm{AB}} = M_{\mathrm{CD}}V_{\mathrm{CD}} + M_{\mathrm{EF}}V_{\mathrm{EF}} \tag{2.19}$$

が成り立つ．さらに，

$$S_{\mathrm{AB}} = S_{\mathrm{CD}} + S_{\mathrm{EF}} + S_n \tag{2.20}$$

も成り立つ．式 (2.19), (2.20) を利用して式 (2.18) を整理すると，

$$F = M_g V_g + (p_g - p_a)S_n \tag{2.21}$$

となる．燃焼ガスの密度を ρ_g とすれば，$M_g = \rho_g V_g S_n$ であるから，

$$F = (\rho_g V_g^2 + p_g - p_a)S_n \tag{2.22}$$

を得る．$p_g > p_a$ であるから $F > 0$ である． ∎

例題 2.2 傾斜した平板に衝突する噴流の力

管から噴出した流体の流れ（噴流，jet）が平板に衝突するときに平板が受ける力を考えてみよう．図 2.14 のように傾斜した静止平板に噴流が衝突し，平板に沿って上下 2 方向に分かれるとする．このとき次の仮定を設ける．

① 噴流内の圧力は外部の圧力と同じである．
② 平板に衝突後，上下に分かれる流れの速さは衝突前の噴流の速さと同じである．

噴流の速さを V，噴流の質量流量を M，衝突後上方に向かう流れの質量流量を M_1，下方に向かう流れの質量流量を M_2，平板の傾きを θ とする．そこで，図のように長方形の 1 辺が平板に平行になるように検査面を設け，図に示すように座標軸を設ける．

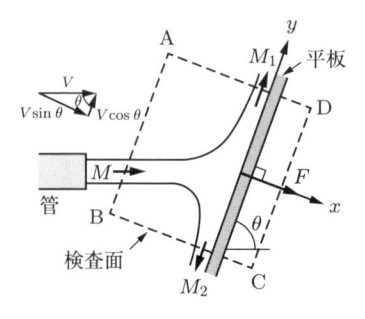

図 2.14 傾斜平板に衝突する噴流

はじめに x 方向の運動量変化を考えよう．面 AB に垂直な速度成分は $V\sin\theta$ であるから，面 AB を通って流入する運動量の x 成分は $MV\sin\theta$ である．平板に衝突後の流れは y 軸に平行になるので，検査面を通って x 方向に流出する運動量は 0 である．平板にはたらく流体力を F とすると，平板が流体に及ぼす力は $-F$ である．このとき，流体の粘性を無視しているから平板には摩擦力ははたらかない．したがって，平板に平行な力は生じないから，F は平板に垂直である．検査面に作用する圧力は同じ大きさであるから，相対する二つの検査面にはたらく圧力による力はつり合い，運動量の変化には関与しない．したがって，運動量変化の式は，

$$0 - MV\sin\theta = -F \tag{2.23}$$

となる．これより，平板にはたらく力が，

$$F = MV\sin\theta \tag{2.24}$$

のように求められる．$\theta = \pi/2$ のとき，すなわち平板を噴流に垂直に置いたときに F は最大になる．流体の密度を ρ，管の断面積を S とすれば，$M = \rho SV$ であるから，

$$F = \rho SV^2 \sin\theta \tag{2.25}$$

となる．したがって，噴流の速さ V を測定すれば，平板にはたらく流体力 F を知ることができる．

次に，y 方向の運動量変化を考える．面 AB から流入する運動量の y 成分は $MV\cos\theta$ である．一方，面 BC と DA から流出する運動量の y 成分はそれぞれ $M_2(-V)$，$M_1 V$ である．ここで，面 BC における流出の向きが y 軸の負方向であるから，V に負号が付けられている．流体にはたらく y 方向の力はないから，運動量変化の式は，

$$[M_1 V + M_2(-V)] - MV\cos\theta = 0 \tag{2.26}$$

となる．この式を連続の方程式

$$M = M_1 + M_2 \tag{2.27}$$

と連立させて，M_1，M_2 について解くと，

$$M_1 = \frac{1+\cos\theta}{2}M, \quad M_2 = \frac{1-\cos\theta}{2}M \tag{2.28}$$

を得る．これより，$0 < \theta < \pi/2$ のとき $M_1 > M_2$，$\theta = \pi/2$ のとき $M_1 = M_2 = M/2$ となることがわかる． ∎

例題 2.3　流れのなかの物体にはたらく抗力

　流れのなかに置かれた物体にはたらく流体力を，流れに平行な成分と流れに垂直な成分に分解し，前者を抗力 (drag)，後者を揚力 (lift) という．抗力を知ることは，橋や高層建築物などの強度を確保したり，自動車や航空機などの輸送機械の効率を高める上で重要である．

　そこで，図 2.15 のように，速さ V_0 の一様な流れのなかに置かれた物体にはたらく抗力を求める方法を考えてみる．一様流に平行に x 軸，それに垂直に y 軸を設ける．x, y 軸に平行な 4 面からなる検査面 ABCD を図のように設ける．各検査面にはたらく圧力は一様流の静圧（大気圧）に等しいとする．面 AB では流速は一様であるが，物体後方では物体によって流れが妨げられるために，面 CD に沿って流れの速度は大きさも向きも一様ではなくなる．そこで，面 CD における速度の x 成分を V_w とし，V_w は y の関数であるとする．面 BC, DA は物体から十分に離れた遠方に設ける．そこでは物体の影響はもはや及ばず，流れは速さ V_0 の一様流であるとする．

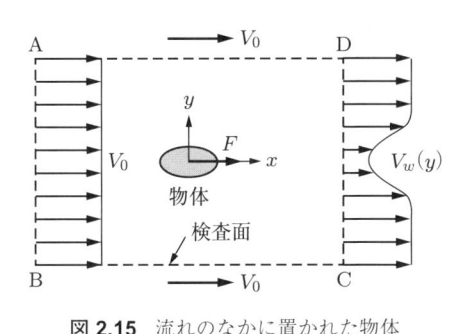

図 2.15　流れのなかに置かれた物体

　ここでは物体にはたらく抗力（x 方向の流体力）に関心があるので，x 方向の運動量変化を調べる．面 BC, DA では，流れは面に平行であるから運動量の流入，流出を考える必要がない．面 AB を通って流入する運動量は，

$$\iint_{\mathrm{AB}} \rho V_0^2 \, dS$$

である．ここに，$\iint_{\mathrm{AB}} (\ ) \, dS$ は面 AB 内での面積分を表す．ここでは 2 次元流れを考えているので，紙面に垂直方向の面の幅を 1 として，

$$\iint_{\mathrm{AB}} \rho V_0^2 \, dS = \int_{y_\mathrm{B}}^{y_\mathrm{A}} \rho V_0^2 \, dy$$

と表す．ここに，$y_\mathrm{A}, y_\mathrm{B}$ はそれぞれ点 A, B の y 座標である．同様に，面 CD を通って流出する運動量は，

$$\iint_{\mathrm{CD}} \rho V_w^2 \, dS = \int_{y_{\mathrm{C}}}^{y_{\mathrm{D}}} \rho V_w^2 \, dy$$

である．ここに，$y_{\mathrm{C}}, y_{\mathrm{D}}$ はそれぞれ点 C, D の y 座標である．抗力を F とすれば，物体が流体に及ぼす力は $-F$ である．検査面 AB, CD にはたらく圧力は大気圧に等しく一定であるから，圧力による力はつり合い，運動量変化には関与しない．

以上より，x 方向の運動量変化の式は，

$$\int_{y_{\mathrm{C}}}^{y_{\mathrm{D}}} \rho V_w^2 \, dy - \int_{y_{\mathrm{B}}}^{y_{\mathrm{A}}} \rho V_0^2 \, dy = -F \tag{2.29}$$

となる．ところで，面 BC, DA を通しての流入，流出はないから，面 AB を通過する流体の質量流量は面 CD を通過する質量流量に等しくなければならない．したがって，連続の方程式

$$\int_{y_{\mathrm{B}}}^{y_{\mathrm{A}}} \rho V_0 \, dy = \int_{y_{\mathrm{C}}}^{y_{\mathrm{D}}} \rho V_w \, dy \tag{2.30}$$

が成り立つ．両辺に V_0 をかけたものと式 (2.29) の辺々を加えると，

$$F = \int_{y_{\mathrm{C}}}^{y_{\mathrm{D}}} \rho V_w (V_0 - V_w) \, dy \tag{2.31}$$

を得る．物体の下流の流速分布 $V_w(y)$ を測定すれば，式 (2.31) より物体にはたらく抗力 F を計算することができる．$V_w(y) = V_0$ の区間では式 (2.31) の被積分関数が 0 になるから，実際の計算では面 CD 上の $V_w \neq V_0$ の区間でのみ積分を実行すればよく，得られる F の値は面 BC, DA の位置には依らない．■

2.5 プロペラの理論

これまでに述べてきた連続の方程式，ベルヌーイの式，運動量変化の式の応用として，プロペラの理論を考えてみよう．プロペラの理論では，プロペラの回転している面が前方の空気をかき集めて後方に加速するはたらきをし，その反作用で推力を発生すると考える．このときプロペラの羽の数や形状などは問題にせず，プロペラの回転面を，回転面と同じ直径をもつ厚みのない仮想的な円板（これを作動円板 (actuator disc) という）に置き換える．流れは，作動円板を通り抜けることによってエネルギーを供給され，加速すると考える．このとき，空気の粘性と圧縮性は考慮しない．

図 2.16 に示すように，速さ V_1，圧力 p_1 ($= p_{\mathrm{atm}}$(大気圧))，密度 ρ の一様な流れの中に，作動円板を流れに垂直に静止させて置く．空気の流れが円板に近づくにつれて速さは連続的に増加し，円板のところで V_2 ($> V_1$) になる．円板の面積を S，面 AB の面積を S_{AB} とすると，連続の方程式

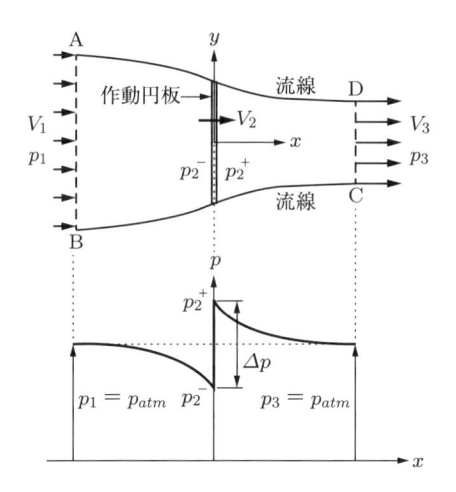

図 2.16 作動円板のまわりの流れと圧力の変化

$$\rho V_1 S_{AB} = \rho V_2 S$$

が成り立つ．これより，

$$\frac{S_{AB}}{S} = \frac{V_2}{V_1} > 1$$

であるから，$S_{AB} > S$ である．流れが加速するに従って圧力は低下し，円板前面で $p_2^-\,(<p_1)$ になる．作動円板は圧力増加 Δp という形で流れにエネルギーを供給すると考える．その結果，円板後面で圧力が $p_2^+\,(=p_2^- + \Delta p)$ に上昇する．円板から離れるにつれて圧力は低下し，十分後方では大気圧 p_{atm} に戻る．この圧力の減少分は運動エネルギーに変換されて流速の増加につながり，円板後方では $V_3\,(>V_1)$ となる．

円板でエネルギーが付与されるため，円板を横切ってベルヌーイの式を用いることはできない．しかし，円板の前方と後方のそれぞれの流れにベルヌーイの式を適用することはできる．面 AB と円板前面，円板後面と面 CD の間でそれぞれベルヌーイの式をつくると，

$$p_1 + \frac{1}{2}\rho V_1^2 = p_2^- + \frac{1}{2}\rho V_2^2$$

$$p_2^+ + \frac{1}{2}\rho V_2^2 = p_3 + \frac{1}{2}\rho V_3^2$$

を得る．ここでは重力の影響は無視する．両式を辺々足して，$p_1 = p_3 = p_{atm}$ を考慮すると，

$$\Delta p = p_2^+ - p_2^- = \frac{1}{2}\rho(V_3^2 - V_1^2) \tag{2.32}$$

を得る．円板にはたらく推力 T は，

$$T = S\Delta p = \frac{1}{2}\rho S(V_3^2 - V_1^2) \tag{2.33}$$

で与えられる．

次に，作動円板の前後での運動量変化を調べて推力を求めてみる．図 2.16 の ABCD を検査面として使い，図のように円板に垂直で流れの向きに x 軸を設ける．曲線 BC と DA は流線であるから，これらを横切る流れはない．流体が円板に及ぼす力を F（x 軸の向きを正とする）として，x 方向の運動量変化の式を立てると，

$$\rho V_3^2 S_{CD} - \rho V_1^2 S_{AB} = -F \tag{2.34}$$

となる．ここに，S_{CD} は面 CD の面積である．このとき，面 BC, DA は y 軸に垂直ではないから，これらの面に作用する圧力（大気圧）による力は x 軸方向の成分をもつ．この成分と面 CD に作用する圧力（大気圧）による力の和は，面 AB に作用する圧力（大気圧）による力に等しい．したがって，面 AB, BC, CD, DA に作用する圧力による力はそれ自身でつり合うので運動量変化には関与しない．連続の方程式

$$\rho V_1 S_{AB} = \rho V_3 S_{CD}$$

の両辺に V_1 をかけたものと式 (2.34) の間で辺々足し算を行うと

$$F = -\rho V_3(V_3 - V_1)S_{CD} \tag{2.35}$$

を得る．作動円板と面 CD の間で連続の方程式をつくると，

$$\rho V_2 S = \rho V_3 S_{CD}$$

となるから，式 (2.35) は，

$$F = -\rho S V_2(V_3 - V_1)$$

となる．ここで，$V_3 > V_1$ であるから $F < 0$ である．すなわち，F は推力である．そこで，$T = -F$ とおくと，

$$T = \rho S V_2(V_3 - V_1) \tag{2.36}$$

を得る．式 (2.33) と式 (2.36) より T を消去すると，

$$V_2 = \frac{1}{2}(V_1 + V_3) \tag{2.37}$$

を得る．すなわち，円板を通過する流れの速さは，十分前方の流れの速さと十分後方の流れの速さの平均値であることがわかる．

円板の十分上流の空気は単位質量あたり $V_1^2/2$ の運動エネルギーをもち，円板の十分下流の空気は単位質量あたり $V_3^2/2$ の運動エネルギーをもつ．したがって，単位質量の空気は，円板を横切るときに $(V_3^2 - V_1^2)/2$ の運動エネルギーの供給を受ける．円板を通過する空気の質量流量は $\rho S V_2$ であるから，円板を通過する空気の単位時間あたりのエネルギー増加は $\rho S V_2 (V_3^2 - V_1^2)/2$ となる．これが円板に供給される動力（入力パワー）である．次に，図 2.16 において，円板が静止流体中を右から左に向かって速さ V_1 で運動していると考えると，円板がつくり出す動力（出力パワー）は $T V_1$ である．したがって，作動円板の推進効率 η_P は，

$$\eta_P = \frac{\text{出力パワー}}{\text{入力パワー}} = \frac{T V_1}{\frac{1}{2}\rho S V_2 (V_3^2 - V_1^2)} = \frac{V_1}{V_2} = \frac{2V_1}{V_1 + V_3} \tag{2.38}$$

となる．この効率は理想効率とよばれ，プロペラの推進効率の理論的な上限を与える．現実には，プロペラの羽と空気の間の摩擦やプロペラ後方の流れの回転によるエネルギー損失，実際のプロペラ回転面では推力が一様に分布していないことによる損失があるために，実際の推進効率は理論効率の 85% 程度である．

2.6 角運動量の法則

2.6.1 角運動量

xy 平面内で質点が運動しているときの運動方程式は，

$$m\frac{du}{dt} = X, \quad m\frac{dv}{dt} = Y \tag{2.39}$$

で与えられる．ここに，m は質点の質量，u, v はそれぞれ質点の速度の x, y 成分，X, Y はそれぞれ質点にはたらく力の x, y 成分である．質点の座標を (x, y) として，式 (2.39) の第 1 式の両辺に y をかけ，第 2 式の両辺に x をかけて辺々引くと，

$$m\left(x\frac{dv}{dt} - y\frac{du}{dt}\right) = xY - yX$$

を得る．左辺を変形すると，

$$\frac{d}{dt}\bigl[x(mv) - y(mu)\bigr] = xY - yX \tag{2.40}$$

となる．mu, mv はそれぞれ質点の運動量の x, y 成分である．式 (2.40) を見ると，運動量 (mu, mv) と力 (X, Y) の違いはあるが，両辺に，

$$x \times (\text{ベクトルの } y \text{ 成分}) - y \times (\text{ベクトルの } x \text{ 成分})$$

という項が存在する．一般に，始点の座標が (x,y) のベクトル $\mathbf{A} = (A_x, A_y)$ に対して $xA_y - yA_x$ をベクトル $\mathbf{A}$ の座標原点まわりのモーメントという[1]．式 (2.40) の右辺は力が質点に与える原点まわりのモーメントを表し，これをトルク (torque) という．式 (2.40) の左辺の $x(mv) - y(mu)$ は運動量のモーメントであり，これを角運動量 (angular momentum) という．式 (2.40) は，質点の単位時間あたりの角運動量の変化は質点にはたらくトルクに等しいことを表しており，これを質点の角運動量方程式 (angular momentum equation) という．

複数の質点からなる質点系の場合，単位時間あたりの系の角運動量の変化は，その系に系の外部から加えられるトルクの総和に等しい．これを角運動量の法則 (law of angular momentum) という．運動量の法則と同じように，流体を無数の流体粒子で構成される質点系とみなせば，流れに対して角運動量の法則を適用することができる．この法則は，水車やポンプなどの回転式流体機械の流路を流体が流れる場合に，機械の回転と流体が及ぼす力の関係を考えるときに有用である．

角運動量の法則を流体運動に適用する場合は，運動量の法則の場合と同様に適当な検査体積を設け，

(単位時間に検査面を通って流出する角運動量)

− (単位時間に検査面を通って流入する角運動量)

= (検査体積内の流体にはたらくトルク) (2.41)

を数式化すればよい．たとえば，図 2.17 の湾曲した流管内の流体運動を考えよう．断面 A と B，流管の側壁によって図の破線のような検査体積を設ける．流体の密度を ρ，体積流量を Q とする．流れの回転中心を O，断面 A, B の中心をそれぞれ P_A, P_B とし，線分 $\overline{OP_A}$, $\overline{OP_B}$ の長さをそれぞれ r_A, r_B とする．断面 B における流速を V_B とすると，単位時間に流出する運動量は $\rho Q V_B$ である．この運動量の線分

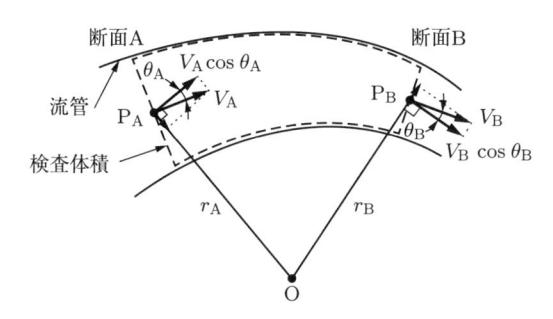

図 2.17 湾曲した流管内を流れる流体の角運動量変化

---

[1] たとえば，文献 [9] を参照のこと．

$\overline{\mathrm{OP_B}}$ に直交する成分,すなわちモーメントに寄与する成分は $\rho Q V_\mathrm{B} \cos\theta_\mathrm{B}$ である.したがって,単位時間に流出する運動量の点 O まわりのモーメント,すなわち単位時間に流出する角運動量は $\rho Q V_\mathrm{B} r_\mathrm{B} \cos\theta_\mathrm{B}$ である.同様にして,単位時間に断面 A から流入する角運動量は $\rho Q V_\mathrm{A} r_\mathrm{A} \cos\theta_\mathrm{A}$ で与えられる.単位時間内に検査体積内の流体が受けるトルクを T とすると,式 (2.41) は,

$$\rho Q V_\mathrm{B} r_\mathrm{B} \cos\theta_\mathrm{B} - \rho Q V_\mathrm{A} r_\mathrm{A} \cos\theta_\mathrm{A} = T \tag{2.42}$$

のように数式化される.

2.6.2 角運動量の法則の応用

角運動量の法則を使って,流れと機械の回転運動に関する計算を考えてみよう.

例題 2.4 回転羽根車の駆動トルク

図 2.18(a) のように,円板に平板状の羽根を付けた回転羽根車があり,円板の中心に取り付けた回転軸のまわりに角速度 ω で回転している.ここへ,回転軸に平行に円板の中心に向かって水を供給すると,水は円板に衝突したあと,羽根に沿って円板の周囲へ放射状に飛び散る.このときの羽根車を回転するために必要なトルク T を求めてみる.図の破線で示すように,羽根車を取り囲むように円筒形の検査体積を設け,供給される水の体積流量を Q,速さを V,密度を ρ,円板の半径を R とする.

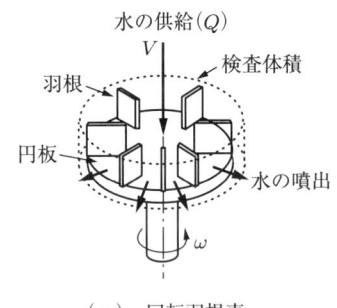

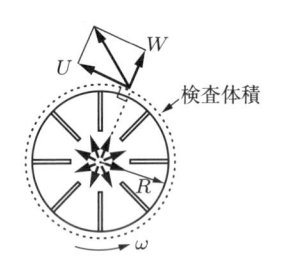

（a）回転羽根車　　　（b）羽根車の回転による水の飛散

図 2.18 回転羽根車による水の散布

検査体積内に流入する水の運動量は $\rho Q V$ である.この運動量の,羽根車の中心軸まわりのモーメントは 0 であるから,流入する角運動量は 0 である.検査体積から流出する水は,図 2.18(b) に示すように,周方向と半径方向にそれぞれ速度成分 U,W をもつ.速度成分 W による運動量（流出する運動量の半径方向成分）の中心軸まわりのモーメントは 0 であるから,半径方向に流出する角運動量は 0 である.速度成分

U は羽根車の回転によるものであって，$U = \omega R$ である．速度成分 U による運動量（流出する運動量の周方向成分）は $\rho Q U = \rho Q \omega R$ である．このとき，羽根の厚みは無視する．この運動量の中心軸まわりのモーメントは $\rho Q \omega R^2$ であり，これが単位時間に検査体積から流出する角運動量である．検査体積内の水が羽根車から受けるトルクを T とすれば，

$$\rho Q \omega R^2 - 0 = T$$

が成り立つ．これより，羽根車の駆動トルクとして

$$T = \rho Q \omega R^2 \tag{2.43}$$

を得る．　■

例題 2.5　スプリンクラーの回転速さ

芝生に散水するスプリンクラーの回転運動を考える．図 2.19(a) のように，水は，スプリンクラーの鉛直軸のなかを通って供給され，軸から伸びる 2 本のアームの先端のノズルから噴出する．水の噴出によってアームは回転する．アームが定常回転運動を行っているときの角速度を求めてみる．軸の中心からノズルの中心までの距離を R として，図 2.19(b) のように，2 本のアームを囲むように半径 R の断面をもつ円筒形の検査体積を設ける．ノズルからの噴流は半径 R の円の接線方向を向いているとする．供給される水の体積流量を Q，密度を ρ，ノズル先端の断面積を S，ノズルの回転の角速度を ω とする．

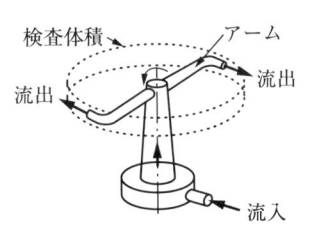

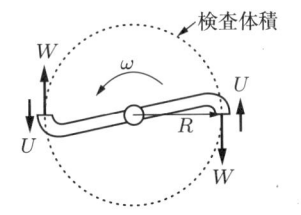

（a）スプリンクラー　　　（b）水の噴出とノズルの回転

図 2.19　スプリンクラーの回転

検査体積に流入する水は中心軸に沿って流れるから，その流れの運動量は中心軸まわりのモーメントをもたない．すなわち，検査体積に流入する角運動量は 0 である．ノズルからの噴流の速さ W は $W = Q/(2S)$ である．ノズルは回転しているから，W はノズルに対する噴流の相対速さである．ノズル先端は周方向に $U = \omega R$ の速さをもつ．U と W の向きはたがいに正反対であるから，噴流の絶対速さ V は，

$$V = W - U = \frac{Q}{2S} - \omega R \tag{2.44}$$

となる．1本のアームを通って，単位時間に検査体積から流出する運動量は $\rho(Q/2)V$ であるから，流出する角運動量は $\rho(Q/2)VR$ となる．スプリンクラーが定常回転しているとき，スプリンクラーにトルクは作用しないので，検査体積内の水に作用するトルクは0である．以上より，

$$2 \times \rho\left(\frac{Q}{2}\right)VR - 0 = 0 \tag{2.45}$$

が成り立つ．式 (2.44), (2.45) より，$V = Q/(2S) - \omega R = 0$ であるから，

$$\omega = \frac{Q}{2RS} \tag{2.46}$$

を得る．■

演習問題

2.1 問図 2.1 のような，$1\,\text{m} \times 1\,\text{m}$ の正方形の入口と直径 $0.7\,\text{m}$ の円形の出口をもつ空気ダクトがある．入口での流速は高さ方向に，

$$u(y) = 10y(2-y) \quad [\text{m/s}]$$

のように変化しており，紙面垂直方向には一様である．このとき次の量を求めよ．
 (a) ダクト内を流れる空気の体積流量　　(b) 出口での平均流速
2.2 $\rho V^2/2$ が圧力の次元を持つことを，ρ と V の次元の組合せによって示せ．
2.3 問図 2.2 のように，大きな容器のなかに貯めた空気が内径 $0.03\,\text{m}$ のホースを通って，ホース先端の内径 $0.01\,\text{m}$ のノズルから大気中に吹き出している．容器内の圧力は一定値 $3.0\,\text{kPa}$（ゲージ圧）に保たれており，ホース内の流れは定常流れとする．ホースを通って流出する空気の体積流量は容器の体積に比べて微小であり，容器内の空気の動きは無視できるとする．このとき，次の設問に答えよ．

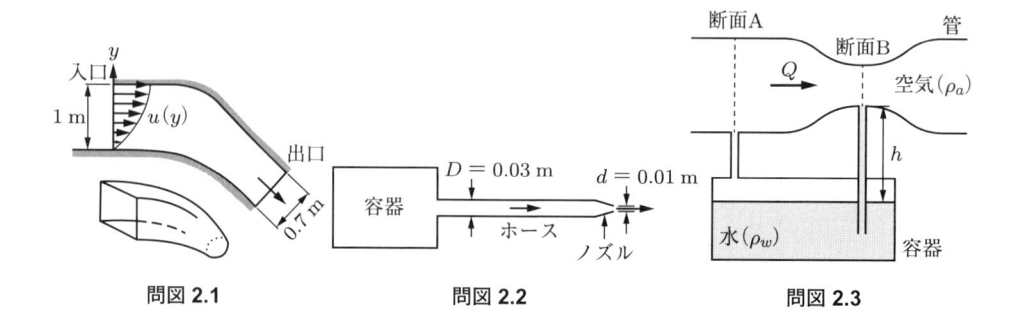

問図 2.1　問図 2.2　問図 2.3

(a) 貯槽内の空気の密度を求めよ．ただし，貯槽内温度を 15°C，大気圧を 101 kPa，理想気体のガス定数を 286.9 N·m/(kg·K) とする．
(b) 空気の密度は一定として，ホース内を流れる空気の体積流量を求めよ．
(c) ホース内のゲージ圧を求めよ．

2.4 気化器の原理を問図 2.3 のモデルで考える．管のなかを体積流量 Q の空気が流れている．流量 Q がある値 Q^* を超えると，容器内の水が吸い上げられて管内に噴出する．このときの Q^* を表す式を導け．ただし，空気と水の密度をそれぞれ ρ_a, ρ_w，断面 A, B の面積をそれぞれ S_A, S_B とする．空気の圧縮性は無視してよい．また，重力加速度を g，断面 B の水の噴出口から容器内の水面までの距離を h とする．容器は十分に大きく，水の噴出による h の変化は無視できるものとする．

2.5 式 (2.10) を導け．

2.6 断面積が一定の U 字管のなかに，互いに混ざり合わない 2 種類の液体 A, B が入れられ，問図 2.4 の状態でつり合っている．U 字管の両端はどちらも大気に解放されている．液体 A, B の密度をそれぞれ ρ_A, ρ_B とするとき，ρ_B/ρ_A を求めよ．ただし，空気の密度は ρ_A, ρ_B に比べて微小と考えて無視してよい．

2.7 問図 2.5 のような水鉄砲をつくり，ピストンに力 F を加えて内部の水を噴出させる．このときの水の噴出速さ V を求めよ．ただし，水の密度を ρ とする．

2.8 問図 2.6 のように，水道の蛇口から水が鉛直下向きに流れている．蛇口と水流の断面は円形とする．蛇口先端を $y = 0$ として，鉛直下向きに測った距離を y とする．任意の位置での水流の断面の直径 d を y の関数として表せ．ただし，水流の体積流量を Q とし，蛇口先端の直径を D とする．

2.9 2.4 節の例題 2.2 を，問図 2.7 に示すような，噴流に平行な辺と垂直な辺からなる検査面を用いて解いてみよ．

2.10 問図 2.8 のように，直径 80 mm の水平な水の噴流が，流れに垂直に置かれた平板に速さ 40 m/s で衝突する．平板には直径 20 mm の円形の穴があけられており，その穴から速さ 40 m/s で水が噴き出す．このとき，平板を押さえるのに必要な力の大きさを求めよ．ただし，水の密度を 1000 kg/m³ とする．水の粘性の影響は無視してよい．

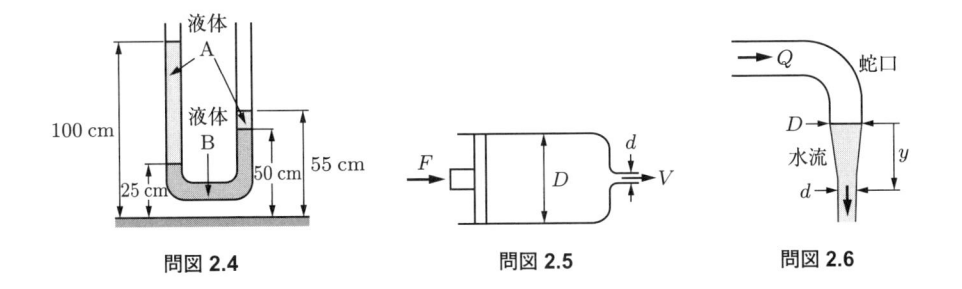

問図 2.4　　　　　問図 2.5　　　　　問図 2.6

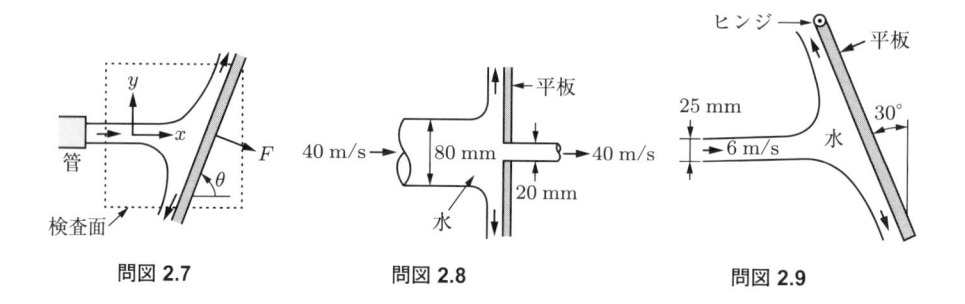

2.11 問図 2.9 のように，30 × 30 cm の正方形平板が，上端をヒンジで固定されてつり下げられている．平板はヒンジを中心にして自由に回転できる．鉛直に置いた平板の中心に速さ 6 m/s，直径 25 mm の水の噴流を水平に当てたところ，平板は問図 2.9 のように鉛直軸に対して 30°傾いて静止した．平板の重量を求めよ．ただし，水の密度を 1000 kg/m³ とする．平板の回転に対するヒンジ部分の摩擦は無視してよい．

2.12 問図 2.10 のように，30 m/s の一様な気流のなかに物体を置き，物体の下流の速度分布を測定したところ，速度の x 成分 V_w について次のような結果を得た．

① $|y| \leqq 1$ m のとき

$$V_w = 30 - 10(1 - |y|) \ [\text{m/s}]$$

② $|y| > 1$ m のとき

$$V_w = 30 \ [\text{m/s}]$$

このとき，物体にはたらく抗力 F を求めよ．ただし，空気の密度を 1.20 kg/m³ とする．

2.13 問図 2.11 のように，消火用ホースの先端にノズルが取り付けられている．ホースの断面積を S_1，ノズル先端の断面積を S_2 とする．ノズルから噴出する水の速さを V_2，水の密度を ρ，大気圧を p_atm とするとき，次の量を求めよ．

(a) 水がノズルに及ぼす力

(b) ホースとノズルを結合しておくのに必要な力

2.14 問図 2.12 のような，断面が円形のノズルから吹き出した空気が，気流に垂直に置かれた平板に衝突している．平板を支えるためには 9 N の力が必要である．このとき，ノズ

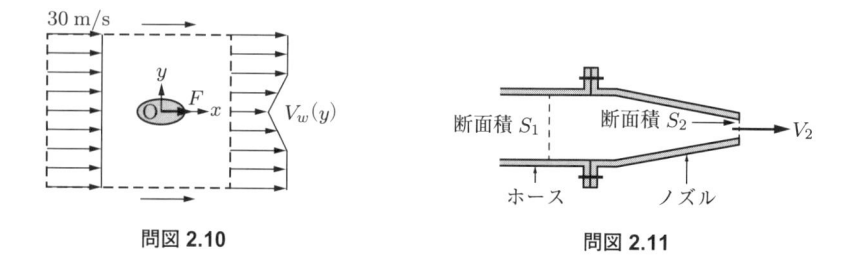

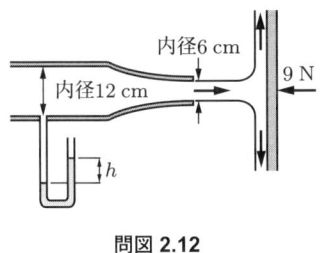

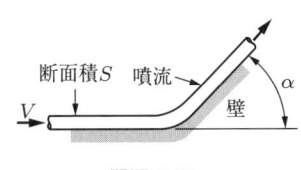

問図 2.12 **問図 2.13**

ルの図の位置に取り付けた U 字管内の液面差 h を求めよ．ただし，U 字管内の液体は水とし，密度を 1000 kg/m³ とする．また，空気の密度を 1.20 kg/m³ とする．

2.15 断面積 S，速さ V の噴流が，問図 2.13 のような曲がった壁に当たってもとの方向から α だけ向きを変えた．このとき，壁にはたらく力の大きさを求めよ．ただし，壁に当たる前後で噴流の断面積と速さは不変であるとする．また，流体の密度を ρ とする．

2.16 問図 2.14 のような曲面板（ベイン）に，直径 5 cm の水の噴流が衝突して，流れの向きを変えている．衝突前の流速は 20 m/s である．噴流は，衝突後も直径を変えずに流れ去るとする．このとき，次の設問に答えよ．ただし，ベインの質量を 50 kg，水の密度を 1000 kg/m³ とする．また，流体の粘性と重力の影響は無視してよい．
  (a) ベインは固定されているとして，ベインに作用する流体力の大きさを求めよ．
  (b) (a) で求めた流体力の作用する向きを，x 軸の正方向から測った角度で示せ．
  (c) このベインが x 軸方向にのみ動くことができるとする．噴流が当たっているときにベインのストッパーを外した瞬間の，ベインの運動の加速度を求めよ．

2.17 問図 2.15 のような二つの水の噴流が衝突し，一つの噴流になって流れ去っていく．このとき合流して流れ去る噴流の，(a) 速さ V，(b) 角度 θ，(c) 断面の直径 D を求めよ．ただし，噴流の断面は衝突前も衝突後も円形とし，衝突による水の質量の損失（たとえば，しぶきとなって飛び散ってしまうもの）はないとする．また，水の密度を 1000 kg/m³ とする．重力の影響は無視してよい．

2.18 問図 2.16 の (a) のように，鉛直上向きのノズルから水が噴出している．ホースの内径は 10 cm，ノズル先端の内径は 5 cm である．ホース内の断面 A におけるゲージ圧は 55 kPa であり，断面 A からノズル先端までの長さは 80 cm である．水の密度を $\rho = 1000$

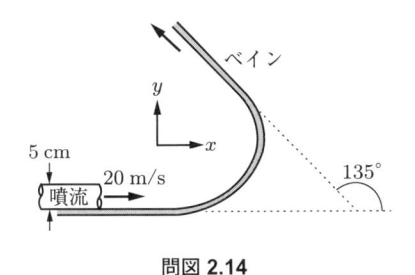

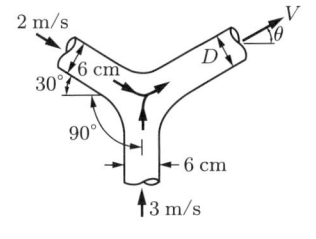

問図 2.14 **問図 2.15**

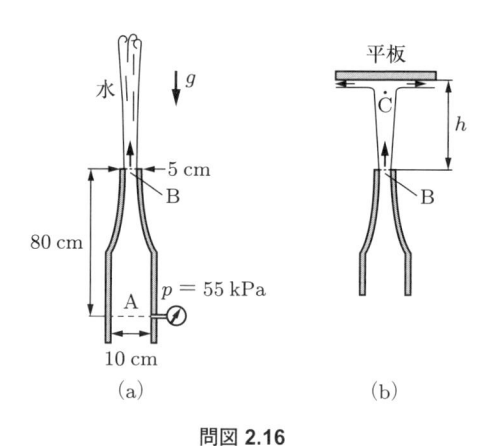

問図 2.16

kg/m³,重力加速度を $g = 9.8$ m/s² とする.次の設問に答えよ.
(a) ノズル先端での流速 V_B を求めよ.
(b) 噴出した水は,ノズル先端から測って,どれほどの高さまで到達するか.

次に,図 (b) のように噴流の上に重量 150 N の平板を置く.平板は固定されておらず,自由に動くことができる.このとき,次の設問に答えよ.

(c) 平板がノズル先端から高さ h の位置で,噴流に直交して安定な状態で噴流の上に浮いているとする.図の点 C(ノズルからの高さを h としてよい)における,噴流の鉛直方向の速さを V_C とする.V_C を V_B, g, h を用いて表せ.
(d) 噴流が平板に及ぼす力 F を,V_B, V_C, ρ とノズル先端の断面積 S_B で表せ.
(e) 与えられた数値を使って h の大きさを求めよ.

2.19 問図 2.17 のように,中心に直径 d の円形の穴があいた円板(直径 $2d$)が,内径 $2d$ の円管のなかに固定されている.この円管のなかに,密度 ρ の気体を流し,円板の上流と下流で流速分布と圧力を測定したところ,図のようになった.すなわち,上流の断面 A では,流速と圧力は一定で,その大きさはそれぞれ U_A, p_A であった.下流の断面 B での流速は,円板の穴に相当する部分(直径 d の円領域)では一定値 U_B であり,それ以外

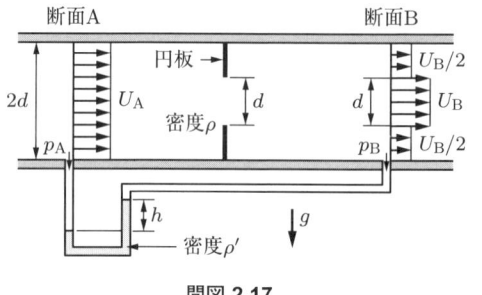

問図 2.17 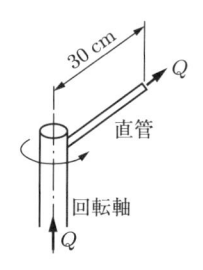   問図 2.18

では $U_B/2$ であった．また，断面 B での圧力は一定値 p_B であった．断面 A と B に小さい穴をあけて，液体を入れた U 字管をつないだところ，U 字管内の液面差は図のように h となった．このとき，次の設問に答えよ．ただし，流れは定常とし，流体の粘性は無視する．U 字管内の液体の密度を ρ' ($\rho' > \rho$) とし，重力加速度を g とする．また，U 字管の断面積は一定とする．

(a) 流速の比 U_B/U_A を求めよ．
(b) p_A と p_B の間に成り立つ関係式を求めよ．
(c) 流れが円板に及ぼす力 F を，ρ, ρ', d, h, g, U_A で表せ．

2.20 問図 2.18 のように，内径 8 mm の円形断面の直管が回転軸に直角に取り付けられている．回転軸を通って $Q = 15\,\text{L/min}$ の水が直管に供給され，直管の先端から噴出する．このとき，直管を 30 rpm の回転数で回転させ続けるために要するトルクを求めよ．ただし，水の密度を 1000 kg/m^3 とする．

2.21 問図 2.19 のような，3 本のアームを持つスプリンクラーに，3000 L/h の水が回転軸を通してアームの回転面に垂直に供給されている．アームの先端の断面は内径 7 mm の円形とする．回転に対する摩擦の影響は無視する．このとき，次の量を求めよ．なお，水の密度を 1000 kg/m^3 とする．

(a) アームの回転を止めるために要するトルク
(b) アームを自由にして回転させたときの回転数 [rpm]

2.22 問図 2.20 のような食器洗浄機に使われる散水アームがある．アームには内径 8 mm の 6 本のノズルが，アームの回転中心をはさんで左右対称に，図に示す間隔と角度で取り付けられている．アームの中心にある回転軸を通して，アームの回転面に垂直に 10 L/min の温水（60°C）を供給するとき，アームの回転数 [rpm] を求めよ．ただし，ノズルから噴出する温水の体積流量はみな等しいとし，回転に対する摩擦の影響は無視してよい．

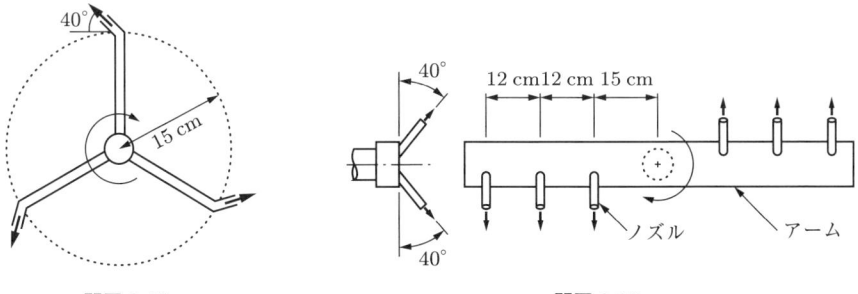

問図 2.19

問図 2.20

第3章

2次元流れの基礎方程式

3.1 理想流体

　本章から流体力学の一般論に入る．流体には圧縮性や粘性という性質があることはすでに述べたが，とりわけ粘性の存在は流体の運動を複雑にし，理論の展開を難しくしている．そこで，まず，粘性をもたない流体（非粘性流体，inviscid fluid）の運動を考える．このような理想化された流体を，理想流体 (ideal fluid) あるいは完全流体 (perfect fluid) という．理想流体を考えることは，理論の展開を容易にするためだけではない．水や空気のような粘度の低い流体の運動のおおまかなようすを把握することが可能になるとともに，粘性を無視した流体の運動を調べることによって，実在流体の運動における粘性のはたらきを正しく理解することができるようになる．

　本章における流れの基礎方程式の導出は 2 次元流れを用いて行う．まず，圧縮性と粘性を考慮した一般的な 2 次元流れの基礎方程式を導き，その後，非圧縮性と非粘性の仮定を導入して方程式を簡単化する，という解説の手順をとる．

3.2 流れの観察方法

　質点の運動を観察するときは，一つの質点に注目し，その質点の時々刻々の位置の変化を調べればよい．それでは，流体のように空間に連続的な広がりをもつ物体の運動を観察するとき，私たちは流体のどこに注目し，何を調べればよいのだろうか．

　一般に，流体の運動を観察するには二通りの方法がある．第 1 の方法は，流体を構成する流体粒子の一つ一つについて，時間の経過とともにどのように運動するかを粒子を追跡しながら調べる方法で，注目した流体粒子の座標や速度を時間の関数で表す．このような方法をラグランジュの方法 (Lagrangian method) という．質点の力学において質点の運動を記述する方法である．第 1 章で述べた流跡線は，ラグランジュの方法による流れの表現方法である．第 2 の方法は，空間の 1 点に注目して，そこでの流体の状態や運動の変化を調べるものである．この方法では，速度や圧力は位置と時

間の関数で表される．このような方法をオイラーの方法 (Eulerian method) という．バードウォッチングを例にとると，1羽の鳥の足に電波発信器を取り付けて，その鳥がどのような経路をどのくらいの速さで飛行するのかを時間を追って調べるのがラグランジュの方法である．一方，原野の一箇所にカメラを設置して，そこへどんな種類の鳥が何羽集まってくるのかを，カメラの設置場所を変えながら調べるのがオイラーの方法である．

流体技術者にとっては，流体の特定の部分が時間の経過に従ってどのように運動し，どのように変形するかを知ることよりも，流体機械のなかのある位置において，速度や圧力がどのような大きさをもっているのか，それが時間とともにどのように変化するのかを知ることのほうが重要である．したがって，流体運動を数式で記述するためにはオイラーの方法を用いるのが便利である．このとき，流れの基礎方程式の独立変数は座標と時間である．

流れを表す物理量（従属変数）には，運動学的な量と熱力学的な量がある．運動学的な量には速度や加速度があるが，流体力学では速度を用いる．速度 (velocity) はベクトル量であり，3次元では三つの成分をもつ．熱力学的な量には，圧力，密度，温度，内部エネルギーなどがある．熱力学の教えるところによれば，熱力学的な量は互いに独立ではなく，任意の二つの量を与えればほかはすべて定まる．したがって，3次元流れの方程式に含まれる従属変数は，運動学的な量の3個（速度の3成分）と熱力学的な量の2個（たとえば圧力と密度）の合計5個である．この5個の物理量を決定するためには5本の方程式が必要である．それが表3.1に示す方程式である．

次節以降でこれらの方程式を導いてみよう．説明をわかりやすくするために2次元流れを用いる．このとき，運動学的な量（速度成分）は2個であるから，運動方程式は2本である．

表 3.1 3次元流れの基礎方程式

名称	方程式が表す物理法則	方程式の数
連続の方程式	質量保存の法則	1
運動方程式	運動量の法則	3
エネルギー方程式	エネルギー保存の法則	1

3.3 連続の方程式

流体内の任意の1点Pに注目し，図3.1のように2次元直角座標系を設ける．

点Pを中心として幅 Δx，高さ Δy，紙面に垂直な方向に厚さ1（単位厚さ）の微小な直方体を考える．この直方体は2.4.2項で述べた検査体積である．この直方体内

3.3 連続の方程式

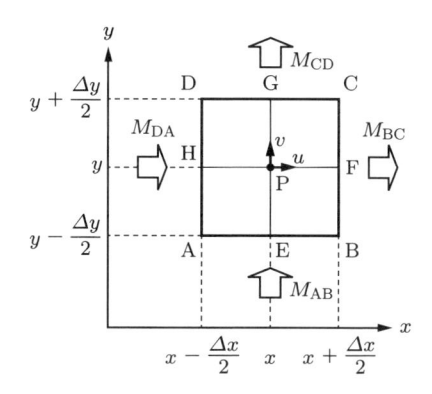

図 3.1 流れのなかの微小直方体領域

の流体に質量保存の法則を適用することによって，流れを表す物理量が満たすべき関係を導いてみよう．ここでは2次元流れを考えるから，流れは紙面に平行であり，速度やほかの物理量は紙面垂直方向に一様である．

点 P における速度の x, y 成分をそれぞれ u, v とする．点 P を通って x 軸に垂直な面 EG に注目する．Δy が微小であるから u は面 EG に沿って一定であると近似すると，面 EG を微小時間 Δt の間に通過する流体の質量 M は $M = \rho u \, \Delta y \, \Delta t$ で与えられる．このとき，u の x 方向の変化は考慮するので，M は x の関数 $M(x)$ と考える．ρ は点 P における流体の密度である．3.1節で述べたように，圧縮性を考慮した一般的な方程式を導くために，密度 ρ は位置と時間の関数と考える．面 EG の下流 $x + \Delta x/2$ にある面 BC を通って Δt の間に直方体の内から外へ流出する流体の質量を M_{BC} とする．$M_{\mathrm{BC}} = M(x + \Delta x/2)$ と表せるから，右辺をテイラー級数に展開して，

$$\begin{aligned}
M_{\mathrm{BC}} &= M + \frac{\Delta x}{2} \frac{dM}{dx} + \frac{1}{2!}\left(\frac{\Delta x}{2}\right)^2 \frac{d^2 M}{dx^2} + \cdots \\
&= \left[\rho u + \frac{\Delta x}{2} \frac{\partial (\rho u)}{\partial x} + \frac{(\Delta x)^2}{8} \frac{\partial^2 (\rho u)}{\partial x^2} + \cdots \right] \Delta y \, \Delta t
\end{aligned} \tag{3.1}$$

となる．同様に，面 EG の上流 $x - \Delta x/2$ にある面 DA を通って Δt の間に直方体の外から内へ流入する流体の質量を M_{DA} とすれば，

$$\begin{aligned}
M_{\mathrm{DA}} &= M\left(x - \frac{\Delta x}{2}\right) \\
&= M - \frac{\Delta x}{2} \frac{dM}{dx} + \frac{1}{2!}\left(\frac{\Delta x}{2}\right)^2 \frac{d^2 M}{dx^2} - \cdots \\
&= \left[\rho u - \frac{\Delta x}{2} \frac{\partial (\rho u)}{\partial x} + \frac{(\Delta x)^2}{8} \frac{\partial^2 (\rho u)}{\partial x^2} - \cdots \right] \Delta y \, \Delta t
\end{aligned} \tag{3.2}$$

となる．同様にして，点 P を通って y 軸に垂直な面 FH を Δt の間に通過する流体の質量は $\rho v\,\Delta x\,\Delta t$ であるから，面 FH から $\pm\Delta y/2$ 離れた面 CD と面 AB を Δt の間に通過する流体の質量 $M_{\mathrm{CD}},\,M_{\mathrm{AB}}$ はそれぞれ，

$$M_{\mathrm{CD}} = \left[\rho v + \frac{\Delta y}{2}\frac{\partial(\rho v)}{\partial y} + \frac{(\Delta y)^2}{8}\frac{\partial^2(\rho v)}{\partial y^2} + \cdots\right]\Delta x\,\Delta t \tag{3.3}$$

$$M_{\mathrm{AB}} = \left[\rho v - \frac{\Delta y}{2}\frac{\partial(\rho v)}{\partial y} + \frac{(\Delta y)^2}{8}\frac{\partial^2(\rho v)}{\partial y^2} - \cdots\right]\Delta x\,\Delta t \tag{3.4}$$

となる．

以上の流入流出の結果，Δt の間にこの直方体内に $M_{\mathrm{DA}} + M_{\mathrm{AB}} - M_{\mathrm{BC}} - M_{\mathrm{CD}}$ の質量の流体が貯まる．この質量増加によって，直方体内の流体の密度が $\Delta\rho$ だけ増加するとすれば，質量保存の法則は次のように表される．

$$\underbrace{\Delta\rho\,\Delta x\,\Delta y}_{\text{密度変化 }\Delta\rho\text{ にともなう質量増加}} = \underbrace{M_{\mathrm{DA}} + M_{\mathrm{AB}} - M_{\mathrm{BC}} - M_{\mathrm{CD}}}_{\Delta t\text{ の間に流れによって直方体内に運ばれ貯まる質量}} \tag{3.5}$$

式 (3.5) に式 (3.1)〜(3.4) を代入し整理すると，

$$\Delta\rho\,\Delta x\,\Delta y = -\left\{\frac{\partial(\rho u)}{\partial x} + \frac{\partial(\rho v)}{\partial y} + O\left[(\Delta x)^2,(\Delta y)^2\right]\right\}\Delta x\,\Delta y\,\Delta t \tag{3.6}$$

となる．ここに，$O\left[(\Delta x)^2,(\Delta y)^2\right]$ は $\Delta x,\,\Delta y$ の 2 乗以上の高次項をすべてまとめたものである[1]．両辺を $\Delta x\,\Delta y\,\Delta t$ で割ったのち，$\Delta x,\,\Delta y,\,\Delta t \to 0$ の極限を考える．$\partial\rho/\partial t = \lim_{\Delta t \to 0}\Delta\rho/\Delta t,\ \lim_{\Delta x,\Delta y \to 0}O[(\Delta x)^2,(\Delta y)^2] = 0$ であることを考慮すると，

$$\frac{\partial\rho}{\partial t} + \frac{\partial(\rho u)}{\partial x} + \frac{\partial(\rho v)}{\partial y} = 0 \tag{3.7}$$

を得る．これを，連続の方程式 (equation of continuity) という[2]．式 (3.7) は，流体内の 1 点で質量保存の法則を表現した式である．流体内の任意の 1 点における速度成分 $u,\,v$ と密度 ρ が式 (3.7) を満たせば，流体内のいたるところで質量保存が保証される．

---

[1] O は大きさの程度を意味する order の頭文字である．$\Delta x,\,\Delta y$ は微小量であるから，$O\left[(\Delta x)^2,(\Delta y)^2\right]$ は，この項の大きさの程度が高々 $(\Delta x)^2,\,(\Delta y)^2$ の程度であることを意味する．

[2] ベクトル解析に登場するガウスの発散定理を用いると，$\rho = $（一定）のとき，式 (3.7) より式 (2.1) を導くことができる．

3.4 運動方程式

3.4.1 ニュートンの運動の第 2 法則

流体内の 1 点において,流れの加速度と圧力などの力との間に,どのような関係が成り立つかを考えてみる.ニュートンの運動の第 2 法則によれば,質量 m の物体に力 f が作用して力の向きに加速度 a の運動が生じるとき,これらの間には,

$$ma = f \tag{3.8}$$

なる関係が成立する.流体を無数の流体粒子の集合体と考え,個々の流体粒子に注目すれば式 (3.8) が成り立つ.そこで,流体粒子について加速度や力を調べ,流体粒子の運動方程式から流体の運動方程式を導いてみる.

3.4.2 加速度

流れのなかの 1 点 $P(x, y)$ における流れの加速度は,同時刻に点 P に存在する流体粒子がもっている加速度に等しい.したがって,流れの加速度を知るには流体粒子の速度の時間変化率を調べればよい.流体粒子の速度の x, y 成分をそれぞれ u, v とすれば,u, v は注目する点を変えると,たとえ同時刻であってもその値は異なるから,u, v は時間 t と座標 x, y の関数である.

図 3.2 に示すように,時刻 t において点 P にあった流体粒子が微小時間 Δt ののちに点 $Q(x + \Delta x, y + \Delta y)$ に達したとする.Q での速度成分を u', v' とすれば,

$$u' = u(t + \Delta t,\ x + \Delta x,\ y + \Delta y)$$
$$v' = v(t + \Delta t,\ x + \Delta x,\ y + \Delta y)$$

である.u', v' を,時刻 t と点 $P(x, y)$ を中心としてテイラー級数に展開すると

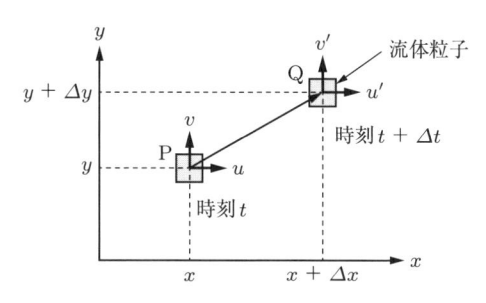

図 3.2 流体粒子の移動

$$\left.\begin{aligned} u' &= u(t,x,y) + \Delta t\, \frac{\partial u}{\partial t} + \Delta x\, \frac{\partial u}{\partial x} + \Delta y\, \frac{\partial u}{\partial y} + O\left[(\Delta t)^2, (\Delta x)^2, (\Delta y)^2\right] \\ v' &= v(t,x,y) + \Delta t\, \frac{\partial v}{\partial t} + \Delta x\, \frac{\partial v}{\partial x} + \Delta y\, \frac{\partial v}{\partial y} + O\left[(\Delta t)^2, (\Delta x)^2, (\Delta y)^2\right] \end{aligned}\right\} \tag{3.9}$$

となる．式 (3.9) の右辺の微係数は，時刻 t における点 P での値を表すことに注意しよう．時間 Δt の間の速度の平均変化率すなわち平均加速度は $(u'-u)/\Delta t$, $(v'-v)/\Delta t$ であるから，時刻 t での流体粒子の加速度は $\Delta t \to 0$ の極限値として与えられる．このとき，

$$u = \lim_{\Delta t \to 0} \frac{\Delta x}{\Delta t}, \qquad v = \lim_{\Delta t \to 0} \frac{\Delta y}{\Delta t} \tag{3.10}$$

であることを考慮すると，流体粒子が点 P にあるときにもっていた加速度の x 成分 a_x と y 成分 a_y が，

$$\left.\begin{aligned} a_x &= \lim_{\Delta t \to 0} \frac{u'-u}{\Delta t} = \frac{\partial u}{\partial t} + u\frac{\partial u}{\partial x} + v\frac{\partial u}{\partial y} \\ a_y &= \lim_{\Delta t \to 0} \frac{v'-v}{\Delta t} = \frac{\partial v}{\partial t} + u\frac{\partial v}{\partial x} + v\frac{\partial v}{\partial y} \end{aligned}\right\} \tag{3.11}$$

のように導かれる．すなわち，a_x, a_y は時刻 t における点 P での流れの加速度の成分である．式 (3.11) の加速度成分はいずれも，

$$\frac{\partial}{\partial t} + u\frac{\partial}{\partial x} + v\frac{\partial}{\partial y}$$

という形の微分演算子を含んでいる．流体力学ではこれを

$$\frac{D}{Dt} = \frac{\partial}{\partial t} + u\frac{\partial}{\partial x} + v\frac{\partial}{\partial y} \tag{3.12}$$

のように定義し，a_x, a_y を，

$$a_x = \frac{Du}{Dt}, \qquad a_y = \frac{Dv}{Dt} \tag{3.13}$$

のように表す．式 (3.12) で定義される微分を物質微分 (material differentiation) あるいは実質微分 (substantial differentiation) という．物質微分は，流れとともに移動しながら調べた物理量の時間変化を表す微分である．単一の質点の場合は空間的な広がりがないので，質点の速度成分 u, v は時間のみの関数である．したがって，加速度の成分 a_x, a_y は，

$$a_x = \frac{du}{dt}, \qquad a_y = \frac{dv}{dt}$$

で与えられる．しかし，流体は空間的な広がりをもっているために，速度成分は時間

に加えて位置の関数でもある．その連続体としての特徴が式 (3.11) の右辺の第 2，第 3 項に現れている．流体粒子の速度は，流体粒子が異なる大きさの速度をもつ流体部分へ移動することによって変化する．その変化を表すのが，式 (3.11) の右辺の第 2，第 3 項である．また，流体粒子の速度はそれ自体が時間とともに変化する．この変化を表すのが式 (3.11) の右辺第 1 項である．定常流れの場合は $\partial u/\partial t = \partial v/\partial t = 0$ であるが，空間内の速度の変化はありえるから，u や v の x, y に関する微係数は 0 ではない．したがって，定常流れであっても $Du/Dt \neq 0, Dv/Dt \neq 0$ である．

3.4.3 外　力

流体に対して外部からはたらく力を外力 (external force) という．外力には，流体の表面（たとえば水面）に作用する表面力 (surface force) と，重力や電磁気力などのように流体全体にはたらく体積力 (body force) がある．本書では後者の体積力を外力と考える．

流体の単位質量あたりに作用する外力の x, y 成分をそれぞれ X, Y で表す．重力や電磁気力には力のポテンシャル Ω が存在し，外力の成分 X, Y との間に，

$$X = -\frac{\partial \Omega}{\partial x}, \qquad Y = -\frac{\partial \Omega}{\partial y} \tag{3.14}$$

なる関係がある[1]．重力の場合，力のポテンシャルは単位質量あたりの流体の位置エネルギーに等しい．

3.4.4 内　力

流体を，無数の流体粒子の集合体と考えて 1 個の流体粒子に注目すると，その流体粒子は周囲の隣接する流体粒子から力を受ける．このように，流体内部で流体粒子どうしが及ぼしあう力を内力 (internal force) という．圧力や粘性による摩擦力は内力である．内力は隣接する流体粒子の接触面を介して，一方の粒子から他方の粒子に作用する．たとえば，図 3.3 の流体粒子 A と B が面 a, b で接触している場合，粒子

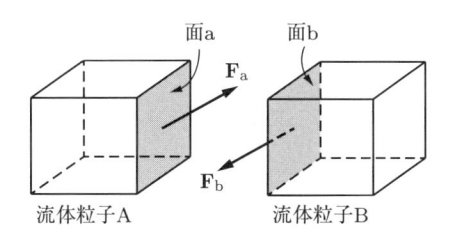

図 3.3 流体粒子間に作用する内力

---

[1] 力のポテンシャルが存在する力を保存力 (conservative force) という．

62 第 3 章　2 次元流れの基礎方程式

（a）x 軸に垂直な面　　（b）y 軸に垂直な面

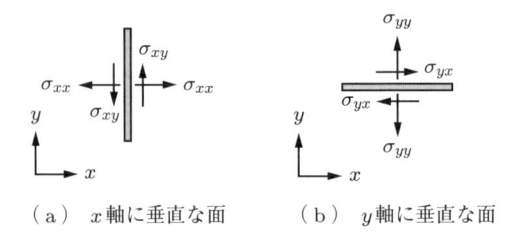

図 3.4　流れのなかの平面に作用する応力の成分

A は面 a に粒子 B による内力 $\mathbf{F}_a$ を受ける．一方，粒子 B は面 b に粒子 A による内力 $\mathbf{F}_b$ を受ける．このとき，作用反作用の法則によって $\mathbf{F}_a = -\mathbf{F}_b$ である．単位面積あたりに作用する内力を応力 (stress) という．応力はベクトル量である．応力を，それが作用する面に垂直な成分と平行な成分に分解するとき，前者を垂直応力 (normal stress)，後者をせん断応力 (shearing stress) という．図 3.4(a) の，x 軸に垂直な面に作用する応力を垂直応力とせん断応力に分解し，前者を σ_{xx}，後者を σ_{xy} で表す．たとえば，記号 σ_{xy} の最初の下付き添字 x は "応力が作用する面が x 軸に垂直である" ことを意味し，2 番目の下付き添字 y は "作用する応力の y 成分である" ことを意味する．図 3.4(b) の，y 軸に垂直な面に作用する応力を垂直応力とせん断応力に分解すると，前者は σ_{yy}，後者は σ_{yx} で表される．$\sigma_{xx}, \sigma_{yy}, \sigma_{xy}, \sigma_{yx}$ は図 3.4 に示す矢印の向きを正とする．

流体粒子が受ける内力の表現を考えてみよう．点 (x, y) を中心とする，幅 Δx，高さ Δy，厚さ 1 の直方体の流体粒子を考える．図 3.5(a) のように，粒子の中心を通って x 軸に垂直な平面 EG に作用する垂直応力とせん断応力を，それぞれ σ_{xx}, σ_{xy} と

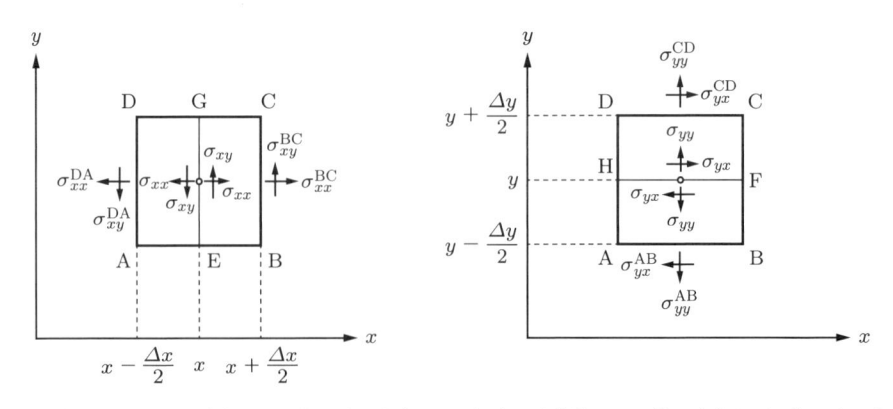

（a）流体粒子の x 軸に垂直な面に作用する応力　　（b）流体粒子の y 軸に垂直な面に作用する応力

図 3.5　流体粒子の各面に作用する応力

する．面 BC に作用する垂直応力とせん断応力をそれぞれ σ_{xx}^{BC}, σ_{xy}^{BC} とすれば，これらはテイラー級数を用いて次のように表すことができる．

$$\left.\begin{aligned}\sigma_{xx}^{\text{BC}} &= \sigma_{xx} + \frac{\Delta x}{2}\frac{\partial \sigma_{xx}}{\partial x} + \frac{1}{2!}\left(\frac{\Delta x}{2}\right)^2 \frac{\partial^2 \sigma_{xx}}{\partial x^2} + \cdots \\ \sigma_{xy}^{\text{BC}} &= \sigma_{xy} + \frac{\Delta x}{2}\frac{\partial \sigma_{xy}}{\partial x} + \frac{1}{2!}\left(\frac{\Delta x}{2}\right)^2 \frac{\partial^2 \sigma_{xy}}{\partial x^2} + \cdots \end{aligned}\right\} \quad (3.15)$$

同様にして，面 DA に作用する垂直応力とせん断応力をそれぞれ σ_{xx}^{DA}, σ_{xy}^{DA} とすれば，

$$\left.\begin{aligned}\sigma_{xx}^{\text{DA}} &= \sigma_{xx} - \frac{\Delta x}{2}\frac{\partial \sigma_{xx}}{\partial x} + \frac{1}{2!}\left(\frac{\Delta x}{2}\right)^2 \frac{\partial^2 \sigma_{xx}}{\partial x^2} - \cdots \\ \sigma_{xy}^{\text{DA}} &= \sigma_{xy} - \frac{\Delta x}{2}\frac{\partial \sigma_{xy}}{\partial x} + \frac{1}{2!}\left(\frac{\Delta x}{2}\right)^2 \frac{\partial^2 \sigma_{xy}}{\partial x^2} - \cdots \end{aligned}\right\} \quad (3.16)$$

となる．

次に，図 3.5(b) のように，粒子の中心を通って y 軸に垂直な平面 FH に作用する垂直応力とせん断応力を，それぞれ σ_{yy}, σ_{yx} とする．このとき，面 AB と面 CD に作用する垂直応力とせん断応力を図 3.5(b) のように定義すると，これらは，

$$\left.\begin{aligned}\sigma_{yy}^{\text{AB}} &= \sigma_{yy} - \frac{\Delta y}{2}\frac{\partial \sigma_{yy}}{\partial y} + \frac{1}{2!}\left(\frac{\Delta y}{2}\right)^2 \frac{\partial^2 \sigma_{yy}}{\partial y^2} - \cdots \\ \sigma_{yx}^{\text{AB}} &= \sigma_{yx} - \frac{\Delta y}{2}\frac{\partial \sigma_{yx}}{\partial y} + \frac{1}{2!}\left(\frac{\Delta y}{2}\right)^2 \frac{\partial^2 \sigma_{yx}}{\partial y^2} - \cdots \\ \sigma_{yy}^{\text{CD}} &= \sigma_{yy} + \frac{\Delta y}{2}\frac{\partial \sigma_{yy}}{\partial y} + \frac{1}{2!}\left(\frac{\Delta y}{2}\right)^2 \frac{\partial^2 \sigma_{yy}}{\partial y^2} + \cdots \\ \sigma_{yx}^{\text{CD}} &= \sigma_{yx} + \frac{\Delta y}{2}\frac{\partial \sigma_{yx}}{\partial y} + \frac{1}{2!}\left(\frac{\Delta y}{2}\right)^2 \frac{\partial^2 \sigma_{yx}}{\partial y^2} + \cdots \end{aligned}\right\} \quad (3.17)$$

のように表すことができる．

図 3.5 の流体粒子 ABCD が受ける内力の x, y 成分をそれぞれ F_x, F_y とすれば，

$$\begin{aligned}F_x &= \sigma_{xx}^{\text{BC}}\Delta y - \sigma_{xx}^{\text{DA}}\Delta y + \sigma_{yx}^{\text{CD}}\Delta x - \sigma_{yx}^{\text{AB}}\Delta x \\ F_y &= \sigma_{yy}^{\text{CD}}\Delta x - \sigma_{yy}^{\text{AB}}\Delta x + \sigma_{xy}^{\text{BC}}\Delta y - \sigma_{xy}^{\text{DA}}\Delta y\end{aligned}$$

である[1]．上式に式 (3.15)～(3.17) を代入し整理すると，

---

1) このとき，Δx, Δy は微小であるから，たとえば，σ_{xx}^{BC} は面 BC に沿って一定であると近似している．

$$F_x = \left\{ \frac{\partial \sigma_{xx}}{\partial x} + \frac{\partial \sigma_{yx}}{\partial y} + O\left[(\Delta x)^2, (\Delta y)^2\right] \right\} \Delta x \, \Delta y$$
$$F_y = \left\{ \frac{\partial \sigma_{xy}}{\partial x} + \frac{\partial \sigma_{yy}}{\partial y} + O\left[(\Delta x)^2, (\Delta y)^2\right] \right\} \Delta x \, \Delta y \tag{3.18}$$

を得る.

3.4.5 運動方程式

流体粒子を, 幅 Δx, 高さ Δy, 厚さ 1 の直方体とすれば, 流体粒子の質量は $\rho \, \Delta x \, \Delta y$ である. そこで, これまでに導いた結果を整理すると表 3.2 のようになる.

この結果を用いて流体粒子の運動方程式を組み立てると,

$$(\rho \, \Delta x \, \Delta y) \frac{Du}{Dt} = \left\{ \left(\frac{\partial \sigma_{xx}}{\partial x} + \frac{\partial \sigma_{yx}}{\partial y} \right) + O\left[(\Delta x)^2, (\Delta y)^2\right] \right\} \Delta x \, \Delta y + \rho X \, \Delta x \, \Delta y$$
$$(\rho \, \Delta x \, \Delta y) \frac{Dv}{Dt} = \left\{ \left(\frac{\partial \sigma_{xy}}{\partial x} + \frac{\partial \sigma_{yy}}{\partial y} \right) + O\left[(\Delta x)^2, (\Delta y)^2\right] \right\} \Delta x \, \Delta y + \rho Y \, \Delta x \, \Delta y \tag{3.19}$$

を得る. 両辺を $\Delta x \, \Delta y$ で割ったのち, $\Delta x, \Delta y \to 0$ の極限を考えると,

$$\rho \frac{Du}{Dt} = \frac{\partial \sigma_{xx}}{\partial x} + \frac{\partial \sigma_{yx}}{\partial y} + \rho X$$
$$\rho \frac{Dv}{Dt} = \frac{\partial \sigma_{xy}}{\partial x} + \frac{\partial \sigma_{yy}}{\partial y} + \rho Y \tag{3.20}$$

となる. 式 (3.20) をコーシーの運動方程式 (Cauchy's equations of motion) という. コーシーの運動方程式は, 圧縮性と非圧縮性, ニュートン流体と非ニュートン流体の別を問わず成立する.

内力は圧力と粘性による応力 (粘性応力, viscous stress) に分けることができる. 圧力は粘性の有無に関係なく必ず発生するが, 粘性応力は非粘性流体には発生しない. そこで, 応力 $\sigma_{xx}, \sigma_{xy}, \sigma_{yy}, \sigma_{yx}$ を圧力と粘性応力に分けて,

$$\sigma_{xx} = -p + \tau_{xx}, \quad \sigma_{xy} = \tau_{xy}$$
$$\sigma_{yy} = -p + \tau_{yy}, \quad \sigma_{yx} = \tau_{yx} \tag{3.21}$$

表 3.2 幅 Δx, 高さ Δy, 厚さ 1 の直方体の流体粒子の質量, 加速度, 力

	質量	加速度	力	
			内力	外力
x 方向	$\rho \Delta x \Delta y$	Du/Dt	F_x	$\rho X \Delta x \Delta y$
y 方向	$\rho \Delta x \Delta y$	Dv/Dt	F_y	$\rho Y \Delta x \Delta y$

のように表現しておくと便利である．ここに，記号 τ に下付き添字を付けたものが粘性応力である．圧力に負号を付けたのは，圧力は圧縮する向きを正とするのに対して，垂直応力は図 3.4 に示すように引っ張りの向きを正とするからである．式 (3.21) を運動方程式 (3.20) に代入すると，

$$\left.\begin{aligned}\rho\frac{Du}{Dt} &= -\frac{\partial p}{\partial x} + \frac{\partial \tau_{xx}}{\partial x} + \frac{\partial \tau_{yx}}{\partial y} + \rho X \\ \rho\frac{Dv}{Dt} &= -\frac{\partial p}{\partial y} + \frac{\partial \tau_{xy}}{\partial x} + \frac{\partial \tau_{yy}}{\partial y} + \rho Y\end{aligned}\right\} \tag{3.22}$$

となる．

3.5 角運動量方程式

2.6.1 項で述べた質点の角運動量方程式 (2.40) を拡張して，図 3.6(a) のように，xy 平面に垂直な z 軸まわりに回転する剛体の角運動量方程式を導いてみる．剛体内の点 $P(x,y,z)$ に微小体積要素 dV を考えると，この微小体積要素の角運動量の時間変化率は，

$$\frac{d}{dt}\Big[x(v\rho\,dV) - y(u\rho\,dV)\Big]$$

であるから，剛体全体の角運動量の時間変化率は，

$$\frac{d}{dt}\left[\int_V (xv - yu)\rho\,dV\right]$$

で与えられる．ここに，V は剛体が占める体積領域を表す．剛体の外から剛体に加えられるトルクの総和を T とすれば，剛体の角運動量方程式は，

$$\frac{d}{dt}\left[\int_V (xv - yu)\rho\,dV\right] = T \tag{3.23}$$

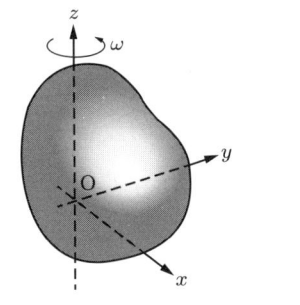

（a） z 軸まわりに回転する剛体　　（b） 剛体内の微小体積要素 dV

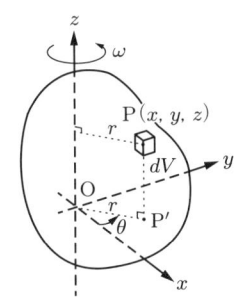

図 3.6　剛体の回転運動

となる. 図3.6(b) に示すように,点 P から z 軸に下ろした垂線の長さを r とし,垂線の方向と x 軸のなす角を θ とすれば,$x = r\cos\theta$,$y = r\sin\theta$ である. さらに,$\theta = \theta(t)$ であるから,

$$u = \frac{dx}{dt} = -r\sin\theta\frac{d\theta}{dt}, \qquad v = \frac{dy}{dt} = r\cos\theta\frac{d\theta}{dt}$$

を得る. したがって,式 (3.23) は,

$$\frac{d}{dt}\left(\int_V \rho r^2 \frac{d\theta}{dt}\, dV\right) = T \tag{3.24}$$

となる. ρ と r は時間に対して一定であり,$d\theta/dt$ はすべての微小体積要素において共通である. したがって,式 (3.24) は,

$$I\frac{d\omega}{dt} = T \tag{3.25}$$

となる. ここに,$\omega = d\theta/dt$ は角速度であり,I は,

$$I = \int_V \rho r^2 \, dV \tag{3.26}$$

で定義される慣性モーメント (moment of inertia) である.

剛体の角運動量方程式 (3.25) を,幅 Δx,高さ Δy,厚さ 1 の直方体の流体粒子の回転運動に適用する. 図 3.7 に示すように,流体粒子がその中心 $\mathrm{O}'(x, y)$ のまわりに角速度 ω で回転する場合を考える.

このとき,流体粒子の回転に寄与する応力は図 3.7 に示すせん断応力だけである. このせん断応力によって流体粒子に加えられるトルク T は,

$$T = \left(\sigma_{xy}^{\mathrm{BC}} + \sigma_{xy}^{\mathrm{DA}} - \sigma_{yx}^{\mathrm{AB}} - \sigma_{yx}^{\mathrm{CD}}\right)\frac{\Delta x\,\Delta y}{2}$$

であるから,式 (3.15)〜(3.17) を代入すると,

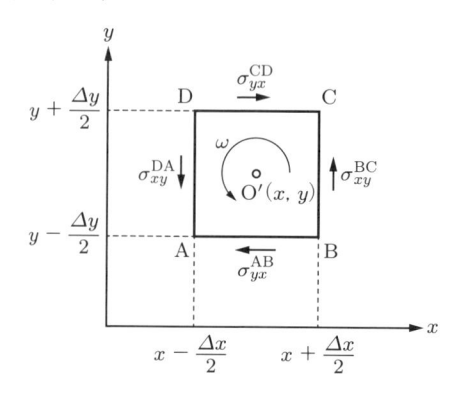

図 3.7 流体粒子の回転運動

を得る．流体粒子の慣性モーメントは，$I = \frac{1}{12}\rho(\Delta x\,\Delta y)\left[(\Delta x)^2 + (\Delta y)^2\right]$ で与えられ，角加速度は $D\omega/Dt$ である．したがって，注目する流体粒子の角運動量方程式は，

$$\frac{1}{12}\rho(\Delta x\,\Delta y)\left[(\Delta x)^2 + (\Delta y)^2\right]\frac{D\omega}{Dt}$$
$$= \left\{(\sigma_{xy} - \sigma_{yx}) + O\left[(\Delta x)^2, (\Delta y)^2\right]\right\}\Delta x\,\Delta y$$

となる．両辺を $\Delta x\,\Delta y$ で割ったのち，$\Delta x, \Delta y \to 0$ の極限を考えると，

$$\sigma_{xy} = \sigma_{yx} \tag{3.27}$$

を得る．すなわち，2次元流れにおいて角運動量の法則が成り立つことと，式 (3.27) が成り立つことは等価である．3次元流れの場合には，

$$\sigma_{xy} = \sigma_{yx}, \qquad \sigma_{yz} = \sigma_{zy}, \qquad \sigma_{zx} = \sigma_{xz} \tag{3.28}$$

でなければならない．式 (3.21) を考慮すると，式 (3.27) は，

$$\tau_{xy} = \tau_{yx} \tag{3.29}$$

と同等である．

3.6 エネルギー方程式

3.6.1 エネルギー保存の法則

エネルギー保存の法則（熱力学の第1法則）は次のように表現される．

(外から系に加えられる熱量)
= (系の内部エネルギーの増加) + (系が外に対して行う仕事)

流れの中の1点 P(x, y) を中心にして，図 3.8 のような微小直方体の検査体積（幅 Δx, 高さ Δy, 厚さ 1）を設ける．この検査体積内の流体を系と考えて，この系におけるエネルギー保存の法則を書き下すと，

(系の外から加えられる熱量) + (内力が系に対してする仕事)
= (系の全エネルギーの増加)
 + (流体運動によって系の外へ出るエネルギー)
 + (熱伝導によって系の外へ出る熱量) (3.30)

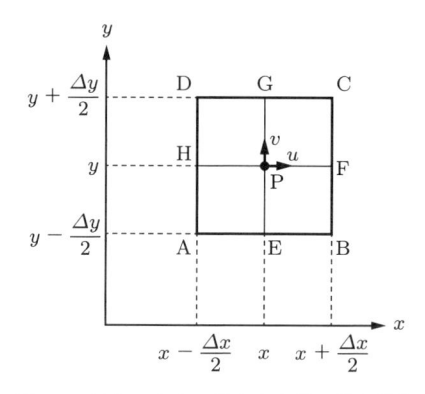

図 3.8 流れのなかの微小直方体の検査体積

となる．この関係式の各項を数式化することによってエネルギー方程式を導いてみる．このとき，時間に関しては時刻 t から時刻 $t+\Delta t$ までの微小時間 Δt の間の変化を考えるものとする．

3.6.2 系の外から加えられる熱量

系の外から流体に加えられる熱としては，強制加熱や化学反応によって発生する熱などがある．Δt の間に単位体積あたりの流体に加えられる熱量を ΔQ とすれば，図 3.8 の系全体では，

$$\Delta Q \, \Delta x \, \Delta y$$

の熱量が系の外から加えられる．

3.6.3 系の全エネルギーの増加

単位質量あたりの流体がもつ全エネルギーを E とすれば，それは単位質量あたりの内部エネルギー e，運動エネルギー $(u^2+v^2)/2$，位置エネルギー Ω の和であり，

$$E = \frac{1}{2}(u^2+v^2) + e + \Omega \tag{3.31}$$

と表される．Δt の間に単位体積あたりの全エネルギーが ρE から $\rho E + \Delta(\rho E)$ に増えるとすれば，系全体では

$$\Delta(\rho E) \, \Delta x \, \Delta y \tag{3.32}$$

だけ増加する．

3.6.4 流体運動によって系の外へ出るエネルギー

単位質量あたりの流体の全エネルギーは E である.図 3.8 の直方体の中心 $P(x,y)$ における流れの速度の x,y 成分をそれぞれ u,v とすれば,面 EG を Δt の間に通過する流体の質量は $\rho u\, \Delta y\, \Delta t$ であるから,この面を Δt の間に通過する流体の全エネルギーは $(\rho u\, \Delta y\, \Delta t)E$ である.そこで,テイラー級数を用いると,面 DA から流入する全エネルギーは,

$$\left[\rho u E - \frac{\Delta x}{2}\frac{\partial(\rho u E)}{\partial x} + \frac{(\Delta x)^2}{8}\frac{\partial^2(\rho u E)}{\partial x^2} - \cdots\right]\Delta y\, \Delta t$$

となり,面 BC から流出する全エネルギーは,

$$\left[\rho u E + \frac{\Delta x}{2}\frac{\partial(\rho u E)}{\partial x} + \frac{(\Delta x)^2}{8}\frac{\partial^2(\rho u E)}{\partial x^2} + \cdots\right]\Delta y\, \Delta t$$

となる.したがって,系内から x 方向に流出する全エネルギーは,

$$\left\{\frac{\partial(\rho u E)}{\partial x} + O\left[(\Delta x)^2\right]\right\}\Delta x\, \Delta y\, \Delta t$$

となる.同様にして,y 方向に流出する全エネルギーは

$$\left\{\frac{\partial(\rho v E)}{\partial y} + O\left[(\Delta y)^2\right]\right\}\Delta x\, \Delta y\, \Delta t$$

である.以上より,Δt の間に流れによって系内から運び出される全エネルギーは

$$\left\{\frac{\partial(\rho u E)}{\partial x} + \frac{\partial(\rho v E)}{\partial y} + O\left[(\Delta x)^2,(\Delta y)^2\right]\right\}\Delta x\, \Delta y\, \Delta t \tag{3.33}$$

となる.

3.6.5 熱伝導によって系の外へ出る熱量

図 3.9 のように,x 軸に沿って温度分布 $T(x)$ があるとする.熱は温度の高い部分から低い部分へ移動するから,図 3.9 の場合,熱は x 軸の正方向へ移動する.位置 x において x 軸に垂直な平面を考え,この面の単位面積あたりを単位時間に通過する

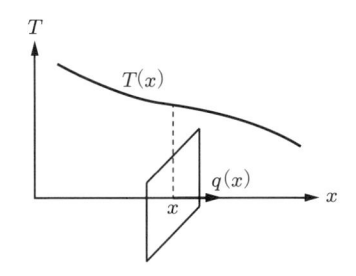

図 3.9 x 軸に沿う熱移動

熱量を $q(x)$ とする．このとき，$q(x)$ と位置 x における温度勾配 dT/dx の間に，

$$q = -\kappa \frac{dT}{dx} \tag{3.34}$$

という比例関係が成り立つ．これをフーリエの法則 (Fourier's law) という．式 (3.34) の比例定数 κ は熱伝導率 (thermal conductivity) とよばれ，物質の熱の伝えやすさの度合いを表す量である．式 (3.34) の右辺の負号は，たとえば図 3.9 のように $dT/dx < 0$ のとき $q > 0$ であるから，両辺の符号をそろえるために付けられている．

図 3.8 の直方体の中心 $\mathrm{P}(x,y)$ における温度を T，熱伝導率を κ とする．このとき，面 EG の単位面積あたりを単位時間に通過する熱量は $q(x) = -\kappa(\partial T/\partial x)$ である．ここに，$\partial T/\partial x$ は点 P における x 方向の温度勾配である．そこで，熱伝導によって Δt の間に面 DA を通って系内に入ってくる熱量は，

$$q\left(x - \frac{\Delta x}{2}\right) \Delta y \Delta t$$
$$= \left[q - \frac{\Delta x}{2}\frac{\partial q}{\partial x} + \frac{(\Delta x)^2}{8}\frac{\partial^2 q}{\partial x^2} - \cdots\right] \Delta y \, \Delta t$$

となり，面 BC から系外へ出ていく熱量は，

$$q\left(x + \frac{\Delta x}{2}\right) \Delta y \Delta t$$
$$= \left[q + \frac{\Delta x}{2}\frac{\partial q}{\partial x} + \frac{(\Delta x)^2}{8}\frac{\partial^2 q}{\partial x^2} + \cdots\right] \Delta y \, \Delta t$$

となる．したがって，Δt の間に系内から x 方向に出ていく熱量は，

$$\left[q\left(x + \frac{\Delta x}{2}\right) - q\left(x - \frac{\Delta x}{2}\right)\right] \Delta y \Delta t$$
$$= \left\{-\frac{\partial}{\partial x}\left(\kappa \frac{\partial T}{\partial x}\right) + O\left[(\Delta x)^2\right]\right\} \Delta x \, \Delta y \, \Delta t$$

となる．同様に，y 方向に出ていく熱量は，

$$\left\{-\frac{\partial}{\partial y}\left(\kappa \frac{\partial T}{\partial y}\right) + O\left[(\Delta y)^2\right]\right\} \Delta x \, \Delta y \, \Delta t$$

である．以上より，熱伝導によって Δt の間に系から失われる熱量は，

$$\left\{-\frac{\partial}{\partial x}\left(\kappa \frac{\partial T}{\partial x}\right) - \frac{\partial}{\partial y}\left(\kappa \frac{\partial T}{\partial y}\right) + O\left[(\Delta x)^2, (\Delta y)^2\right]\right\} \Delta x \, \Delta y \, \Delta t \tag{3.35}$$

となる．

3.6.6　内力が系に対してする仕事

図 3.8 の直方体のなかの流体が周囲の流体から受ける仕事を考える．まず，x 方向の仕事を考えよう．面 EG にはたらく垂直応力の大きさを σ_{xx} とすれば，面 BC, DA にはたらく垂直応力 $\sigma_{xx}^{\mathrm{BC}}$, $\sigma_{xx}^{\mathrm{DA}}$ はそれぞれ，

$$\sigma_{xx}^{\mathrm{BC}} = \sigma_{xx} + \frac{\Delta x}{2}\frac{\partial \sigma_{xx}}{\partial x} + O\left[(\Delta x)^2\right], \quad \sigma_{xx}^{\mathrm{DA}} = \sigma_{xx} - \frac{\Delta x}{2}\frac{\partial \sigma_{xx}}{\partial x} + O\left[(\Delta x)^2\right]$$

で与えられる．一方，直方体の中心 P(x,y) での速度の x 成分を u とすれば，面 BC, DA における速度成分 u_{BC}, u_{DA} は，それぞれ，

$$u_{\mathrm{BC}} = u + \frac{\Delta x}{2}\frac{\partial u}{\partial x} + O\left[(\Delta x)^2\right], \quad u_{\mathrm{DA}} = u - \frac{\Delta x}{2}\frac{\partial u}{\partial x} + O\left[(\Delta x)^2\right]$$

で与えられる．面 BC の位置にある流体は，$\sigma_{xx}^{\mathrm{BC}}\,\Delta y$ の力を受けて Δt の間に $u_{\mathrm{BC}}\,\Delta t$ だけ移動すると考えると，$\sigma_{xx}^{\mathrm{BC}}$ が Δt の間に系に対してする仕事は，

$$\begin{aligned}
(\sigma_{xx}^{\mathrm{BC}}\,\Delta y)(u_{\mathrm{BC}}\,\Delta t) &= \left\{\sigma_{xx} + \frac{\Delta x}{2}\frac{\partial \sigma_{xx}}{\partial x} + O\left[(\Delta x)^2\right]\right\} \\
&\quad \times \left\{u + \frac{\Delta x}{2}\frac{\partial u}{\partial x} + O\left[(\Delta x)^2\right]\right\}\Delta y\,\Delta t \\
&= \left\{u\sigma_{xx} + \frac{\Delta x}{2}\frac{\partial(u\sigma_{xx})}{\partial x} + O\left[(\Delta x)^2\right]\right\}\Delta y\,\Delta t \quad (3.36)
\end{aligned}$$

となる．同様に，面 DA において $\sigma_{xx}^{\mathrm{DA}}$ が Δt の間に系に対してする仕事は，

$$(-\sigma_{xx}^{\mathrm{DA}}\,\Delta y)(u_{\mathrm{DA}}\,\Delta t) = \left\{-u\sigma_{xx} + \frac{\Delta x}{2}\frac{\partial(u\sigma_{xx})}{\partial x} + O\left[(\Delta x)^2\right]\right\}\Delta y\,\Delta t \quad (3.37)$$

となる．ここで，$\sigma_{xx}^{\mathrm{DA}}$ に負号が付いているのは，力の作用する向きと変位の向きが逆であることによる．以上より，垂直応力 σ_{xx} が Δt の間に系に対してする仕事は式 (3.36) と式 (3.37) の和で与えられ，

$$\left\{\frac{\partial(u\sigma_{xx})}{\partial x} + O\left[(\Delta x)^2\right]\right\}\Delta x\,\Delta y\,\Delta t$$

となる．
次に，面 FH にはたらくせん断応力を σ_{yx} とすると，面 AB, CD にはたらくせん断応力 $\sigma_{yx}^{\mathrm{AB}}$, $\sigma_{yx}^{\mathrm{CD}}$ は，それぞれ，

$$\sigma_{yx}^{\mathrm{AB}} = \sigma_{yx} - \frac{\Delta y}{2}\frac{\partial \sigma_{yx}}{\partial y} + O\left[(\Delta y)^2\right], \quad \sigma_{yx}^{\mathrm{CD}} = \sigma_{yx} + \frac{\Delta y}{2}\frac{\partial \sigma_{yx}}{\partial y} + O\left[(\Delta y)^2\right]$$

で与えられる．面 AB, CD での速度の x 成分 u_{AB}, u_{CD} は，それぞれ，

$$u_{\mathrm{AB}} = u - \frac{\Delta y}{2}\frac{\partial u}{\partial y} + O\left[(\Delta y)^2\right], \quad u_{\mathrm{CD}} = u + \frac{\Delta y}{2}\frac{\partial u}{\partial y} + O\left[(\Delta y)^2\right]$$

で与えられるから，面 AB, CD にはたらくせん断力 $(\sigma_{yx}^{\mathrm{AB}}\Delta x)$, $(\sigma_{yx}^{\mathrm{CD}}\Delta x)$ が Δt の間に系に対してする仕事は，それぞれ，$(-\sigma_{yx}^{\mathrm{AB}}\Delta x)(u_{\mathrm{AB}}\Delta t)$, $(\sigma_{yx}^{\mathrm{CD}}\Delta x)(u_{\mathrm{CD}}\Delta t)$ である．したがって，せん断応力 σ_{yx} が Δt の間に系に対してする仕事は，

$$\left\{\frac{\partial(u\sigma_{yx})}{\partial y} + O\left[(\Delta y)^2\right]\right\}\Delta x\,\Delta y\,\Delta t$$

となる．

以上より，Δt の間に系に対してなされる x 方向の仕事は，

$$\left\{\frac{\partial(u\sigma_{xx})}{\partial x} + \frac{\partial(u\sigma_{yx})}{\partial y} + O\left[(\Delta x)^2,(\Delta y)^2\right]\right\}\Delta x\,\Delta y\,\Delta t$$

となる．同様にして，y 方向の仕事は，

$$\left\{\frac{\partial(v\sigma_{xy})}{\partial x} + \frac{\partial(v\sigma_{yy})}{\partial y} + O\left[(\Delta x)^2,(\Delta y)^2\right]\right\}\Delta x\,\Delta y\,\Delta t$$

となる．よって，系に対して各面にはたらく応力が Δt の間にする仕事は，

$$\left\{\frac{\partial(u\sigma_{xx})}{\partial x} + \frac{\partial(u\sigma_{yx})}{\partial y} + \frac{\partial(v\sigma_{xy})}{\partial x} + \frac{\partial(v\sigma_{yy})}{\partial y} + O\left[(\Delta x)^2,(\Delta y)^2\right]\right\}\Delta x\,\Delta y\,\Delta t \tag{3.38}$$

となる．

3.6.7 エネルギー方程式

3.6.2〜3.6.6 項の結果を式 (3.30) に代入すると，

$$\begin{aligned}\Delta Q\Delta x\Delta y &+ \left\{\frac{\partial(u\sigma_{xx})}{\partial x} + \frac{\partial(u\sigma_{yx})}{\partial y} + \frac{\partial(v\sigma_{xy})}{\partial x} + \frac{\partial(v\sigma_{yy})}{\partial y}\right.\\ &\left. + O\left[(\Delta x)^2,(\Delta y)^2\right]\right\}\Delta x\,\Delta y\,\Delta t \\ =\ & \Delta(\rho E)\Delta x\Delta y \\ &+ \left\{\frac{\partial(\rho u E)}{\partial x} + \frac{\partial(\rho v E)}{\partial y} + O\left[(\Delta x)^2,(\Delta y)^2\right]\right\}\Delta x\,\Delta y\,\Delta t \\ &+ \left\{-\frac{\partial}{\partial x}\left(\kappa\frac{\partial T}{\partial x}\right) - \frac{\partial}{\partial y}\left(\kappa\frac{\partial T}{\partial y}\right) + O\left[(\Delta x)^2,(\Delta y)^2\right]\right\}\Delta x\,\Delta y\,\Delta t\end{aligned}$$

となる．両辺を $\Delta x\,\Delta y\,\Delta t$ で割ったのち $\Delta x, \Delta y, \Delta t \to 0$ の極限を考えると，

$$\frac{\partial Q}{\partial t} = \lim_{\Delta t\to 0}\frac{\Delta Q}{\Delta t}, \qquad \frac{\partial(\rho E)}{\partial t} = \lim_{\Delta t\to 0}\frac{\Delta(\rho E)}{\Delta t}$$

であることを考慮して，

$$\frac{\partial Q}{\partial t} + \frac{\partial(u\sigma_{xx})}{\partial x} + \frac{\partial(u\sigma_{yx})}{\partial y} + \frac{\partial(v\sigma_{xy})}{\partial x} + \frac{\partial(v\sigma_{yy})}{\partial y}$$

$$= \frac{\partial(\rho E)}{\partial t} + \frac{\partial(\rho u E)}{\partial x} + \frac{\partial(\rho v E)}{\partial y} - \left[\frac{\partial}{\partial x}\left(\kappa\frac{\partial T}{\partial x}\right) + \frac{\partial}{\partial y}\left(\kappa\frac{\partial T}{\partial y}\right)\right] \quad (3.39)$$

を得る．

式 (3.39) の左辺第 2～第 5 項の偏微分を展開し，運動方程式 (3.20) を考慮すると，

$$\frac{\partial(u\sigma_{xx})}{\partial x} + \frac{\partial(u\sigma_{yx})}{\partial y} + \frac{\partial(v\sigma_{xy})}{\partial x} + \frac{\partial(v\sigma_{yy})}{\partial y}$$
$$= u\left(\frac{\partial\sigma_{xx}}{\partial x} + \frac{\partial\sigma_{yx}}{\partial y}\right) + v\left(\frac{\partial\sigma_{xy}}{\partial x} + \frac{\partial\sigma_{yy}}{\partial y}\right)$$
$$+ \sigma_{xx}\frac{\partial u}{\partial x} + \sigma_{yx}\frac{\partial u}{\partial y} + \sigma_{xy}\frac{\partial v}{\partial x} + \sigma_{yy}\frac{\partial v}{\partial y}$$
$$= \rho u\left(\frac{Du}{Dt} - X\right) + \rho v\left(\frac{Dv}{Dt} - Y\right)$$
$$+ \sigma_{xx}\frac{\partial u}{\partial x} + \sigma_{yx}\frac{\partial u}{\partial y} + \sigma_{xy}\frac{\partial v}{\partial x} + \sigma_{yy}\frac{\partial v}{\partial y} \quad (3.40)$$

となる．式 (3.21) によって応力を圧力と粘性応力に分けて表すと，式 (3.40) は，

$$\frac{\partial(u\sigma_{xx})}{\partial x} + \frac{\partial(u\sigma_{yx})}{\partial y} + \frac{\partial(v\sigma_{xy})}{\partial x} + \frac{\partial(v\sigma_{yy})}{\partial y}$$
$$= \rho u\left(\frac{Du}{Dt} - X\right) + \rho v\left(\frac{Dv}{Dt} - Y\right) - p\left(\frac{\partial u}{\partial x} + \frac{\partial v}{\partial y}\right) + \Phi \quad (3.41)$$

となる．ここに，Φ は，

$$\Phi = \tau_{xx}\frac{\partial u}{\partial x} + \tau_{yx}\frac{\partial u}{\partial y} + \tau_{xy}\frac{\partial v}{\partial x} + \tau_{yy}\frac{\partial v}{\partial y} \quad (3.42)$$

で定義される量である．Φ は，粘性応力がする仕事を表しており，この仕事は熱エネルギーとなって流体から失われる．そこで，Φ を散逸エネルギー (dissipation energy) とよぶ．

次に，式 (3.39) の右辺第 1～第 3 項を変形する．

$$\frac{\partial(\rho E)}{\partial t} + \frac{\partial(\rho u E)}{\partial x} + \frac{\partial(\rho v E)}{\partial y}$$
$$= \rho\left(\frac{\partial E}{\partial t} + u\frac{\partial E}{\partial x} + v\frac{\partial E}{\partial y}\right) + E\left[\frac{\partial\rho}{\partial t} + \frac{\partial(\rho u)}{\partial x} + \frac{\partial(\rho v)}{\partial y}\right] \quad (3.43)$$

のように展開して，連続の方程式 (3.7) を考慮すると，右辺第 2 項は 0 になる．したがって，

$$\frac{\partial(\rho E)}{\partial t} + \frac{\partial(\rho u E)}{\partial x} + \frac{\partial(\rho v E)}{\partial y}$$
$$= \rho\frac{DE}{Dt}$$

$$= \rho \frac{D}{Dt}\left[\frac{1}{2}(u^2+v^2)+e+\Omega\right]$$

$$= \rho\left(u\frac{Du}{Dt}+v\frac{Dv}{Dt}+\frac{De}{Dt}+\frac{D\Omega}{Dt}\right) \tag{3.44}$$

となる．ここで，外力 X, Y と Ω の間に式 (3.14) が成り立ち，Ω は時間には依存しないと仮定すると，

$$\frac{D\Omega}{Dt}=\frac{\partial\Omega}{\partial t}+u\frac{\partial\Omega}{\partial x}+v\frac{\partial\Omega}{\partial y}=-uX-vY$$

であるから，

$$\frac{\partial(\rho E)}{\partial t}+\frac{\partial(\rho u E)}{\partial x}+\frac{\partial(\rho v E)}{\partial y}=\rho u\left(\frac{Du}{Dt}-X\right)+\rho v\left(\frac{Dv}{Dt}-Y\right)+\rho\frac{De}{Dt} \tag{3.45}$$

となる．式 (3.41)，(3.45) を式 (3.39) に代入すると，

$$\rho\frac{De}{Dt}=\frac{\partial Q}{\partial t}+\frac{\partial}{\partial x}\left(\kappa\frac{\partial T}{\partial x}\right)+\frac{\partial}{\partial y}\left(\kappa\frac{\partial T}{\partial y}\right)-p\left(\frac{\partial u}{\partial x}+\frac{\partial v}{\partial y}\right)+\Phi \tag{3.46}$$

を得る．これがエネルギー方程式 (energy equation) である．

3.7 非圧縮性非粘性流体の流れの基礎方程式

圧縮性粘性流体の 2 次元流れを表す方程式は，連続の方程式 (3.7)，運動方程式 (3.22)，エネルギー方程式 (3.46)，そして状態方程式である．流体を理想気体と仮定すると，状態方程式は，

$$p=\rho RT \quad (R \text{ は気体定数})$$

で与えられる．これらの方程式に含まれる未知量は

$$u, \quad v, \quad \tau_{xx}, \quad \tau_{xy}, \quad \tau_{yy}, \quad \tau_{yx}, \quad \rho, \quad p, \quad e$$

の 9 個である．これに対して方程式は 5 本であり，4 本が不足している．不足している 4 本の方程式は $\tau_{xx}, \tau_{xy}, \tau_{yx}, \tau_{yy}$ と u, v の間の関係を表す式であって，応力の構成式 (constitutive eqution of stress) とよばれる．応力の構成式の簡単な例は，すでに式 (1.22) に示した．粘性流体の構成式は，ニュートン流体については第 6 章で，非ニュートン流体については第 9 章でそれぞれ解説することにして，ここでは非粘性流体の構成式を示しておこう．非粘性流体の場合は粘性応力が生じないから，

$$\tau_{xx}=\tau_{xy}=\tau_{yy}=\tau_{yx}=0 \tag{3.47}$$

である．したがって，散逸エネルギー Φ は 0 である．

非圧縮性の仮定を導入すると，

$$\rho = (\text{一定}) \tag{3.48}$$

となり，密度 ρ はもはや未知量ではなくなる．式 (3.47)，(3.48) を式 (3.7)，(3.22)，(3.46) に適用すると，非圧縮性非粘性流体の 2 次元流れの基礎方程式が次のように得られる．

$$\frac{\partial u}{\partial x} + \frac{\partial v}{\partial y} = 0 \tag{3.49}$$

$$\rho \frac{Du}{Dt} = -\frac{\partial p}{\partial x} + \rho X \tag{3.50}$$

$$\rho \frac{Dv}{Dt} = -\frac{\partial p}{\partial y} + \rho Y \tag{3.51}$$

$$\rho \frac{De}{Dt} = \frac{\partial Q}{\partial t} + \frac{\partial}{\partial x}\left(\kappa \frac{\partial T}{\partial x}\right) + \frac{\partial}{\partial y}\left(\kappa \frac{\partial T}{\partial y}\right) \tag{3.52}$$

式 (3.50)，(3.51) をオイラーの運動方程式 (Euler's equations of motion) あるいは単にオイラー方程式 (Euler's equations) という．

式 (3.49)～(3.51) に含まれる未知量は u, v, p の 3 個であり，方程式も 3 本揃っている．つまり，u, v, p を求めるためには式 (3.49)～(3.51) の 3 本で十分である．流れのパターンと流体内の圧力分布を知るためだけならば，エネルギー方程式は必要ない．熱力学の教えるところによれば，非圧縮性流体の場合，内部エネルギー e と温度 T の間には，

$$de = c_v dT$$

という関係が成り立つ．ここに c_v は定容比熱 (specific heat at constant volume) である．この関係を式 (3.52) に代入すると，

$$\rho c_v \frac{DT}{Dt} = \frac{\partial Q}{\partial t} + \frac{\partial}{\partial x}\left(\kappa \frac{\partial T}{\partial x}\right) + \frac{\partial}{\partial y}\left(\kappa \frac{\partial T}{\partial y}\right) \tag{3.53}$$

を得る．そこで，流体内の温度分布を知る必要があるときのみ式 (3.53) を解けばよい．そのとき，式 (3.53) の左辺の DT/Dt に含まれる速度成分 u, v は既知量である．このように，非圧縮性を仮定すると，独立な熱力学的量が 1 個になるので，式 (3.49)～(3.51) と式 (3.52) を分離して扱うことができる．エネルギー方程式を解いて流体内の温度分布を調べる例が 6.4.3 項に述べられているので参考にしていただきたい．

演習問題

3.1 速度 (u,v) が次式で与えられる流れは，非圧縮性流れとして実現可能かどうかを調べよ．

(a) $u = 2xy - x^2 + y, \quad v = 2xy - y^2 + x^2$

(b) $u = 2x^2 + y^2 - x^2y, \quad v = x^3 + x(y^2 - 2y)$

(c) $u = \dfrac{x^2 - y^2}{(x^2 + y^2)^2}, \quad v = \dfrac{2xy}{(x^2 + y^2)^2} \quad ((x,y) \neq (0,0))$

(d) $u = (x + 2y)xt, \quad v = -(2x + y)yt \quad$ (t は時間)

(e) $u = xt^2, \quad v = (xt + y)y \quad$ (t は時間)

(f) $u = 2r\sin\theta\cos\theta, \quad v = -2r\sin^2\theta \quad$ (ただし $r = \sqrt{x^2 + y^2}, \theta = \tan^{-1}(y/x)$)

3.2 2次元非圧縮性流れにおいて，速度成分 u, v の一方が次のように与えられている．残りの速度成分の一般形を求めよ．

(a) $u = 3\sinh x$

(b) $v = y^2 - 2x + 2y$

(c) $v = Ay^2/x^2 \quad$ (A は定数，$x \neq 0$)

(d) $u = Ax^2y^2 \quad$ (A は定数)

3.3 速度の x 成分が $u = Ay/\sqrt{x}$ (A は定数，$x \neq 0$) で与えられる2次元定常非圧縮性流れについて次の設問に答えよ．

(a) 速度の y 成分 v を求めよ．ただし，$y = 0$ で $v = 0$ とする．

(b) 流れの加速度を求めよ．

3.4 速度が $(u, v) = (-Ax, Ay)$ (A は定数) で与えられる非圧縮性非粘性流体の2次元流れを考える．y 軸の負方向に重力が作用している．密度を ρ，重力加速度を g として，流体内の圧力 $p(x, y)$ を求めよ．ただし，$p(0, 0) = p_0$ とする．

3.5 速度の x 成分が $u = x^2 - y^2$ で与えられる非圧縮性非粘性流体の2次元定常流れについて次の設問に答えよ．

(a) 速度の y 成分 v を求めよ．ただし，$y = 0$ で $v = 0$ とする．

(b) 流れの加速度を求めよ．

(c) 流体内の圧力 $p(x, y)$ を求めよ．ただし $p(0, 0) = p_0$ とし，外力は無視する．

3.6 2次元長方形容器のなかに水が貯えられている．容器の幅を b，水深を h とする．オイラー方程式を用いて水中の圧力分布を求めよ．ただし，水は大気に接しており，大気圧を p_{atm} とする．

3.7 水平に置かれた長さ ℓ の直管のなかを非圧縮性流体が流れている．流れの向きに x 軸を取ると，速度の x 成分 u は，

$$u(x) = \frac{U_0}{1 - x/(2\ell)}$$

で与えられる．ここに，$U_0 = u(0)$ である．u は，x 軸に垂直な管の断面内では一定であるとする．このとき，x 軸に沿う管内の圧力分布を $p(x)$ として $p(0) - p(\ell)$ を求めよ．

3.8 速度が $(u,v) = (2xyt, xy^3/3)$ で与えられる 2 次元流れについて次の設問に答えよ.
  (a) この流れは圧縮性流れ, 非圧縮性流れのいずれか. 圧縮性流れならば, 流体粒子の密度 ρ の時間変化率を求めよ.
  (b) 流れの加速度を求めよ.
  (c) 時刻 $t = 2$ において, 位置 $(2, 4)$ での流線の勾配を求めよ.

3.9 速度と密度が $(u,v) = (2x, 16(x+y))$, $\rho = t^2 + xy$ で与えられる 2 次元圧縮性流れについて, 流体粒子の密度の時間変化率を二通りの方法で求めよ. その結果から, この流れは実現可能かどうかを答えよ.

3.10 速度成分 $u(x, y, t)$ の物質微分 Du/Dt について次の設問に答えよ.
  (a) 非圧縮性流れについて,

  $$\frac{Du}{Dt} = \frac{\partial u}{\partial t} + \frac{\partial (u^2)}{\partial x} + \frac{\partial (uv)}{\partial y}$$

  が成り立つことを示せ.
  (b) 圧縮性流れについて,

  $$\rho \frac{Du}{Dt} = \frac{\partial (\rho u)}{\partial t} + \frac{\partial (\rho u^2)}{\partial x} + \frac{\partial (\rho uv)}{\partial y}$$

  が成り立つことを示せ.

3.11 2 次元定常圧縮性流れに対するオイラー方程式を

$$\frac{\partial \rho}{\partial x} + \frac{\rho}{a^2}\left(u\frac{\partial u}{\partial x} + v\frac{\partial u}{\partial y} - X\right) = 0$$

$$\frac{\partial \rho}{\partial y} + \frac{\rho}{a^2}\left(u\frac{\partial v}{\partial x} + v\frac{\partial v}{\partial y} - Y\right) = 0$$

のように変形できることを示せ. ここに, a は音速である.

3.12 問図 3.1 のように, ピストンを一定の速さ V で動かして, 円筒内の気体を圧縮する. ピストン前面と円筒端の距離を $\ell(t)$ とする. 図のように x 軸をとり, 気体内の流速を $u(x, t)$ とするとき,

$$u(0, t) = V, \quad u(\ell, t) = 0 \quad (t \geq 0)$$

であり, u は $0 \leq x \leq \ell$ では線形に変化するものとする. 気体の密度 ρ が時間 t によってのみ変化すると仮定するとき, $\rho(t)$ を求めよ. ただし, $\rho(0) = \rho_0$, $\ell(0) = \ell_0$ とする.

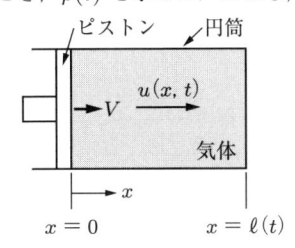

問図 3.1

第4章
渦, 速度ポテンシャル, 流れ関数

4.1 流体粒子の運動と変形

前章で，非圧縮性非粘性流体の流れの基礎方程式として，連続の方程式と運動方程式を導いた．これらを適当な条件のもとで解けば，流れの様相を知ることができる．しかし，運動方程式の加速度の項には非線形の項，

$$u\frac{\partial u}{\partial x} + v\frac{\partial u}{\partial y}, \quad u\frac{\partial v}{\partial x} + v\frac{\partial v}{\partial y}$$

が含まれている．非線形偏微分方程式を含む連立偏微分方程式を解いて u, v, p を求めることは容易ではない．そこで，流れの基礎方程式を扱いやすい形に変形する必要がある．そのためには，いくつかの小道具を準備しなければならない．そして，その小道具をそろえるためには，流体粒子の変形を考察する必要がある．そこで本節では，流れに乗って移動する過程で，流体粒子がどのような変形を受けるかを考察しておこう．図 4.1 は，幅が変化する流路を左から右へ流れる流体中で，印を付けた流体部分がしだいに変形するようすを可視化した実験写真である．このように，流体粒子は流れながらその形を変えていく．その変形について考えてみる．

図 4.2 に示す，幅 Δx，高さ Δy の長方形の流体粒子 ABCD を考える．点 A における速度の x, y 成分をそれぞれ u, v とすれば，点 C における速度成分を，テイラー級数を使って，それぞれ，

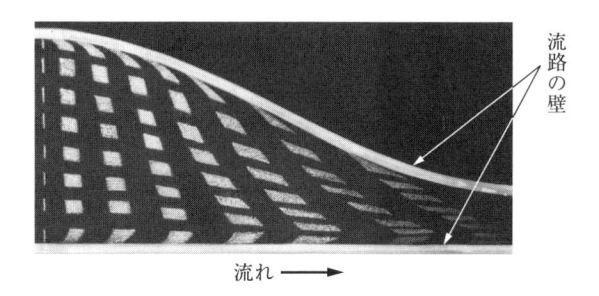

図 4.1 流体部分の変形（文献 [3]）

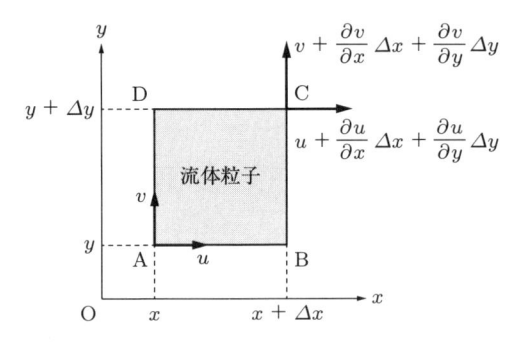

図 4.2 流体粒子の点 A, C の速度成分

$$u(x+\Delta x, y+\Delta y) \approx u(x,y) + \frac{\partial u}{\partial x}\Delta x + \frac{\partial u}{\partial y}\Delta y \\ v(x+\Delta x, y+\Delta y) \approx v(x,y) + \frac{\partial v}{\partial x}\Delta x + \frac{\partial v}{\partial y}\Delta y \Bigg\} \quad (4.1)$$

のように近似的に表すことができる．ここで Δx, Δy の 2 次以上の項は高次の微小量として無視する．式 (4.1) の右辺の第 1 項は点 A の速度成分と同じであり，変形を伴わない剛体変位に対応する．第 2 項以降は，点 C の点 A に対する相対速度成分を表しており，この相対速度によって流体粒子 ABCD は変形を起こす．相対速度成分を，

$$\frac{\partial u}{\partial x}\Delta x + \frac{\partial u}{\partial y}\Delta y = \frac{\partial u}{\partial x}\Delta x + \frac{1}{2}\left(\frac{\partial v}{\partial x} + \frac{\partial u}{\partial y}\right)\Delta y - \frac{1}{2}\left(\frac{\partial v}{\partial x} - \frac{\partial u}{\partial y}\right)\Delta y \quad (4.2)$$

$$\frac{\partial v}{\partial x}\Delta x + \frac{\partial v}{\partial y}\Delta y = \frac{\partial v}{\partial y}\Delta y + \frac{1}{2}\left(\frac{\partial v}{\partial x} + \frac{\partial u}{\partial y}\right)\Delta x + \frac{1}{2}\left(\frac{\partial v}{\partial x} - \frac{\partial u}{\partial y}\right)\Delta x \quad (4.3)$$

のように書き直して，右辺の各項が意味するところを考えてみよう．

4.1.1 伸長変形

x 軸に平行な流れのなかで，図 4.3 のような長さ Δx の細長い流体粒子 AB を考える．Δy は Δx に比べて十分小さく，y 方向の変化や変形は無視できるとする．粒子の左端 A の速さを u とする．Δx を十分小さくとれば，右端 B の速さ u' は $u' \approx u + (\partial u/\partial x)\Delta x$ のように近似できる．単位時間経過後を考えると，点 A は u だけ変位して点 A′ に移り，点 B は u' だけ変位して点 B′ に移る．一般に $u' \neq u$ で

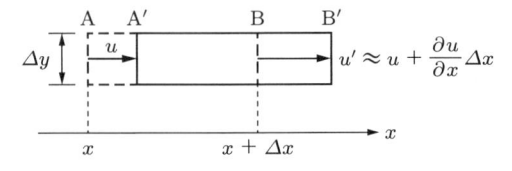

図 4.3 流体粒子の伸張変形

あるから，流体粒子の長さは，

$$u' - u = \frac{\partial u}{\partial x}\Delta x \tag{4.4}$$

だけ伸びることになる．単位長さあたりの単位時間の伸び量は $\partial u/\partial x$ である．これを x 方向のひずみ速度 (rate of strain) という．同様に，y 方向のひずみ速度は $\partial v/\partial y$ で与えられる．ひずみ速度は，固体力学における垂直ひずみに相当する．このように，流れの方向に伸び縮みする変形を伸長変形 (tensile deformation) という．そこで，式 (4.2) の右辺第 1 項を見ると，式 (4.4) の右辺と同じである．すなわち，式 (4.2) の右辺第 1 項は，x 方向の伸張変形によって単位時間に生じる点 C の点 A に対する相対変位を表している．同様に，式 (4.3) の右辺第 1 項は y 方向の伸張変形によって生じる相対変位を表している．

　固体と流体の違いは，力を加えたときの変形のようすの違いによる．固体は，加えられた力の大きさに応じた変形量に達すると変形が停止する．一方，流体は力が加えられている間は変形し続け，停止することがない．この変形し続ける現象が流れである．したがって，流体の変形においては固体におけるひずみという概念が意味をもたず，単位時間あたりに生じるひずみという意味でひずみ速度が使われる．これは，次のせん断変形においても同様である．

4.1.2　せん断変形

　図 4.4 に示す長方形の流体粒子 ABCD において，Δx を十分小さくとれば，点 B における速度の y 成分 v' は，

$$v' \approx v + \frac{\partial v}{\partial x}\Delta x$$

のように近似できる．すなわち，点 B は点 A に対して y 方向に相対速度成分 $(\partial v/\partial x)\Delta x$ を持つ．次に Δy を十分小さくとれば，点 D における速度の x 成分 u' は

$$u' \approx u + \frac{\partial u}{\partial y}\Delta y$$

となり，点 D は点 A に対して x 方向に相対速度成分 $(\partial u/\partial y)\Delta y$ をもつ．この結果，図 4.4 に示すように，単位時間経過後に点 B, D は点 A に相対的にそれぞれ B′, D′ の位置に移動する[1]．このとき，たとえば線分 AB の長さを $\overline{\mathrm{AB}}$ で表すことにすれば，$\overline{\mathrm{BB'}}/\overline{\mathrm{AB}} + \overline{\mathrm{DD'}}/\overline{\mathrm{DA}}$ は単位時間あたりに生じるせん断ひずみを表す[2]．図 4.4

---

[1] ここでは点 B, D の点 A に対する相対変位に関心があるので，図 4.4 では，点 A と単位時間後の移動先 A′ を重ねて図示している．

[2] 1.5.2 項を参照のこと．

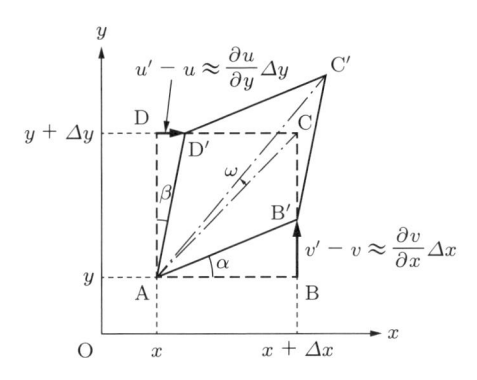

図 4.4 流体粒子のせん断変形と回転

を参照すると，

$$\frac{\overline{BB'}}{\overline{AB}} + \frac{\overline{DD'}}{\overline{DA}} \approx \frac{\partial v}{\partial x} + \frac{\partial u}{\partial y} \tag{4.5}$$

である．これをせん断速度 (rate of shear) といい，せん断速度を生じる変形をせん断変形 (shear deformation) という．せん断速度は固体の変形におけるせん断ひずみに相当する．式 (4.2)，(4.3) の右辺第 2 項は，流体粒子のせん断変形によって単位時間に生じる点 C の点 A に対する相対変位を表している．

ひずみ速度とせん断速度をまとめて変形速度 (rate of deformation) という．

4.1.3 回　転

図 4.4 において $\alpha = \angle B'AB, \beta = \angle D'AD$ とおく．せん断変形によって，対角線 AC と対角線 AC′ の間に ω の角度差が生じるとすれば，

$$\omega = \frac{1}{2}(\alpha - \beta) \tag{4.6}$$

が成り立つ．ω は反時計回りを正とする．単位時間の間に流体粒子 ABCD は ω だけ回転する．角度 α, β は微小であるから，

$$\alpha \approx \tan \alpha = \frac{\overline{BB'}}{\overline{AB}} = \frac{\partial v}{\partial x}, \qquad \beta \approx \tan \beta = \frac{\overline{DD'}}{\overline{DA}} = \frac{\partial u}{\partial y}$$

のように近似できる．したがって，

$$\omega = \frac{1}{2}\left(\frac{\partial v}{\partial x} - \frac{\partial u}{\partial y}\right) \tag{4.7}$$

となる．

そこで，図 4.5 のように点 A を中心にして点 C が ω だけ回転して点 C″ に移る場合を考える．線分 AC の長さを Δr とすれば，円弧 CC″ の長さは $\omega \Delta r$ である．

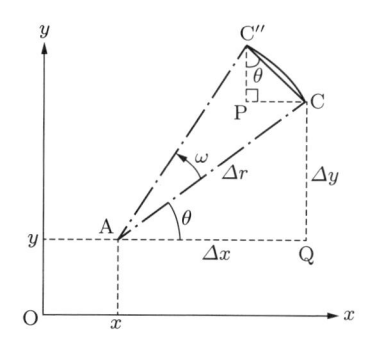

図 4.5 点 A を中心とする回転による点 C の相対変位

ω は微小と考えてよいから，弦 CC″ の長さは円弧 CC″ の長さに等しいと近似することができる．図 4.5 に示すように $\theta = \angle\text{CC}''\text{P}$ とすると，角度 ω の回転による点 C の点 A に対する相対変位は，

$(x\,方向)\quad -\overline{\text{PC}} = -\omega\,\Delta r\,\sin\theta$

$(y\,方向)\quad \overline{\text{PC}''} = \omega\,\Delta r\,\cos\theta$

である．ω が微小であるから $\angle\text{ACC}'' \approx \pi/2$ と近似できる．したがって，$\angle\text{CAQ} = \theta$ とおけるから，相対変位は，

$(x\,方向)\quad -\overline{\text{PC}} = -\omega\,\Delta y = -\dfrac{1}{2}\left(\dfrac{\partial v}{\partial x} - \dfrac{\partial u}{\partial y}\right)\Delta y$

$(y\,方向)\quad \overline{\text{PC}''} = \omega\,\Delta x = \dfrac{1}{2}\left(\dfrac{\partial v}{\partial x} - \dfrac{\partial u}{\partial y}\right)\Delta x$

となる．これらを式 (4.2)，(4.3) の右辺第 3 項と比較すると，符号も含めて同じである．すなわち，式 (4.2)，(4.3) の右辺第 3 項は，単位時間あたりの流体粒子の回転による点 C の点 A に対する相対変位を表している．

4.2　渦と渦度

4.1.3 項で，流体粒子は単位時間あたりに ω だけ回転することを示した．これはいいかえると，流体粒子は z 軸（紙面に垂直方向）に平行な軸のまわりに，大きさ ω の角速度をもっているということである．このような流体粒子の回転（自転）運動を渦 (vortex) といい，角速度 ω の 2 倍を回転運動の強さの度合いを表す量と考えて，これを渦度 (vorticity) という．すなわち，

$$（渦度）= 2\omega = \dfrac{\partial v}{\partial x} - \dfrac{\partial u}{\partial y} \tag{4.8}$$

である．

以上の考察は xy 平面内で行ったが，同様のことを yz 平面と zx 平面でも考えることができ，それぞれ x 軸と y 軸に平行な軸のまわりの回転とその角速度を定義することができる．そこで，x, y, z 軸のそれぞれに平行な軸のまわりの角速度の 2 倍を，それぞれ渦度の x, y, z 成分と定義し，それらをそれぞれ ξ, η, ζ で表すと，

$$\xi = \frac{\partial w}{\partial y} - \frac{\partial v}{\partial z}, \quad \eta = \frac{\partial u}{\partial z} - \frac{\partial w}{\partial x}, \quad \zeta = \frac{\partial v}{\partial x} - \frac{\partial u}{\partial y} \tag{4.9}$$

となる．ここに，u, v, w はそれぞれ流れの速度の x, y, z 成分である．このように，渦度はベクトル量であって，渦度の方向は回転する流体粒子の回転軸に平行である．右ねじが座標軸の正方向へ進むときの右ねじの回転を正の回転とし，流体粒子が正の回転を行うとき渦度の成分は正値をとるものとする (図 4.6 参照)．流れのなかのいたるところで $\xi = \eta = \zeta = 0$ であるような流れを，非回転流れ (irrotational flow)（または，渦なし流れ）といい，渦度が 0 ではない部分を有する流れを，回転流れ (rotational flow) という．

2 次元流れの場合には，流体粒子の回転は z 軸まわり (xy 平面内) のみであるから，

$$\xi = \eta = 0, \quad \zeta = \frac{\partial v}{\partial x} - \frac{\partial u}{\partial y} \tag{4.10}$$

である．

われわれは，日常生活のなかで，1 点を中心にして旋回する流れを渦とよぶことがある．しかし，流体力学においては必ずしも (旋回する流れ) = (回転流れ) ではない．図 4.7 のような，原点を中心にして旋回する流れに，矢印のついた浮きを浮かべるとしよう．図 (a) のように浮きが矢の向きを一定に保ったまま 1 周すれば，浮きは自転していないから，この流れは非回転流れである．一方，図 (b) のように移動しながら矢印の向きが変化すれば，流れは回転流れである[1]．図 4.7(a) の流れの例が 4.7.5 項で示される．

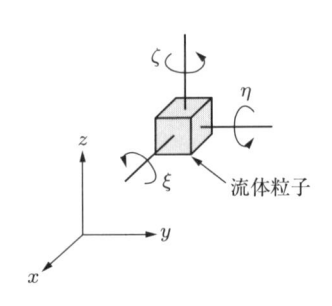

図 4.6 渦度の 3 成分

---

[1] 図 4.7(b) では，わかりやすさのために浮きの自転の周期と原点を周回する周期を同じにしてあるが，二つの周期が常に等しいとは限らない．

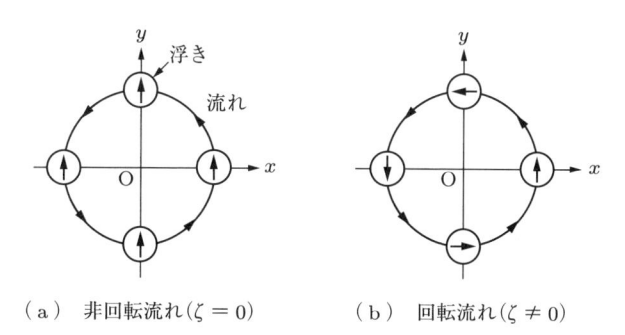

（a） 非回転流れ($\zeta = 0$) （b） 回転流れ($\zeta \neq 0$)

図 4.7 回転流れと非回転流れ

現実の流体には粘性があり，流体粒子どうしが摩擦力を及ぼしあっている．そのため，一つの流体粒子が回転運動を起こすと，周囲の粒子も回転をはじめる．その結果，流体のなかに渦度が 0 ではない領域ができる．この領域を指して渦とよぶこともある．

4.3　循　環

渦度は流体粒子の自転の強さを表すものであるが，渦潮のように空間的に広がりをもつ渦巻き状の流れの強さを表すには循環という概念がある．ここでは，循環の特徴や渦度との関係について考える．

図 4.8 のように，3 次元空間内の流れのなかに任意の閉曲線 C を考える．C の接線方向の速度成分を U_s とし，C の線素を ds とするとき，

$$\Gamma = \oint_C U_s \, ds \tag{4.11}$$

で定義される量 Γ を閉曲線 C に沿う循環 (circulation) という．ここに，$\oint_C (\ ) ds$ は閉曲線 C に沿う周回積分を表し，C で囲まれた閉領域を左に見ながら進む向きに積分するものとする．流れの速度 $\mathbf{U}$ と 線素 ds がなす角を α とすると，$U_s = |\mathbf{U}| \cos \alpha$

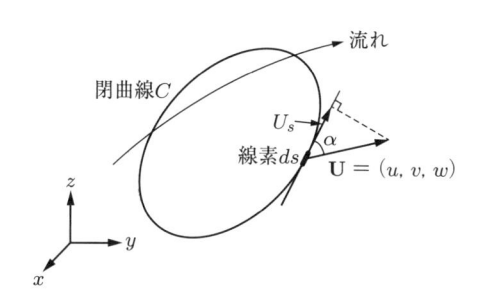

図 4.8 閉曲線 C に沿う速度成分 U_s

である．線素 ds に一致させてベクトル $d\mathbf{s}$ を考えると，$U_s\,ds = |\mathbf{U}|\,ds\cos\alpha$ は速度 $\mathbf{U}$ と線素ベクトル $d\mathbf{s}$ の内積 $\mathbf{U}\cdot d\mathbf{s}$ を表す．そこで，ベクトル $\mathbf{U}$ と $d\mathbf{s}$ の成分表示を $\mathbf{U}=(u,v,w)$，$d\mathbf{s}=(dx,dy,dz)$ とすれば，循環 $\varGamma$ は，

$$\varGamma = \oint_C (u\,dx + v\,dy + w\,dz) \tag{4.12}$$

のようにも表すことができる．

次に，循環と渦度の関係を考えよう．説明をわかりやすくするために2次元流れで考える．xy 平面上に閉曲線 C を描き，C で囲まれる領域を S とする．このとき C に沿う循環 $\varGamma$ は，

$$\varGamma = \oint_C (u\,dx + v\,dy) \tag{4.13}$$

で与えられる．そこで，図 4.9(a) のように領域 S を x 軸と y 軸に平行な等間隔の直線群で小さな格子に分割する．任意の一つの格子を図 4.9(b) のように取り出して，格子の辺に沿う循環 $\varGamma_{\mathrm{ABCD}}$ を考えてみる．格子の幅を Δx，高さを Δy とし，格子の中心における流れの速度の x，y 成分をそれぞれ u，v とする．Δx，Δy を十分小さくとれば，各辺上で辺に平行な速度成分はテイラー級数を用いて次のように近似的に表すことができる．

(辺 AB 上) $\quad u - \dfrac{\Delta y}{2}\dfrac{\partial u}{\partial y}$, $\qquad$ (辺 BC 上) $\quad v + \dfrac{\Delta x}{2}\dfrac{\partial v}{\partial x}$

(辺 CD 上) $\quad u + \dfrac{\Delta y}{2}\dfrac{\partial u}{\partial y}$, $\qquad$ (辺 DA 上) $\quad v - \dfrac{\Delta x}{2}\dfrac{\partial v}{\partial x}$

これらの速度成分の大きさは各辺上で一定と近似すると，循環 $\varGamma_{\mathrm{ABCD}}$ は次のように計算される．

$$\varGamma_{\mathrm{ABCD}} = \left(u - \dfrac{\Delta y}{2}\dfrac{\partial u}{\partial y}\right)\Delta x + \left(v + \dfrac{\Delta x}{2}\dfrac{\partial v}{\partial x}\right)\Delta y$$

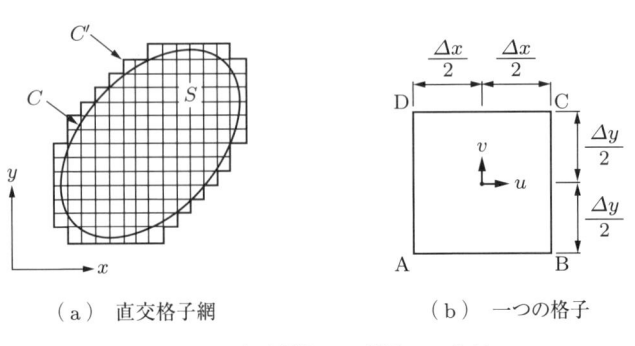

（a） 直交格子網　　　　　　　（b） 一つの格子

図 4.9　2次元領域 S の格子への分割

$$-\left(u+\frac{\Delta y}{2}\frac{\partial u}{\partial y}\right)\Delta x - \left(v-\frac{\Delta x}{2}\frac{\partial v}{\partial x}\right)\Delta y$$

$$=\left(\frac{\partial v}{\partial x}-\frac{\partial u}{\partial y}\right)\Delta x\Delta y$$

$$=\zeta\,\Delta x\Delta y \tag{4.14}$$

ここに，テイラー級数の性質によって，微係数 $\partial v/\partial x$, $\partial u/\partial y$ は格子の中心における値を表す．すなわち，循環 $\varGamma_{\mathrm{ABCD}}$ は，格子の中心における渦度 ζ と格子の面積 $\Delta x\Delta y$ の積に等しい．

図 4.10 に示す二つの格子でそれぞれ計算される循環の和を考えると，左の格子 ABCD と右の格子 BEFC では共通の辺 BC に沿う積分の向きが互いに逆になっており，積分値は符号が逆になって互いに打ち消しあう．したがって，二つの循環の和は二つの格子全体の周囲 ABEFCDA に沿う循環に等しい．この操作を図 4.9(a) のすべての格子に対して行うと，各格子の循環の和は格子全体の外周 C' に沿う循環になる．すなわち，

$$\varGamma_{C'}=\sum_{i=1}^{n}\zeta_i\,\Delta x\Delta y \tag{4.15}$$

が成り立つ．ここに，ζ_i は i 番目の格子の中心における渦度を表し，n は格子の総数を表す．$\Delta x,\Delta y\to 0$ $(n\to\infty)$ の極限を考えると，C' は閉曲線 C に一致し，$\varGamma_{C'}\to\varGamma$ となる．したがって，式 (4.15) は，

$$\varGamma=\iint_S \zeta\,dxdy \tag{4.16}$$

となる．すなわち，任意の閉曲線に沿う循環は，その閉曲線に囲まれた領域に分布する渦度を領域全体にわたって積分したものに等しい．

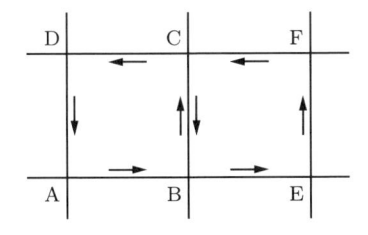

図 4.10 格子ごとに計算された循環の和（矢印は積分の向きを示す）

4.4 渦の不生不滅の定理

図 4.8 の閉曲線 C が，常に同じ流体粒子で構成されているとしよう．流体粒子は時間の経過とともに移動するから，閉曲線 C も図 4.11 のように移動しながら変形する．このとき，閉曲線 C に沿う循環 Γ の時間変化を考えてみる．わかりやすさのために 2 次元流れで考える．流れに乗って移動しながら循環 Γ の時間変化を考えるのであるから，物質微分 $D\Gamma/Dt$ を調べなければいけない．式 (4.13) を用いると，

$$\frac{D\Gamma}{Dt} = \frac{D}{Dt}\oint_C (udx + vdy) = \oint_C \left[\frac{D}{Dt}(udx) + \frac{D}{Dt}(vdy)\right] \tag{4.17}$$

となる．ここで，閉曲線 C が常に同じ流体粒子で構成されていることから，D/Dt と $\oint$ の順序を交換することができる．最初に $D(udx)/Dt$ について考える．これは，

$$\frac{D}{Dt}(udx) = \frac{Du}{Dt}dx + u\frac{D}{Dt}(dx) \tag{4.18}$$

のように変形できる．右辺第 1 項の Du/Dt は，オイラー方程式 (3.50) より，

$$\frac{Du}{Dt} = -\frac{1}{\rho}\frac{\partial p}{\partial x} - \frac{\partial \Omega}{\partial x} \tag{4.19}$$

である．次に，図 4.12 のように閉曲線 C 上に微小距離 ds だけ離れた 2 点 $P(x,y)$ と $Q(x',y')$ を考える．点 P における速度成分を u, v とし，点 Q における速度成分を u', v' とすると，

$$\frac{Dx}{Dt} = u, \quad \frac{Dy}{Dt} = v, \quad \frac{Dx'}{Dt} = u', \quad \frac{Dy'}{Dt} = v'$$

であるから，

$$\frac{D}{Dt}(dx) = \frac{D}{Dt}(x' - x) = u' - u = du \tag{4.20}$$

となる．式 (4.19), (4.20) を式 (4.18) に代入すると

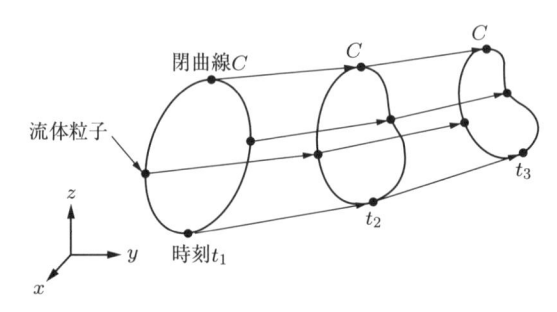

図 4.11 閉曲線 C の移動と変形

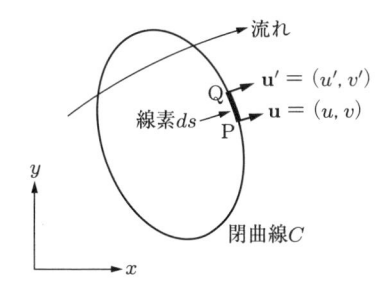

図 **4.12** 閉曲線 C 上の微小線素 ds

$$\frac{D}{Dt}(udx) = \left(-\frac{1}{\rho}\frac{\partial p}{\partial x} - \frac{\partial \Omega}{\partial x}\right)dx + udu$$

$$= \left(-\frac{1}{\rho}\frac{\partial p}{\partial x} - \frac{\partial \Omega}{\partial x}\right)dx + \frac{1}{2}d(u^2) \tag{4.21}$$

となる．$D(vdy)/Dt$ についても同様の関係を導くことができる．それらの結果を式 (4.17) に代入し，整理すると，

$$\frac{D\Gamma}{Dt} = \oint_C \left[\left(-\frac{1}{\rho}\frac{\partial p}{\partial x} - \frac{\partial \Omega}{\partial x}\right)dx + \frac{1}{2}d(u^2) + \left(-\frac{1}{\rho}\frac{\partial p}{\partial y} - \frac{\partial \Omega}{\partial y}\right)dy + \frac{1}{2}d(v^2)\right]$$

$$= \oint_C \left[-\frac{1}{\rho}\left(\frac{\partial p}{\partial x}dx + \frac{\partial p}{\partial y}dy\right) - \left(\frac{\partial \Omega}{\partial x}dx + \frac{\partial \Omega}{\partial y}dy\right) + \frac{1}{2}d(u^2+v^2)\right]$$

$$= \oint_C \left[-\frac{1}{\rho}dp - d\Omega + \frac{1}{2}d(q^2)\right] \tag{4.22}$$

となる．ここで，p，Ω，$q^2(=u^2+v^2)$ は x，y の 1 価関数であるから，式 (4.22) の右辺の周回積分は 0 となり，

$$\frac{D\Gamma}{Dt} = 0 \tag{4.23}$$

を得る．すなわち，理想流体の流れで，外力に力のポテンシャルが存在する場合には，同じ流体粒子で構成される 1 本の閉曲線に沿う循環の大きさは時間に関して不変である．これをケルビンの循環定理 (Kelvin's circulation theorem) という．3 次元流れにおいても式 (4.23) が成り立つ．

式 (4.23) は任意の閉曲線について成り立ち，循環 Γ は渦度 ζ と式 (4.16) の関係にある．そこで，閉曲線が取り囲む領域の面積を限りなく小さくしていくと，その極限では"循環"を"渦度"にいいかえることができる．その結果，次の重要な定理に到達する．

理想流体の運動において，外力に力のポテンシャルが存在する場合，はじめに渦がなければその後の運動においてもいたるところで渦なしであり，はじめに渦が存在すればその渦はその後の運動で決して消滅することはない．

これを渦の不生不滅の定理，あるいは，ラグランジュの渦定理 (Lagrange's vorticity theorem) という．この定理は，理想流体においては回転流れと非回転流れは区別され，互いに転換できないものであることを示している．たとえば，理想流体の流れが静止状態からはじまるとすれば，静止状態ではいたるところで渦度が 0 であるから，その後の流れは常に非回転流れである．また，理想流体の流れが無限上流で速度が一定の一様な流れであるならば，そこでは渦度が 0 であるから，流れは下流においても非回転流れである．

4.5 速度ポテンシャル

静止状態から出発する理想流体の 2 次元流れを考える．渦の不生不滅の定理によって，この流れは常に非回転流れである．したがって，この流れを表す基礎方程式は，連続の方程式 (3.49)，オイラー方程式 (3.50)，(3.51)，そして非回転の条件，

$$\frac{\partial v}{\partial x} - \frac{\partial u}{\partial y} = 0 \tag{4.24}$$

である．

さて，あるスカラー関数 $\phi(x,y)$ を用いて，流れの速度成分 u, v が，

$$u = \frac{\partial \phi}{\partial x}, \qquad v = \frac{\partial \phi}{\partial y} \tag{4.25}$$

のように表されるとする．このとき，非回転の条件 (4.24) は自動的に満たされる．式 (4.25) を連続の方程式 (3.49) に代入すると，

$$\frac{\partial^2 \phi}{\partial x^2} + \frac{\partial^2 \phi}{\partial y^2} = 0 \tag{4.26}$$

を得る．この偏微分方程式を (2 次元の) ラプラス方程式 (Laplace equation) という．そこで，適当な境界条件のもとでラプラス方程式 (4.26) の解 $\phi(x,y)$ を求めることができれば，式 (4.25) によって流れの速度成分 u, v を知ることができる．u, v がわかれば，オイラー方程式 (3.50)，(3.51) は圧力 p に関する偏微分方程式になる．これは線形の偏微分方程式であるから容易に解くことができる．このように，スカラー関数 $\phi(x,y)$ を導入することによって，非線形の偏微分方程式を解くことなく流れのパターンと圧力分布を知ることができる．このスカラー関数 ϕ を速度ポテンシャル (velocity potential) という．そして，速度ポテンシャルの存在する流れ（非回転流

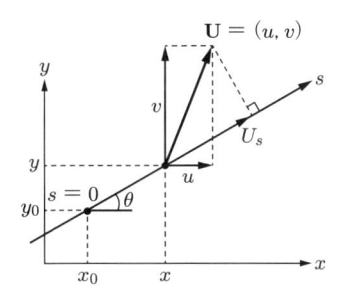

図 4.13 流れの速度の s 方向の成分 U_s

れ) をポテンシャル流れ (potential flow) という．速度ポテンシャルは 3 次元流れにおいても定義することができて，速度成分 u, v, w との間に，

$$u = \frac{\partial \phi}{\partial x}, \qquad v = \frac{\partial \phi}{\partial y}, \qquad w = \frac{\partial \phi}{\partial z} \tag{4.27}$$

という関係が成り立つ．

図 4.13 のように，xy 平面上で x 軸の正方向と角 θ をなす有向直線を考える．直線上の点 (x_0, y_0) を原点として，直線に沿って座標 s を定義する．このとき，(x, y) と s の間には，

$$x = s \cos\theta + x_0, \qquad y = s \sin\theta + y_0$$

という関係が成り立つ．$\partial/\partial s$ を直線 s に沿う微分を表す演算子とすると，

$$\frac{\partial \phi}{\partial s} = \frac{\partial \phi}{\partial x}\frac{dx}{ds} + \frac{\partial \phi}{\partial y}\frac{dy}{ds} = u \cos\theta + v \sin\theta \tag{4.28}$$

が成り立つ．$u \cos\theta + v \sin\theta$ は流れの速度の s 方向の成分 U_s に等しいから，

$$\frac{\partial \phi}{\partial s} = U_s \tag{4.29}$$

を得る．すなわち，速度ポテンシャルを s 軸に沿って偏微分すると，流れの速度の s 方向の成分が得られる．

4.6 流れ関数

2 次元流れを考える．流れの速度成分 u, v が，あるスカラー関数 $\psi(x, y)$ を用いて，

$$u = \frac{\partial \psi}{\partial y}, \qquad v = -\frac{\partial \psi}{\partial x} \tag{4.30}$$

のように表されるとする．このとき，連続の方程式 (3.49) は自動的に満たされる．このような関数 ψ を流れ関数 (stream function) という．流れ関数は連続の方程式

(3.49) が成り立つ流れに対して定義することができる．すなわち，2 次元の非圧縮性流れであれば回転流れ，非回転流れを問わず必ず流れ関数 ψ を定義することができる[1]．非回転流れに対してのみ定義できる速度ポテンシャルとの大きな違いである．ただし，流れ関数をスカラーの関数として定義できるのは 2 次元流れの場合だけで，3 次元流れに対する流れ関数は三つの成分を持つベクトル関数になる[2]．

非回転流れの場合は非回転の条件 (4.24) が成り立つ．この式に式 (4.30) を代入すると ψ に関するラプラス方程式，

$$\frac{\partial^2 \psi}{\partial x^2} + \frac{\partial^2 \psi}{\partial y^2} = 0 \tag{4.31}$$

が得られる．したがって，適当な境界条件のもとでラプラス方程式 (4.31) を解いて $\psi(x,y)$ を求めれば，式 (4.30) より速度成分を知ることができる．この手順は速度ポテンシャルの場合と同様である．

回転流れの場合は非回転の条件 (4.24) が成り立たないから，オイラー方程式を使って ψ を求めることになる．式 (3.50) の両辺を y で，式 (3.51) の両辺を x でそれぞれ偏微分したのち，辺々を引き算すると圧力と外力が消去されて，

$$\frac{\partial}{\partial t}\left(\frac{\partial u}{\partial y} - \frac{\partial v}{\partial x}\right) + \frac{\partial}{\partial y}\left(u\frac{\partial u}{\partial x} + v\frac{\partial u}{\partial y}\right) - \frac{\partial}{\partial x}\left(u\frac{\partial v}{\partial x} + v\frac{\partial v}{\partial y}\right) = 0 \tag{4.32}$$

を得る．このとき，外力には力のポテンシャルが存在することを利用した．式 (4.32) の u, v を ψ を用いて書き直すと，

$$\frac{\partial}{\partial t}\left(\nabla^2 \psi\right) + \psi_y \nabla^2 \psi_x - \psi_x \nabla^2 \psi_y = 0 \tag{4.33}$$

となる．ここに，

$$\psi_x = \frac{\partial \psi}{\partial x}, \qquad \psi_y = \frac{\partial \psi}{\partial y}$$

---

[1] 2 次元の圧縮性流れの場合，定常流れであれば，

$$\frac{\partial \psi}{\partial y} = \rho u, \qquad \frac{\partial \psi}{\partial x} = -\rho u \quad (\rho \text{ は密度})$$

によって流れ関数 ψ を定義することができる．

[2] 3 次元流れの速度の成分を (u, v, w) とする．いま，三つのスカラー関数 $\psi_1(x,y,z)$, $\psi_2(x,y,z)$, $\psi_3(x,y,z)$ があって，速度成分との間に，

$$u = \frac{\partial \psi_3}{\partial y} - \frac{\partial \psi_2}{\partial z}, \quad v = \frac{\partial \psi_1}{\partial z} - \frac{\partial \psi_3}{\partial x}, \quad w = \frac{\partial \psi_2}{\partial x} - \frac{\partial \psi_1}{\partial y}$$

という関係が成り立つとする．このとき，3 次元流れの連続の方程式 $\frac{\partial u}{\partial x} + \frac{\partial v}{\partial y} + \frac{\partial w}{\partial z} = 0$ は自動的に成立する．そこで，$\psi_1(x,y,z)$, $\psi_2(x,y,z)$, $\psi_3(x,y,z)$ をそれぞれ x, y, z 成分にもつベクトル関数を $\mathbf{\Psi}(x,y,z)$ として，$\mathbf{\Psi}$ を 3 次元流れの流れ関数という．

であり，∇^2 は

$$\nabla^2 = \frac{\partial^2}{\partial x^2} + \frac{\partial^2}{\partial y^2}$$

で定義される微分演算子である．式 (4.33) は非線形の偏微分方程式であるから解くことは容易ではない．

理想流体の非回転流れを調べることは，速度ポテンシャルまたは流れ関数のラプラス方程式の解を求めることに帰着する．したがって，どちらの関数を用いてもよい．しかし，流れ関数には流れのパターンを描くときに役立つ有用な性質があるので，2次元流れを調べるときには流れ関数を用いるほうが便利である．流れ関数の有用な性質を知るために，図 4.14 のように，流れのなかに任意の 2 点 A, B をとり，この 2 点を結ぶ 1 本の曲線 C を設ける．C に沿って A から B に向かう向きに曲線座標 s を設け，曲線上に線素 ds を考える．ds に対する法線を n とし，図に示す向きを n の正方向とする．曲線 C を n の正方向に横切る流れを考えて，流れの速度を $\mathbf{U} = (u, v)$ とする．速度の法線方向成分を U_n，単位時間に C を横切る体積流量を Q とすると，

$$Q = \int_A^B U_n\, ds = \int_A^B (u\cos\theta + v\sin\theta)\, ds \tag{4.34}$$

である．ここに，θ は法線 n が x 軸の正方向となす角度である．図 4.15 を参照すると，$ds > 0$ のとき $dx < 0$, $dy > 0$ であるから，

$$\cos\theta = \frac{dy}{ds}, \qquad \sin\theta = -\frac{dx}{ds} \tag{4.35}$$

が成り立つ．式 (4.30), (4.35) を式 (4.34) に代入すると，

$$Q = \int_A^B \left(\frac{\partial \psi}{\partial y} \frac{dy}{ds} + \frac{\partial \psi}{\partial x} \frac{dx}{ds} \right) ds$$

$$= \int_A^B \frac{\partial \psi}{\partial s}\, ds \tag{4.36}$$

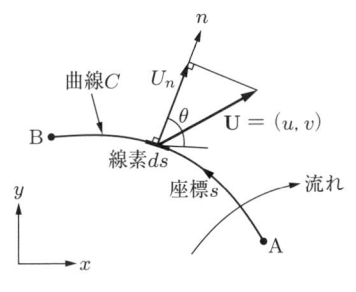

図 4.14 曲線 C を横切る流れ

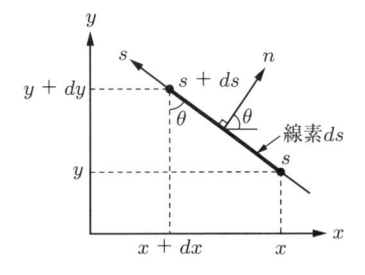

図 4.15 線素 ds

$$= \psi_B - \psi_A \tag{4.37}$$

となる.ここに,ψ_A, ψ_B はそれぞれ点 A, B における流れ関数の値を表す.式 (4.37) は 2 点 A, B を結ぶ曲線 C を通過する体積流量が A, B の位置にのみ関係し,曲線 C の形状には依らないことを示している.曲線 C が流線に一致する場合は,$U_n = 0$ であるから $Q = 0$ である.したがって,式 (4.37) より $\psi_A = \psi_B$ となる.

以上より流れ関数 ψ に関して次の二つの性質が導かれる.

① 1 本の流線に沿って ψ の値は一定である.
② 2 本の流線に対する ψ の値を ψ_1, ψ_2 とすると,この 2 本の流線の間の体積流量は $|\psi_1 - \psi_2|$ で与えられる.

式 (4.34) と式 (4.36) を見比べると,

$$U_n = \frac{\partial \psi}{\partial s} \tag{4.38}$$

が成り立つことがわかる.このとき,U_n の向きは,s の正方向から時計まわりに 90°回転した向きである.すなわち,ある方向 s に沿って流れ関数 ψ を偏微分すると,s の正方向から時計まわりに 90°回転した向きの速度成分が得られる.この事実は式 (4.30) にも当てはまる.

速度ポテンシャルと流れ関数の定義式より,

$$\frac{\partial \phi}{\partial x} = \frac{\partial \psi}{\partial y}, \quad \frac{\partial \phi}{\partial y} = -\frac{\partial \psi}{\partial x} \tag{4.39}$$

が成り立つことは明らかである.これをコーシー・リーマンの微分方程式 (Cauchy-Riemann differential equations) という.

速度ポテンシャルの値が等しい点を連ねてできる 1 本の曲線を,等ポテンシャル線 (equi-potential line) という.流れ関数の値が等しい点を連ねた曲線は流線である.図 4.16 のように,流体中の 1 点 P を通る等ポテンシャル線を考える.点 P において等ポテンシャル線に接線を引き,図のように接線に一致させて s 軸を設ける.この

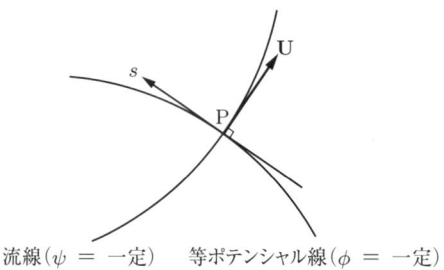

流線($\psi = $ 一定)　　等ポテンシャル線($\phi = $ 一定)

図 4.16 流線と等ポテンシャル線

とき，点 P において $\partial\phi/\partial s = 0$ であるから，式 (4.29) より $U_s = 0$ となる．これは，点 P における流れの速度 **U** が，等ポテンシャル線の接線に直交することを意味する．このことは，等ポテンシャル線上の任意の点で成り立つから，流れは等ポテンシャル線に直交する．一方，流線の接線の方向は流れの速度の方向に一致する．図 4.16 において，点 P を通る流線を描くと，点 P における流線の接線は速度 **U** に平行である．点 P において 2 本の曲線の接線が互いに直交するから，流線と等ポテンシャル線は直交する．

4.7 基本的なポテンシャル流れ

4.7.1 調和関数

2 次元ポテンシャル流れ（非回転流れ）の場合，速度ポテンシャルまたは流れ関数はラプラス方程式を満たす．したがって，ラプラス方程式の解を求めることができれば流れのようすを調べることができる．このとき，オイラー方程式という，速度に関して非線形の偏微分方程式を解く必要はない．一般に，ラプラス方程式を満たす関数を調和関数 (harmonic function) という．たとえば，第 1 章の図 1.17，1.19 は適当な境界条件のもとで流れ関数のラプラス方程式を解き，その解にもとづいて作図したものである．この例のように実際的な流れを解析する場合，流路の形状が複雑であるなどの理由で解析的に解を求めることが困難になり，コンピューターを利用する数値計算に頼らなければならないのが一般的である．しかし，幸いなことに，具体的な関数形の調和関数がいくつか知られている．たとえば，2 次元の場合，

$$\left.\begin{aligned} f(x,y) &= Ax + By + C \\ f(x,y) &= A\tan^{-1}\frac{y-b}{x-a} \quad \left((x,y) \neq (a,b)\right) \\ f(x,y) &= A\ln\sqrt{(x-a)^2 + (y-b)^2} \quad \left((x,y) \neq (a,b)\right) \end{aligned}\right\} \quad (4.40)$$

はいずれも調和関数である[1]．ここに，A, B, C, a, b は定数である．さらに，ラプラス方程式は線形方程式であるから，解の重ね合わせによって新しい調和関数をつくることができる．すなわち，$f_1(x,y)$ と $f_2(x,y)$ が調和関数ならば $f_1 + f_2$ もまた調和関数である．そこで，ラプラス方程式をコンピューターを利用して解く方法については専門書（たとえば，文献 [8]）に譲ることにして，本書では，式 (4.40) やそれらの重ね合わせによってできる調和関数がどのような流れを表すかを調べてみよう．

---

[1] ln は自然対数 (natural logarithm) を表し，ln = $\log_e$ である．工学では $\log_e$ よりも ln の記号をよく使う．

2次元流れの場合，流れ関数 ψ がわかれば，$\psi =$ (一定) と置くことによって流線の方程式が得られる．その方程式によって流線を描けば，流れのパターンを知ることができる．そこで，次項以降では，まず流れ関数の関数形を仮定し，それが表す流れを調べたのちにコーシー・リーマンの微分方程式を解いて速度ポテンシャルを求めるという手順をとる．

4.7.2 一様流

流れ関数 ψ が x, y の1次式

$$\psi = -Vx + Uy \quad (U, V \text{ は正の定数}) \tag{4.41}$$

で与えられる流れを考える．

流線の方程式は，

$$-Vx + Uy = c \quad (c \text{ は任意定数}) \tag{4.42}$$

である．任意定数 c の値を変えると，この方程式は図 4.17 の実線のような傾き V/U の平行な直線群を表す．したがって，式 (4.41) は，この直線群に平行なまっすぐな流れを表す．流れの速度成分は，

$$u = \frac{\partial \psi}{\partial y} = U, \quad v = -\frac{\partial \psi}{\partial x} = V \tag{4.43}$$

となって，いたるところで一定の大きさである．$u > 0$, $v > 0$ であるから，流れは図 4.17 の矢印の向きに流れる．このように，流れの向きと速度の大きさが流体内のいたるところで一定である流れを一様流 (uniform flow) という．

コーシー・リーマンの微分方程式 (4.39) に式 (4.43) を代入すると，

$$\frac{\partial \phi}{\partial x} = U, \quad \frac{\partial \phi}{\partial y} = V \tag{4.44}$$

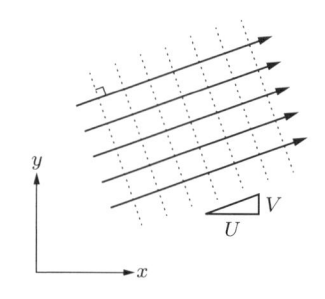

図 4.17 一様流（実線は流線，破線は等ポテンシャル線）

を得る．この 2 本の偏微分方程式を解けば速度ポテンシャル ϕ が得られる．式 (4.44) の第 1 式を x で積分すると，

$$\phi = Ux + f(y) \tag{4.45}$$

を得る．ここに，$f(y)$ は y の任意関数である．$f(y)$ は x に関する偏微分では定数であることに注意しよう．式 (4.45) を式 (4.44) の第 2 式に代入すると，

$$\frac{df}{dy} = V$$

を得る．これを積分すると，

$$f(y) = Vy + C \quad (C \text{ は任意定数})$$

となる．したがって，

$$\phi = Ux + Vy + C \tag{4.46}$$

を得る．速度ポテンシャルは，x, y で偏微分してはじめて速度成分という物理的意味をもつものであるから，定数 C の値は任意に選ぶことができる．そこで $C = 0$ とおく．式 (4.41) に定数項を含めなかったのも同じ理由からである．したがって，一様流の速度ポテンシャルは，

$$\phi = Ux + Vy \tag{4.47}$$

となる．等ポテンシャル線の方程式は $Ux + Vy = c'$ (c' は任意定数) で与えられる．これは，図 4.17 の破線のような，流線に直交する直線群を表す．

4.7.3 わき出しと吸い込み

流れ関数が

$$\psi = A \tan^{-1} \frac{y-b}{x-a} \quad (A, a, b \text{ は定数}) \tag{4.48}$$

で与えられる流れを考える．ただし $(x, y) \neq (a, b)$ とする．流線の方程式は，

$$A \tan^{-1} \frac{y-b}{x-a} = c \quad (c \text{ は任意定数}) \tag{4.49}$$

である．図 4.18 のように，流体内の定点 P(a, b) と任意の点 Q(x, y) をつなぐ線分 PQ の長さを r，x 軸の正の向きから反時計まわりに測った線分 PQ の角度を θ とすると，

$$x = a + r\cos\theta, \quad y = b + r\sin\theta \tag{4.50}$$

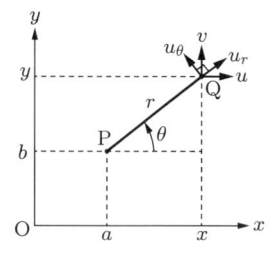

図 4.18　極座標 (r, θ)

が成り立つ．この関係を式 (4.49) に代入すると，

$$\theta = \frac{c}{A} = c' \quad (c' \text{ は任意定数}) \tag{4.51}$$

を得る．すなわち，流線の方程式は $\theta = (一定)$ となり，これは定点 P から放射状に伸びる直線群を表す．

流れの向きを調べるために速度成分を求めると，

$$u = \frac{\partial \psi}{\partial y} = \frac{A(x-a)}{r^2}, \qquad v = -\frac{\partial \psi}{\partial x} = \frac{A(y-b)}{r^2} \tag{4.52}$$

となる．図 4.18 のように線分 PQ に平行な速度成分 u_r と垂直な速度成分 u_θ を定義し，r が大きくなる向きを $u_r > 0$ とし，P を中心にして反時計まわりにまわる向きを $u_\theta > 0$ とする．このとき，(u_r, u_θ) と (u, v) の間には，

$$u_r = u\cos\theta + v\sin\theta, \qquad u_\theta = -u\sin\theta + v\cos\theta \tag{4.53}$$

という関係が成り立つ[1]．式 (4.53) に式 (4.52) を代入すると，

$$u_r = \frac{A}{r}, \qquad u_\theta = 0 \tag{4.54}$$

を得る．$A > 0$ のとき $u_r > 0$ であるから，流れは図 4.19(a) のように点 P から周囲に向かって放射状にわき出す．このような流れをわき出しといい，このとき点 P にはわき出し点 (source) があるという．$A < 0$ のときは $u_r < 0$ となり，流れは図 4.19(b) のように周囲から点 P に向かって流れ込む．このような流れを吸い込みといい，このとき点 P には吸い込み点 (sink) があるという．

---

[1] 図 4.18 の点 Q における速度を $\mathbf{U} = (u, v)$ とする．$\mathbf{U}$ と線分 $\overline{\mathrm{PQ}}$ のなす角を α とすると，$\mathbf{U}$ の $\overline{\mathrm{PQ}}$ に平行な成分 u_r は $u_r = |\mathbf{U}|\cos\alpha$ で与えられる．$\overline{\mathrm{PQ}}$ に平行で，u_r の正の向きを向く単位ベクトルを $\mathbf{e}_r$ とすると，$u_r = |\mathbf{U}||\mathbf{e}_r|\cos\alpha = \mathbf{U} \cdot \mathbf{e}_r$ となる．図 4.18 より，$\mathbf{e}_r = (\cos\theta, \sin\theta)$ であるから，式 (4.53) の第 1 式が得られる．次に，$\overline{\mathrm{PQ}}$ に垂直で，u_θ の正の向きを向く単位ベクトルを $\mathbf{e}_\theta$ とすると，$\mathbf{U}$ の $\overline{\mathrm{PQ}}$ に垂直な成分 u_θ は $u_\theta = \mathbf{U} \cdot \mathbf{e}_\theta$ で与えられる．$\mathbf{e}_\theta = (-\sin\theta, \cos\theta)$ であるから，式 (4.53) の第 2 式が得られる．

(a) わき出し　　　　　　(b) 吸い込み

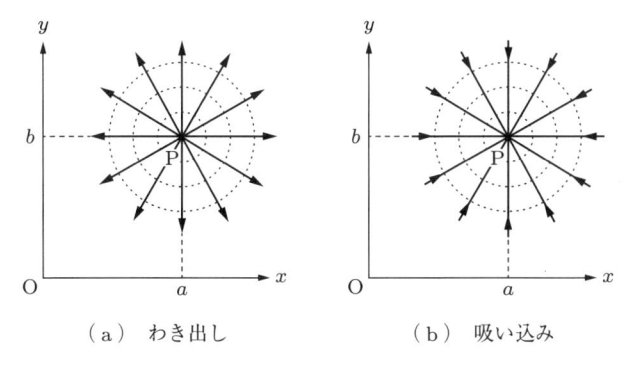

図 4.19 わき出しと吸い込み（実線は流線，破線は等ポテンシャル線）

わき出し点から放出される流体の体積流量，または，吸い込み点に吸い込まれる流体の体積流量を σ とすれば，それは質量保存の法則によってその点を囲む任意の閉曲線を通過する体積流量に等しい．閉曲線として点 P を中心とする半径 R の円 C を考えると，

$$\sigma = \oint_C u_r \, ds = \int_0^{2\pi} \frac{A}{R} R d\theta = 2\pi A \tag{4.55}$$

となる．このときの σ をわき出し点の強さまたは吸い込み点の強さという．$\sigma > 0$ のときはわき出し，$\sigma < 0$ のときは吸い込みを表す．σ を用いると流れ関数 ψ は，

$$\psi = \frac{\sigma}{2\pi} \tan^{-1} \frac{y-b}{x-a} = \frac{\sigma}{2\pi} \theta \tag{4.56}$$

のように表される．

コーシー・リーマンの微分方程式 (4.39) に式 (4.52) を代入すると，

$$\frac{\partial \phi}{\partial x} = \frac{A(x-a)}{r^2}, \quad \frac{\partial \phi}{\partial y} = \frac{A(y-b)}{r^2} \tag{4.57}$$

を得る．ここで，

$$\left. \begin{array}{l} r^2 = (x-a)^2 + (y-b)^2 \\ \dfrac{\partial r}{\partial x} = \dfrac{x-a}{r}, \quad \dfrac{\partial r}{\partial y} = \dfrac{y-b}{r} \end{array} \right\} \tag{4.58}$$

であることを利用すると，式 (4.57) の第 1 式は，

$$\frac{\partial \phi}{\partial x} = \frac{A}{r} \frac{\partial r}{\partial x} = \frac{\partial}{\partial x}(A \ln r)$$

となる．これより，

$$\phi = A \ln r + f(y) \quad (f(y) \text{ は } y \text{ の任意関数}) \tag{4.59}$$

を得る．式 (4.59) を式 (4.57) の第 2 式に代入し，関係 (4.58) を利用すると，

$$\frac{df}{dy} = 0$$

を得る．これより，$f(y) = C$（C は任意定数）であるから，

$$\phi = A \ln r + C$$

となる．ここで，$A = \sigma/(2\pi)$ であること，$C = 0$ とおいても一般性を失わないことを考慮すると，

$$\phi = \frac{\sigma}{2\pi} \ln r = \frac{\sigma}{2\pi} \ln \sqrt{(x-a)^2 + (y-b)^2} \tag{4.60}$$

を得る．等ポテンシャル線は，図 4.19 の破線のような $r = $（一定）の同心円になり，実線で示す流線に直交する．

4.7.4 二重わき出し

流体内の 2 点 P_1, P_2 にそれぞれ強さ σ と $-\sigma$ ($\sigma > 0$) のわき出し点と吸い込み点が，距離 2ε を隔てて置かれているとする．図 4.20(a) のように，P_1 と P_2 を結ぶ直線に一致させて x 軸を設け，線分 P_1P_2 の中点を原点とする．このとき P_1 と P_2 の座標はそれぞれ $(-\varepsilon, 0)$, $(\varepsilon, 0)$ である．点 P_1 のわき出し点がつくる流れの流れ関数 ψ_1 は式 (4.56) より，

$$\psi_1 = \frac{\sigma}{2\pi} \tan^{-1} \frac{y}{x+\varepsilon}$$

である．点 P_2 の吸い込み点がつくる流れの流れ関数 ψ_2 は，

$$\psi_2 = -\frac{\sigma}{2\pi} \tan^{-1} \frac{y}{x-\varepsilon}$$

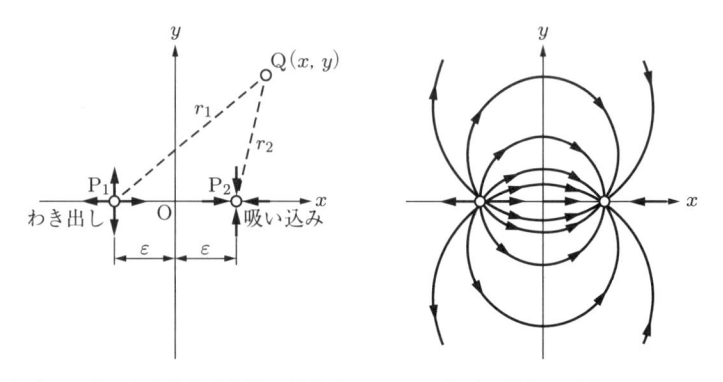

（a）一対のわき出し点と吸い込み点　　（b）流れのパターン

図 4.20 一対のわき出し点と吸い込み点が作る流れ

である．したがって，一組のわき出し点と吸い込み点がつくる流れの流れ関数は，解の重ね合わせによって，

$$\psi = \psi_1 + \psi_2 = -\frac{\sigma}{2\pi} \tan^{-1} \frac{2\varepsilon y}{x^2 + y^2 - \varepsilon^2} \tag{4.61}$$

となる．このとき逆正接関数の加法定理

$$\tan^{-1}\alpha - \tan^{-1}\beta = \tan^{-1}\frac{\alpha - \beta}{1 + \alpha\beta}$$

を利用した．

流線の方程式は，

$$-\frac{\sigma}{2\pi} \tan^{-1} \frac{2\varepsilon y}{x^2 + y^2 - \varepsilon^2} = c \quad (c \text{ は任意定数})$$

より

$$x^2 + \left(y + \varepsilon \cot \frac{2\pi c}{\sigma}\right)^2 = \varepsilon^2 \left(1 + \cot^2 \frac{2\pi c}{\sigma}\right) \tag{4.62}$$

となる[1]．$\varepsilon \cot(2\pi c/\sigma)$ は任意定数であるから，これを c' で表すと，式 (4.62) は，

$$x^2 + (y + c')^2 = \varepsilon^2 + c'^2$$

となる．これは，点 $(0, -c')$ を中心とし半径 $\sqrt{\varepsilon^2 + c'^2}$ の円を表す．この円は点 $P_1(-\varepsilon, 0)$, $P_2(\varepsilon, 0)$ を必ず通る．c' の値を変えると，流線は図 4.20(b) のような円群になる．

この流れの速度ポテンシャルは，式 (4.60) の重ね合わせによって，

$$\phi = \frac{\sigma}{2\pi}(\ln r_1 - \ln r_2) = \frac{\sigma}{2\pi} \ln \frac{r_1}{r_2} \tag{4.63}$$

で与えられる．r_1, r_2 はそれぞれ線分 P_1Q, P_2Q の長さである．

次に，わき出し点 P_1 と吸い込み点 P_2 の距離 2ε を限りなく 0 に近づけてみる．このとき，式 (4.61) において単に $\varepsilon \to 0$ とすると $\psi \to 0$ となる．また，$\varepsilon \to 0$ の極限において同じ有限の大きさのわき出し点と吸い込み点が重ね合わされると，流れが相殺されてしまい流れは生じない．そこで，このような無意味な解を排除するために，式 (4.61) を，

$$\tan \frac{2\pi\psi}{\sigma} = -\frac{2\varepsilon y}{x^2 + y^2 - \varepsilon^2}$$

のように変形し，$\mu = 2\varepsilon\sigma$ とおいて，

---

[1] $\cot \theta = 1/\tan \theta$ である．

を導く．ここで，μ を一定に保ちながら ε を限りなく 0 に近づける．このとき，$\sigma \to \infty$ である．数学公式

$$2\pi\psi \frac{\tan(2\pi\psi/\sigma)}{2\pi\psi/\sigma} = -\frac{\mu y}{x^2 + y^2 - \varepsilon^2} \tag{4.64}$$

$$\lim_{x \to 0} \frac{\tan x}{x} = 1$$

を利用すると，

$$\lim_{\sigma \to \infty} \frac{\tan(2\pi\psi/\sigma)}{2\pi\psi/\sigma} = 1$$

であるから，$\varepsilon \to 0$ ($\sigma \to \infty$) の極限において式 (4.64) は，

$$2\pi\psi = -\frac{\mu y}{x^2 + y^2}$$

となる．これより，$\varepsilon \to 0$ の極限における流れの流れ関数が，

$$\psi = -\frac{\mu}{2\pi} \frac{y}{x^2 + y^2} \tag{4.65}$$

のように求められる．流線の方程式は，

$$x^2 + \left(y + \frac{\mu}{4\pi c}\right)^2 = \left(\frac{\mu}{4\pi c}\right)^2 \quad (c \text{ は任意定数}) \tag{4.66}$$

である．これは，図 4.21 に実線で示した，y 軸上に中心を持ち，原点で x 軸に接する円群を表す．流れの速度成分は，

$$u = \frac{\partial \psi}{\partial y} = -\frac{\mu}{2\pi} \frac{x^2 - y^2}{(x^2 + y^2)^2}, \qquad v = -\frac{\partial \psi}{\partial x} = -\frac{\mu}{2\pi} \frac{2xy}{(x^2 + y^2)^2} \tag{4.67}$$

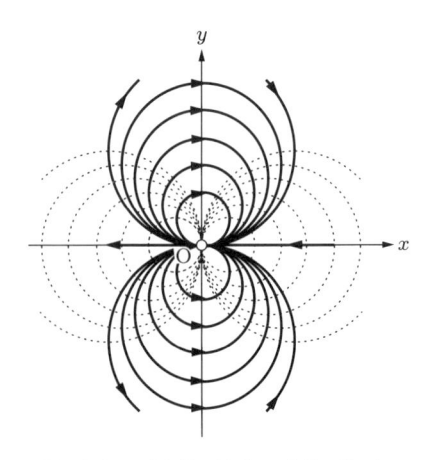

図 4.21 二重わき出し（実線は流線，破線は等ポテンシャル線）

となる．xy 平面上の各象限における u と v の正負を調べると，流れの向きが図 4.21 の矢印の向きになることがわかる．図 4.21 のような，同じ強さのわき出し点と吸い込み点が 1 点に重なった極限の流れを二重わき出しという[1]．そのような流れを誘起するわき出し点と吸い込み点の一対を，二重わき出し点 (ダブレット，doublet) という．μ を二重わき出し点の強さといい，P_2 から P_1 に向かう有向直線を二重わき出しの軸という．

コーシー・リーマンの微分方程式

$$\frac{\partial \phi}{\partial x} = -\frac{\mu}{2\pi}\frac{x^2-y^2}{(x^2+y^2)^2}, \quad \frac{\partial \phi}{\partial y} = -\frac{\mu}{2\pi}\frac{2xy}{(x^2+y^2)^2} \tag{4.68}$$

を解くと，二重わき出しの速度ポテンシャルが，

$$\phi = \frac{\mu}{2\pi}\frac{x}{x^2+y^2} \tag{4.69}$$

のように求められる．等ポテンシャル線は，図 4.21 の破線のような，x 軸上に中心をもち，原点で y 軸に接する円群である．

図 4.22 のように，二重わき出し点が (a,b) にあり，二重わき出しの軸が x 軸に対して α だけ傾いている場合の流れ関数と速度ポテンシャルは次式で与えられる．

$$\psi = -\frac{\mu}{2\pi}\frac{(y-b)\cos\alpha - (x-a)\sin\alpha}{(x-a)^2+(y-b)^2} \tag{4.70}$$

$$\phi = \frac{\mu}{2\pi}\frac{(x-a)\cos\alpha + (y-b)\sin\alpha}{(x-a)^2+(y-b)^2} \tag{4.71}$$

ただし，$(x,y) \neq (a,b)$ とする．

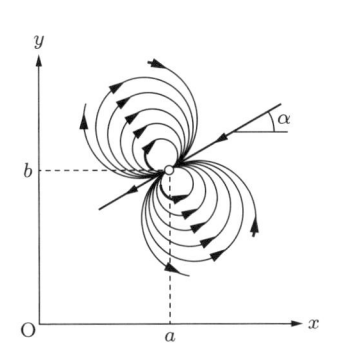

図 4.22　二重わき出し点 (a,b)，軸の傾き α の二重わき出し

---

[1] 複吹き出し，二重吹き出しとよぶこともある．

4.7.5 渦

流れ関数が，

$$\psi = A \ln \sqrt{(x-a)^2 + (y-b)^2} \quad (A, a, b は定数) \tag{4.72}$$

で与えられる流れを考える．ただし $(x,y) \neq (a,b)$ とする．

$$r = \sqrt{(x-a)^2 + (y-b)^2}$$

とおくと，r は流体内の定点 P(a,b) と任意の点 Q(x,y) の間の距離を表す（図 4.18 参照）．ψ が一定のとき r が一定であるから，流線は，図 4.23 の実線のような，点 P を中心とする同心円になる．流れの速度成分は，

$$u = \frac{\partial \psi}{\partial y} = \frac{A(y-b)}{r^2}, \quad v = -\frac{\partial \psi}{\partial x} = -\frac{A(x-a)}{r^2} \tag{4.73}$$

である．これを，式 (4.53) を用いて図 4.18 で定義した速度成分 u_r, u_θ に変換すると，

$$u_r = 0, \quad u_\theta = -\frac{A}{r} \tag{4.74}$$

となる．したがって，式 (4.72) の流れ関数は，$A > 0$ のときは点 P を中心とする時計まわりの流れ，$A < 0$ のときは点 P を中心とする反時計まわりの流れを表す．

点 P を中心とする半径 R の円周を閉曲線 C として，C に沿う循環 Γ を計算すると，

$$\Gamma = \oint_C u_\theta \, ds = \int_0^{2\pi} \left(-\frac{A}{R}\right) R \, d\theta = -2\pi A \tag{4.75}$$

となる．したがって，式 (4.72) は，

$$\psi = -\frac{\Gamma}{2\pi} \ln \sqrt{(x-a)^2 + (y-b)^2} \tag{4.76}$$

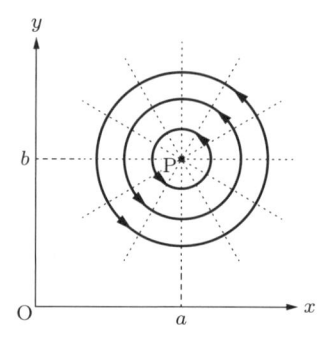

図 4.23 渦（実線は流線，破線は等ポテンシャル線）

のように書き直すことができる．循環は反時計まわりの流れのときに $\Gamma > 0$ である．

4.3 節において閉曲線 C に沿う循環は C が囲む領域に分布する渦度の総和に等しいことを述べた．図 4.23 の流れがあるとき $A \neq 0$ であるから，$\Gamma \neq 0$ である．それは，半径 R の円内に 0 ではない渦度が存在することを意味する．式 (4.73) を用いて渦度 ζ を計算すると，$(x, y) \neq (a, b)$ のとき $\zeta = 0$ であることがわかる．すなわち，流れの中心 P 以外のすべての点において渦度は 0 である．これは，流れの中心 P に渦度が集中していることを意味している．このような同心円の流線をもつ流れを渦 (vortex) といい[1]，円の中心の渦度が 0 ではない点を渦点 (vortex point) という．このときの循環 Γ を渦点の強さという．

渦の中心 P 以外のいたるところで非回転流れであるから，点 P を流体領域から除外すれば速度ポテンシャルを定義することができる．このとき，速度ポテンシャルは，

$$\phi = \frac{\Gamma}{2\pi} \tan^{-1} \frac{y-b}{x-a} = \frac{\Gamma}{2\pi} \theta \quad \left((x, y) \neq (a, b) \right) \tag{4.77}$$

で与えられる．

4.7.6 円柱まわりの流れ

図 4.24(a) に示す，x 軸に平行で速さ U (> 0) の一様流の流れ関数 ψ_1 は，

$$\psi_1 = Uy$$

で与えられる．図 4.24(b) に示す，強さ μ (> 0) の二重わき出し点を原点にもち，軸が x 軸に平行な二重わき出しの流れ関数 ψ_2 は，

$$\psi_2 = -\frac{\mu}{2\pi} \frac{y}{x^2 + y^2}$$

（a）一様流　　　（b）二重わき出し

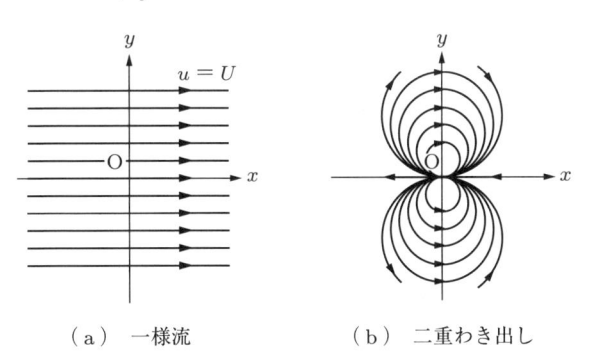

図 4.24 一様流と二重わき出しの重ね合わせ

---

[1] 図 4.23 のように，流れの中心に渦度が集中し，中心点以外のすべての点で渦度が 0 であるような渦を自由渦 (free vortex) という．

で与えられる．これらを重ね合わせた

$$\psi = \psi_1 + \psi_2 = Uy - \frac{\mu}{2\pi}\frac{y}{x^2+y^2} \tag{4.78}$$

が表す流れを考えてみよう．$\psi = 0$ の流線に注目すると，その流線の方程式は，

$$Uy - \frac{\mu}{2\pi}\frac{y}{x^2+y^2} = 0 \tag{4.79}$$

の解，すなわち $y = 0$ と $x^2 + y^2 = \mu/(2\pi U)$ で与えられる．前者は x 軸であり，後者は原点を中心とする半径 $\sqrt{\mu/(2\pi U)}$ の円である．流れが流線を横切ることはないから，流れは x 軸を対称軸にして上下対称である．さらに，円周を横切る流れは存在しないから，円の内部の流れと外部の流れは独立している．このことを踏まえて，コンピューターによる数値計算によってほかの流線を描くと図 4.25 が得られる．そこで，円の内部を覆い隠して円内の流れを無視すると，円の外部の流れは一様流中に置かれた円柱のまわりの流れを表すと考えることができる．円の半径を R とすれば $R = \sqrt{\mu/(2\pi U)}$ であるから，式 (4.78) は，

$$\psi = Uy\left(1 - \frac{R^2}{x^2+y^2}\right) \tag{4.80}$$

となる．式 (4.80) が，一様流中に置かれた半径 R の円柱のまわりの流れの流れ関数である．ただし，$x^2 + y^2 \geqq R^2$ とする．

流れの速度成分は，

$$\left.\begin{aligned} u &= \frac{\partial \psi}{\partial y} = U\left[1 - R^2\frac{x^2-y^2}{(x^2+y^2)^2}\right] \\ v &= -\frac{\partial \psi}{\partial x} = -UR^2\frac{2xy}{(x^2+y^2)^2} \end{aligned}\right\} \tag{4.81}$$

である．図 4.18 において，点 P を原点，点 Q を円柱表面上の点とみなせば，円柱表

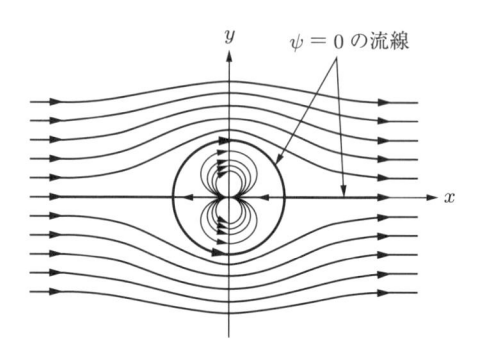

図 4.25 円柱まわりの流れの流線

面では $x = R\cos\theta$, $y = R\sin\theta$ が成り立つ．したがって，円柱表面での速度成分は，

$$u = U(1 - \cos 2\theta), \qquad v = -U\sin 2\theta \tag{4.82}$$

となる．円柱表面での速度の大きさを q とすれば，

$$q = \sqrt{u^2 + v^2} = 2U|\sin\theta| \tag{4.83}$$

である．これより，円柱表面に沿う速度の大きさは，$\theta = 0, \pi$ で 0 となり，$\theta = \pi/2, 3\pi/2$ で最大値 $2U$ になる．点 $(r, \theta) = (R, \pi)$ は 2.3 節で述べたよどみ点であり，これを前方よどみ点という．これに対して $(r, \theta) = (R, 0)$ の点を後方よどみ点という．

図 4.24 の一様流と二重わき出しの速度ポテンシャルを重ね合わせ，関係 $R = \sqrt{\mu/(2\pi U)}$ を用いて整理すると，

$$\phi = Ux\left(1 + \frac{R^2}{x^2 + y^2}\right) \tag{4.84}$$

を得る．これが，一様流中に置かれた半径 R の円柱のまわりの流れの速度ポテンシャルである．

演習問題

4.1 速度成分が次式で与えられる流れは，回転流れ，非回転流れのいずれであるかを調べよ．ただし，(a), (b) については $(x, y) \neq (0, 0)$ とする．

(a) $u = \dfrac{x}{x^2 + y^2}, \quad v = \dfrac{y}{x^2 + y^2}$

(b) $u = \dfrac{y^2 - x^2}{(x^2 + y^2)^2}, \quad v = \dfrac{-2xy}{(x^2 + y^2)^2}$

(c) $u = x^3 - 3xy^2, \quad v = y^3 - 3x^2 y$

(d) $u = 2xy, \quad v = -y^2$

4.2 速度が $(u, v) = (2x^2 + y^2 - x^2 y, x^3 + xy^2 - 4xy)$ で与えられる 2 次元流れのなかに，4 本の直線 $x = 1$, $x = 3$, $y = 1$, $y = 4$ で構成される閉曲線を考える．この閉曲線に沿う循環の値を，式 (4.11), (4.16) による二通りの方法で求めよ．

4.3 図 4.18 で定義した速度成分 u_r, u_θ が，

$$u_r = 0, \qquad u_\theta = Ar \quad (A \text{ は定数})$$

で与えられる，原点を中心として旋回する流れがある．この流れのなかに問図 4.1 のような円弧と半直線で構成される閉曲線 C を考えて，C に沿う循環を Γ とする．閉曲線が囲む領域の単位面積あたりの Γ の大きさを求めよ．

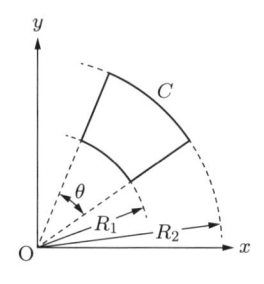

問図 4.1

4.4 図 4.13 において，$U_s = u\cos\theta + v\sin\theta$ が成り立つことを示せ．

4.5 式 (4.40) が調和関数であることを示せ．

4.6 座標変換（回転と平行移動）の考え方を利用して，式 (4.65) より式 (4.70) を導け．

4.7 演習問題 4.1 の (a)～(d) の流れについて，流れ関数 ψ を求めよ．

4.8 式 (1.24) を用いて，1本の流線に沿って流れ関数 ψ の値は一定であることを示せ．

4.9 速度ポテンシャルが $\phi = x^3 - 3xy^2$ で与えられる流れについて次の設問に答えよ．

(a) 流れの速度の x 成分 u と y 成分 v を求めよ．

(b) この流れは質量保存の法則を満たしていることを示せ．

(c) この流れの流れ関数 ψ を求めよ．

(d) 座標原点を通る流線の方程式を求め，流線を図示せよ．流線には流れの向きを記入せよ．

(e) xy 平面上の 2 点 A$(a,0)$，B$(0,b)$ を結ぶ線分 $\overline{\mathrm{AB}}$ を横切る流れの体積流量を求めよ．

4.10 問図 4.2 のような流路のなかの流れを考える．流れの速度ポテンシャルが $\phi = x^2 - y^2$ で与えられる．このとき，次の設問に答えよ．

(a) この流れは質量保存の法則を満たしていることを示せ．

(b) 流れの向きを示す矢印を図に記入せよ．さらにその向きであると判断した理由を述べよ．

(c) この流れの流れ関数 ψ を求めよ．

(d) 曲線で表された壁上の任意の点の座標を (x_w, y_w) とする．流路内の流れの体積流量 Q と座標 (x_w, y_w) の関係を示せ．

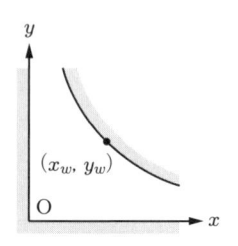

問図 4.2

問図 4.3

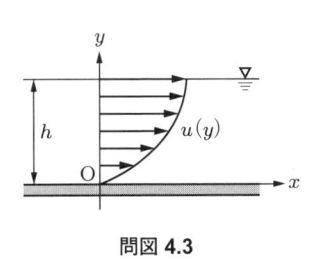

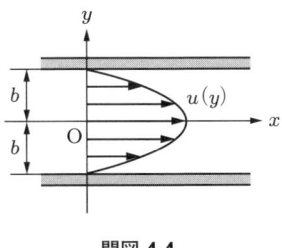

問図 4.4

4.11 問図 4.3 のような平板上の水膜（一定厚さ h）の流れを考える．流れの速度成分が

$$u = U\left(\frac{y}{h}\right)\left(2 - \frac{y}{h}\right), \quad v = 0$$

で与えられる．このとき，次の設問に答えよ．
(a) この流れは質量保存の法則を満たしているか．理由を付けて答えよ．
(b) 平板にはたらくせん断応力 τ の大きさと作用する向きを答えよ．流体の粘性係数を μ とする．
(c) 流れ関数 ψ を求めよ．
(d) 流れの体積流量 Q を求めよ．
(e) 渦度 ζ を求めよ．

4.12 問図 4.4 のような 2 枚の平行平板の間（間隔 $2b$）の非圧縮性流れを考える．流れの速度成分は，

$$u = U\left[1 - \left(\frac{y}{b}\right)^2\right], \quad v = 0$$

で与えられる．このとき，次の設問に答えよ．
(a) この流れは質量保存の法則を満たしているか．理由を付けて答えよ．
(b) 流れ関数 ψ を求めよ．
(c) 平板間の流れの体積流量 Q を求めよ．
(d) この流れに速度ポテンシャルは存在するか．存在する場合は速度ポテンシャル ϕ を求めよ．存在しない場合はその理由を述べよ．

4.13 流れの速度の x 成分が $u = x^2 - y$ で与えられる 2 次元非圧縮性流れについて，次の設問に答えよ．
(a) 流れの速度の y 成分 v を求めよ．ただし，$y = 0$ で $v = 0$ とする．
(b) 流れ関数 ψ を求めよ．
(c) 原点を通る流線の方程式を求め，その流線を図示せよ．流線には流れの向きを記入せよ．
(d) 原点と点 $(0, 2)$ の間を通過する流れの体積流量 Q を求めよ．
(e) この流れに速度ポテンシャルは存在するか．存在する場合は速度ポテンシャル ϕ を求めよ．存在しない場合はその理由を述べよ．

4.14 流れ関数が $\psi = x^3 - 3y$ で与えられる 2 次元流れについて次の量を求めよ.

(a) 速度の x 成分と y 成分

(b) 加速度の x 成分と y 成分

(c) 渦度

4.15 渦潮のモデルとして吸い込みと渦を重ね合わせた流れを考える. 吸い込み点と渦点は座標原点にあり, 吸い込み点の強さを σ, 渦点の強さを Γ とする. 次の設問に答えよ.

(a) 流れ関数を示せ.

(b) 流れの速度成分 (u, v) を求めよ.

(c) $\sigma = -100 \text{ m}^2/\text{s}$, $\Gamma = -600 \text{ m}^2/\text{s}$ のとき, $\psi = 0$ の流線を図示せよ. 流線には流れの向きを記入せよ.

4.16 x 軸の正方向に向かう速さ U の一様流と, 原点に置かれた強さ σ のわき出しを重ね合わせた流れについて, 次の設問に答えよ.

(a) 流れ関数を示せ.

(b) 流れの速度成分 (u, v) を求めよ.

(c) よどみ点の座標を求めよ.

(d) $U = 30 \text{ m/s}$, $\sigma = 150 \text{ m}^2/\text{s}$ のとき, よどみ点を通る流線を図示せよ. この流線の形状から, このモデルはどのような流れを表しているかを説明せよ.

第5章 ベルヌーイの式とその応用

5.1 一般化されたベルヌーイの式

非粘性流体の2次元ポテンシャル流れの解析の手順を復習しておこう．
① 2次元ラプラス方程式を解くか，または既知の調和関数を組み合わせて速度ポテンシャル $\phi(x,y)$ または流れ関数 $\psi(x,y)$ を求める．
② $\phi(x,y)$ または $\psi(x,y)$ を x と y でそれぞれ偏微分して流れの速度成分 u, v を求める．
③ ②で求めた速度成分をオイラー方程式に代入し，圧力 p に関する偏微分方程式

$$\frac{\partial p}{\partial x} = \rho\left(X - \frac{Du}{Dt}\right), \qquad \frac{\partial p}{\partial y} = \rho\left(Y - \frac{Dv}{Dt}\right) \tag{5.1}$$

を導く．これを解いて p を求める．

以上の手順を行えば，流れのパターンや圧力分布，流れのなかに置かれた物体にはたらく力を知ることができる．しかし，上の手順③において，圧力の偏微分方程式をそのつど解くのは面倒である．もし，あらかじめ式 (5.1) を積分して圧力を求めやすい形にしておくことができれば便利である．そこで，式 (5.1) の積分を考えてみよう．

式 (5.1) の第1式に注目する．密度 ρ は一定とする．両辺を ρ で割り，Du/Dt を展開すると，

$$\frac{\partial}{\partial x}\left(\frac{p}{\rho}\right) = X - \frac{\partial u}{\partial t} - u\frac{\partial u}{\partial x} - v\frac{\partial u}{\partial y} \tag{5.2}$$

となる．外力 X を力のポテンシャル Ω で表し，右辺第2項の u を速度ポテンシャル ϕ で表すと，

$$X = -\frac{\partial \Omega}{\partial x}, \qquad \frac{\partial u}{\partial t} = \frac{\partial}{\partial t}\left(\frac{\partial \phi}{\partial x}\right) = \frac{\partial}{\partial x}\left(\frac{\partial \phi}{\partial t}\right) \tag{5.3}$$

となる．非回転の条件によって $\partial u/\partial y = \partial v/\partial x$ であるから，これを式 (5.2) の右辺第4項に適用すると，右辺第3，第4項を，

$$-u\frac{\partial u}{\partial x} - v\frac{\partial u}{\partial y} = -\frac{\partial}{\partial x}\left[\frac{1}{2}(u^2+v^2)\right] \tag{5.4}$$

のようにまとめることができる．式 (5.3), (5.4) を式 (5.2) に代入すると，式 (5.1) の第 1 式は，

$$\frac{\partial}{\partial x}\left(\frac{\partial \phi}{\partial t} + \frac{1}{2}q^2 + \frac{p}{\rho} + \Omega\right) = 0 \tag{5.5}$$

のように変形される．ここに，$q^2 = u^2 + v^2$ である．同様にして，式 (5.1) の第 2 式は，

$$\frac{\partial}{\partial y}\left(\frac{\partial \phi}{\partial t} + \frac{1}{2}q^2 + \frac{p}{\rho} + \Omega\right) = 0 \tag{5.6}$$

となる．式 (5.5), (5.6) より，( ) 内は x, y に依らない時間 t のみの関数である．そこで，$C(t)$ を t の任意関数とすれば，

$$\frac{\partial \phi}{\partial t} + \frac{1}{2}q^2 + \frac{p}{\rho} + \Omega = C(t) \tag{5.7}$$

を得る．これを，一般化されたベルヌーイの式 (generalized Bernoulli's equation) という．流体内の圧力を求めるために使われることが多いので，圧力方程式 (pressure equation) ともよばれる．2.3 節で導いたベルヌーイの式 (2.5) は，定常流れで成立するものであったが，一般化されたベルヌーイの式 (5.7) は非定常流れでも成立する．また，式 (5.7) は非回転流れでしか成立しないが，式 (2.5) は回転流れでも成立する．

定常流れのベルヌーイの式は，式 (5.7) において $\partial \phi/\partial t = 0$, $C(t) = C$(定数) とすればよく，

$$\frac{1}{2}q^2 + \frac{p}{\rho} + \Omega = C \tag{5.8}$$

となる．このとき C は位置に依らない定数であるから，C は流体内のいたるところで共通である．これは，1 本の流線上でのみ C が共通である式 (2.5) と大きく異なる点である．式 (2.5) と式 (5.7) の違いは次のように理解するとよい．流れが定常回転流れであるとき，式 (5.8) の定数 C は 1 本の流線に沿って共通であり，流線が異なれば C の値は変わる．一方，流れが定常非回転流れであれば，定数 C は流体内のいたるところで共通の値をもつ．ただし，この場合，流体は同一の流体でなければならない．密度の異なる異種流体間では C の値は異なる．

非定常流れの解析において式 (5.7) を用いるとき，任意関数 $C(t)$ を次のようにして消去することができる．

$$\phi' = \phi - \int_0^t C(\tau)\,d\tau \tag{5.9}$$

によって関数 $\phi'(x,y,t)$ を定義すると，

$$\frac{\partial \phi'}{\partial x} = \frac{\partial \phi}{\partial x} = u, \quad \frac{\partial \phi'}{\partial y} = \frac{\partial \phi}{\partial y} = v$$

であるから，ϕ' もまた速度ポテンシャルである．そこで，ϕ' を用いて式 (5.7) を書き直すと，

$$\frac{\partial \phi'}{\partial t} + \frac{1}{2} q^2 + \frac{p}{\rho} + \Omega = 0 \tag{5.10}$$

となって，$C(t)$ が式に現れなくなる．このとき，速度ポテンシャルを ϕ から ϕ' へ変換しても流れの速度分布には何の影響も与えない．式 (5.10) も一般化されたベルヌーイの式であり，非定常流れの解析で用いられる．

流れの領域が長方形や円形のような単純な形状の場合には，ラプラス方程式の解を解析的に求めることができる．しかし，現実の流れの領域は複雑な形状の境界をもつ場合が多い．このような場合，解析的に解を求めることは無理であり，コンピューターを用いる数値解析 (numerical analysis) に頼らざるをえない．数値解析による流れの計算例を紹介することは本書の範囲を超えるので，本書では扱わない．ここでは，ラプラス方程式を解く代わりに 4.7 節で紹介した調和関数が表す流れを用いて，ベルヌーイの式の使用例を見ることにしよう．

5.2　一様流中の円柱にはたらく力

5.2.1　円柱が静止している場合

一様流のなかに置かれた静止円柱に流れが及ぼす力を求めてみる．力のもとは圧力であるから円柱表面の圧力分布を求めなければならない．

図 5.1 のように，円柱の上流の一様流中に点 A を設け，そこでの流速を U，圧力を p_∞ とする．円柱表面上の任意の点を B とし，そこでの流速を q，圧力を p とする．外力として重力を考えて，図 5.1 は重力に垂直な水平面内の流れを表しているとすれば，2 点 A，B における力のポテンシャル Ω の大きさは等しい．そこで，ベルヌーイの式 (5.8) を 2 点 A，B に適用すると，定数 C が共通であることより，

$$\frac{1}{2} q^2 + \frac{p}{\rho} = \frac{1}{2} U^2 + \frac{p_\infty}{\rho} \tag{5.11}$$

を得る．円柱表面での流速 q は式 (4.83) で与えられる．これを代入すると，

$$p = p_\infty + \frac{1}{2} \rho U^2 (1 - 4\sin^2 \theta) \tag{5.12}$$

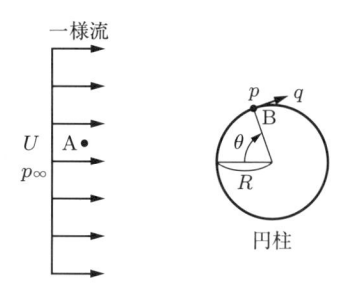

図 5.1 一様流中に置かれた円柱

を得る.ただし,角度 θ の取り方が図 5.1 のように変更されていることに注意していただきたい.これは,円柱表面の圧力分布を表示するとき,前方よどみ点を $\theta = 0$ とする習慣によるものである.しかし,θ の取り方が変わっても式 (4.83) の形は変わらない.流体力学ではしばしば物理量を無次元化して議論するが,圧力も

$$C_p = \frac{p - p_\infty}{\frac{1}{2}\rho U^2} \tag{5.13}$$

で定義される無次元の圧力係数 C_p で議論することが多い.式 (5.13) の p に式 (5.12) を代入すると

$$C_p = 1 - 4\sin^2\theta \tag{5.14}$$

を得る.この式より円柱の上面 ($0° \leq \theta \leq 180°$) と下面 ($180° \leq \theta \leq 360°$) の圧力分布は同一であることがわかる.上面の圧力分布を図示すると図 5.2 になる.C_p は $\theta = 0°$ (前方よどみ点) と $\theta = 180°$ (後方よどみ点) で最大値 1 をとり,$\theta = 90°$ で最小値 -3 をとる.

流れが円柱に及ぼす力を図 5.3 のように流れに垂直な成分 L と流れに平行で流れ

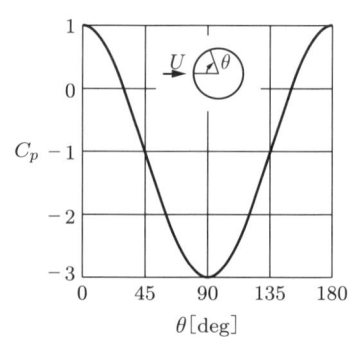

図 5.2 静止円柱表面の圧力分布

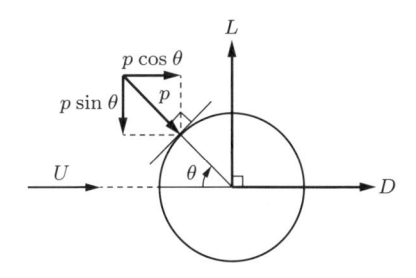

図 5.3 揚力 L と抗力 D

の向きにはたらく成分 D に分解するとき，L を揚力 (lift)，D を抗力 (drag) という．これらの力は，円柱表面にはたらく圧力の，流れに垂直な成分と流れに平行な成分をそれぞれ円柱表面に沿って積分すれば求められる．R を円の半径とし，図 5.3 を参照しつつ式 (5.12) を用いて計算すると，

$$\left. \begin{array}{l} L = \displaystyle\int_0^{2\pi} (-p\sin\theta) R \, d\theta = 0 \\ D = \displaystyle\int_0^{2\pi} p\cos\theta \, R \, d\theta = 0 \end{array} \right\} \quad (5.15)$$

となる．揚力が 0 になることは，円柱表面の圧力分布が上下対称であることから推測できる．しかし，流れのなかに置かれた物体に抗力（すなわち，物体を押し流そうとする力）がはたらかないという結果は不自然である．これは非粘性を仮定したことによるものである．この仮定によって流体と物体の間には摩擦が生じない．このため，円柱のまわりの流れのパターンは図 4.25 のように y 軸の左右で対称となる．その結果，円柱の表面に作用する圧力の分布形も図 5.2 のように $\theta = 90°$ の線の左右で対称になり，$0 \leqq \theta \leqq 90°$ の部分にはたらく力と $90° \leqq \theta \leqq 180°$ の部分にはたらく力が互いに打ち消し合うために抗力が 0 になる．理想流体の定常一様流中に置かれた物体に抗力がはたらかないという非現実的な帰結をダランベールのパラドックス (d'Alembert's paradox) という．

5.2.2 円柱が回転する場合

一様流中に置かれた図 5.1 の円柱が，円の中心を通って紙面に垂直な軸を中心にして時計まわりに回転する場合を考える．このとき，実際の流れにおいては流体の粘性によって，回転する円柱の表面に引きずられるように円柱の周囲を旋回する流れが生じる．そこで，このような回転する円柱のまわりの流れを，一様流中に置かれた静止円柱まわりの流れ (図 5.4(a)) と，円の中心に置かれた渦点がつくる時計まわりの渦 (図 5.4(b)) の重ね合わせで表現する．

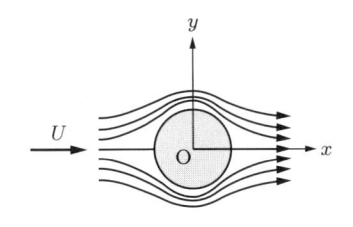

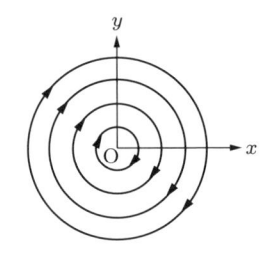

(a) 静止円柱まわりの流れ　　(b) 原点に置かれた渦点がつくる流れ

図 5.4 一様流中で回転する円柱のまわりの流れの合成

図 5.4(a) の流れは，4.7.6 項で述べたように一様流と二重わき出しの重ね合わせで表現することができる．その流れの流れ関数 ψ_1 は，式 (4.80) より，

$$\psi_1 = Uy\left(1 - \frac{R^2}{x^2 + y^2}\right) \tag{5.16}$$

で与えられる．図 5.4(b) の渦の流れ関数を ψ_2 とし，渦点の強さを Γ とすれば，

$$\psi_2 = -\frac{\Gamma}{2\pi}\ln\frac{\sqrt{x^2+y^2}}{R} \tag{5.17}$$

である．ここで，円柱表面 ($x^2 + y^2 = R^2$) において $\psi_1 = 0$ であるから，円柱表面において $\psi_2 = 0$ となるように式 (4.76) の流れ関数に定数 $(\Gamma/2\pi)\ln R$ を付加した．Γ は流れが反時計まわりのときに正値をとるから，式 (5.17) において $\Gamma < 0$ である．

式 (5.16)，(5.17) より，一様流中で回転する円柱のまわりの流れの流れ関数 ψ は，

$$\psi = \psi_1 + \psi_2 = Uy\left(1 - \frac{R^2}{x^2+y^2}\right) - \frac{\Gamma}{2\pi}\ln\frac{\sqrt{x^2+y^2}}{R} \tag{5.18}$$

で与えられる．最初に，円柱まわりの流れのパターンを調べよう．4.7.6 項と同様に $\psi = 0$ の流線に注目すると，式 (5.18) より円柱表面 $x^2 + y^2 = R^2$ がその流線の一部であることは明らかである．われわれは円柱の外部の流れに関心があるから，内部 ($x^2 + y^2 < R^2$) の流れは無視するものとする．4.7.6 項で導かれた $y = 0$ の流線に相当する流線を調べるために流れのよどみ点の位置を求めてみる．式 (5.18) より速度成分 (u, v) を求め，さらに式 (4.53) を用いて図 4.18 で定義した速度成分 (u_r, u_θ) に変換すると，

$$u_r = U\cos\theta\left(1 - \frac{R^2}{r^2}\right), \quad u_\theta = -U\sin\theta\left(1 + \frac{R^2}{r^2}\right) + \frac{\Gamma}{2\pi r} \tag{5.19}$$

を得る．このとき，図 4.18 において点 P を原点，点 Q を流体内の 1 点と見なして，$r = \sqrt{x^2 + y^2}$，$x = r\cos\theta$，$y = r\sin\theta$ が成り立つことを利用した．円柱表面での速度成分は，$r = R$ とおくことによって

$$u_r = 0, \qquad u_\theta = -2U\sin\theta + \frac{\Gamma}{2\pi R} \tag{5.20}$$

となる．よどみ点は流速が 0 になる点で，通常は円柱表面上に存在するから，式 (5.20) の第 2 式より，

$$u_\theta = -2U\sin\theta + \frac{\Gamma}{2\pi R} = 0$$

を満たす θ がよどみ点の位置を与える．この式を整理すると，

$$\sin\theta = \frac{\Gamma}{4\pi UR} = -\frac{|\Gamma|}{4\pi UR} \tag{5.21}$$

となる．$|\sin\theta| \leq 1$ であるから，この方程式の解は $|\Gamma|/(4\pi UR)$ と 1 の大小関係によって三つの場合に分けられる．

(a) $|\Gamma|/(4\pi UR) < 1$ の場合

このとき，方程式 (5.21) は二つの異なる解 θ_1, θ_2 をもつ．そして，$\sin\theta < 0$ であるから，θ_1 と θ_2 はいずれも π と 2π の間に存在する．このときの流線を描くと図 5.5(a) のようになる．図中の黒丸がよどみ点である．

(b) $|\Gamma|/(4\pi UR) = 1$ の場合

このとき，方程式 (5.21) は $\sin\theta = -1$ となるから，解は $\theta = 3\pi/2$ の一つだけである．このときの流線のパターンは図 5.5(b) のようになる．

(c) $|\Gamma|/(4\pi UR) > 1$ の場合

このとき，方程式 (5.21) の解は存在しない．すなわち，円柱表面によどみ点は存在しない．そこで，式 (5.19) を用いて $u_r = u_\theta = 0$ となる r と θ を求めると，

$$r = \frac{-\Gamma}{4\pi U} + \sqrt{\left(\frac{\Gamma}{4\pi U}\right)^2 - R^2}, \quad \theta = \frac{3}{2}\pi \tag{5.22}$$

を得る．第 1 式より $r > R$ であることがわかる．したがって，この場合のよどみ点は円柱表面から離れた流体内に存在し，流線のパターンは図 5.5(c) のように

（a） $\dfrac{|\Gamma|}{4\pi UR} < 1$ （b） $\dfrac{|\Gamma|}{4\pi UR} = 1$ （c） $\dfrac{|\Gamma|}{4\pi UR} > 1$

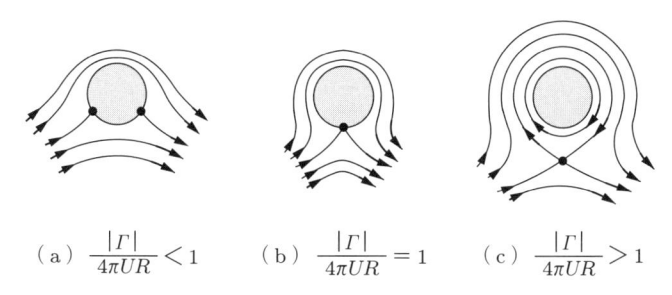

図 5.5 一様流中で回転する円柱のまわりの流線（●はよどみ点）

次に，円柱表面に作用する圧力の分布を調べてみよう．円柱表面上の任意の点に作用する圧力を p とする．この点と一様流中の任意の 1 点にベルヌーイの式を適用すると，

$$\frac{1}{2}u_\theta^2 + \frac{p}{\rho} = \frac{1}{2}U^2 + \frac{p_\infty}{\rho} \tag{5.23}$$

を得る．このとき，力のポテンシャルは 5.2.1 項と同じ理由により無視する．式 (5.20) の第 2 式を代入して p を求めると，

$$p = p_\infty + \frac{1}{2}\rho U^2 \left[1 - \left(\frac{\Gamma}{2\pi UR} - 2\sin\theta\right)^2\right] \tag{5.24}$$

を得る．このとき，5.2.1 項で述べたように，前方よどみ点を $\theta = 0$ とするように θ を変更した．式 (5.24) より，圧力係数 C_p は

$$C_p = 1 - \left(\frac{\Gamma}{2\pi UR} - 2\sin\theta\right)^2 \tag{5.25}$$

となる．例として，$\Gamma/(2\pi UR) = -1.0$ の場合について円柱の上面と下面の圧力分布を図示すると図 5.6 を得る．

図中，実線は上面に沿う圧力分布，破線は下面に沿う圧力分布を示す．この図より，上面は下面よりも圧力が低いことがわかる．円柱が時計まわりに回転すると，上面では一様流と渦の向きが同じであるから流れの速さは U よりも速くなる．一方，下面では一様流と渦の向きが逆であるから流れの速さは U よりも遅くなる．この結果，上面は下面よりも圧力が低くなる．このように，一様流中に置かれた円柱が回転すると上面と下面の間に圧力差が生じ，その結果円柱には一様流に直交する方向に揚力がはたらく．これをマグヌス効果 (Magnus effect) という．

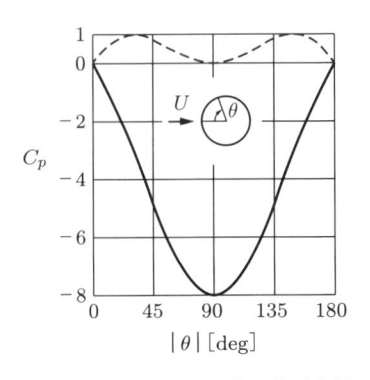

図 5.6 一様流中で回転する円柱の表面の圧力分布（実線は上面，破線は下面）

(a) 直球　　　　　　　(b) フォークボール

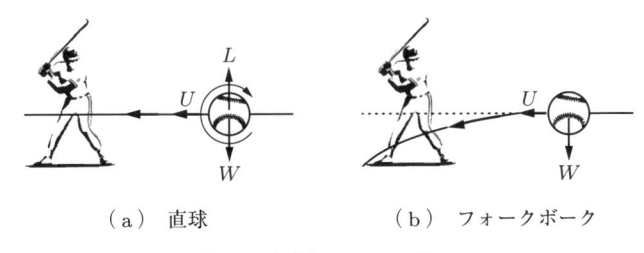

図 5.7 直球とフォークボール

　野球の変化球はこのマグヌス効果によって説明することができる．投手がボールにバックスピン（図 5.4(b) の向きの回転）を与えて投げると，ボールには上向きに揚力 L がはたらく．この揚力とボールの重量 W がつり合うと，見かけ上ボールには鉛直方向に力がはたらかないことになるから，ボールは図 5.7(a) のように地面に向かって落下することなくまっすぐな軌跡を描く．これが直球である．一方，ボールに回転を与えずに投げると，ボールは図 5.7(b) のように重力の影響で放物線を描いて地面に落下するように飛行する．これがフォークボールである．

　式 (5.15) と同様にして揚力 L と抗力 D を計算すると，

$$L = -\rho U \varGamma, \qquad D = 0 \tag{5.26}$$

となる．第 2 式はダランベールのパラドックスを表している．第 1 式において，円柱が時計まわりに回転する場合は $\varGamma < 0$ であるから，$L > 0$ である．$\varGamma$ を循環といいかえると，第 1 式が表す内容を次のようにまとめることができる．密度 ρ の流体の一様流速 U の流れのなかに置かれた物体のまわりに大きさ $\varGamma$ の循環が存在すると，その物体には $-\rho U \varGamma$ の大きさの揚力がはたらく．これをクッタ・ジューコフスキーの定理 (Kutta-Joukowskii theorem) という．この定理は，8.3.2 項で説明するように，航空機の翼に揚力が生じることの理論的根拠になっている．

5.3　定常流れのベルヌーイの式の応用

　ベルヌーイの式は流れのなかの圧力分布を求めるために補助的に用いられるだけではない．ベルヌーイの式を用いて，さまざまな流体現象を説明したり，流速測定の原理を導くことができる．ベルヌーイの式は，流体力学の理論のなかで最も有用な式の一つであるといっても過言ではない．そのベルヌーイの式の応用を本節と次節で考えてみよう．本節では定常流れのベルヌーイの式 (5.8) の応用を扱い，次節で一般化されたベルヌーイの式 (5.7) の応用を扱う．その際，外力として重力のみを考える．鉛直上向きに y 軸を設け，$y = 0$ を力のポテンシャルの基準位置とすれば，$\varOmega = gy$（g

5.3.1 貯槽からの液体の流出

図 5.8 に示す大きな貯槽に深さ h の液体が貯えられている．貯槽の底には液体の深さに比べて十分小さい直径の穴があいており，そこから液体が流出している．液体の流出による液体の深さの変化は無視できるほど小さいと仮定する．このときの液体が流出する速さ V_out を求めてみよう．

図のように，液面の任意の位置に点 A をとり，液体が流出する穴の中心に点 B をとる．点 A, B においてベルヌーイの式 (5.8) を立てると，

$$\frac{p_\mathrm{atm}}{\rho} + gy_\mathrm{A} = \frac{1}{2}V_\mathrm{out}^2 + \frac{p_\mathrm{atm}}{\rho} + gy_\mathrm{B}$$

を得る．ここに，p_atm は大気圧，y_A, y_B はそれぞれ外力のポテンシャルの基準位置から測った点 A, B の高さである．液面の高さの変化を無視するから，点 A では $q = 0$ である．上式を V_out について解くと，

$$V_\mathrm{out} = \sqrt{2g(y_\mathrm{A} - y_\mathrm{B})} = \sqrt{2gh} \tag{5.27}$$

を得る．これをトリチェリの公式 (Torricelli's formula) という．液体が流出する速さは液体の深さの平方根に比例する．

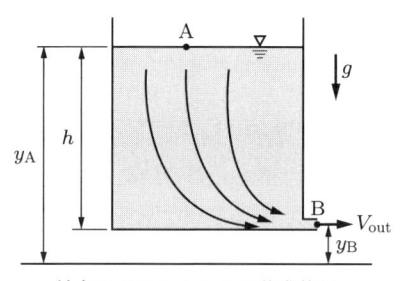

図 5.8 貯槽底の小さい穴からの液体の流出

5.3.2 ピトー静圧管

図 5.9 のように，先端と側面に小孔のあいた管を考える．これを，速さ U の一様流のなかに流れに平行に置く．図中の A と B の孔は管内に流体が流れ込まないぐらいに十分小さいとする．このとき，A はよどみ点になる．一般に流れのなかに管をおくとそれによって流れが乱され，管の周辺の流速は一様流速 U とは異なるが，管全体が十分細く，点 B が管の先端に近くなければ B 付近の流れは管に平行で，その速

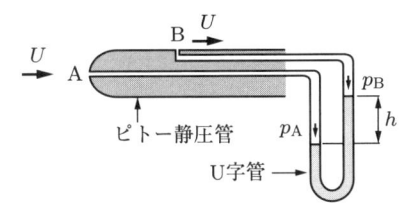

図 5.9 ピトー静圧管

さは U に等しいと考えることができる．そこで，A と B でベルヌーイの式 (5.8) を立てると，

$$\frac{1}{2}U^2 + \frac{p_B}{\rho} = \frac{p_A}{\rho} \tag{5.28}$$

を得る．ここで，管が十分細いことから A と B の高低差は無視する．式 (5.28) より，

$$U = \sqrt{\frac{2(p_A - p_B)}{\rho}} \tag{5.29}$$

を得る．これより A と B の間の圧力差 $p_A - p_B$ を測定すれば流れの速さを知ることができる．このような管をピトー静圧管 (Pitot-static tube) という．A はよどみ点であるから，p_A は全圧である．そこで，A の孔を全圧測定孔という．これに対して B の孔を静圧測定孔という．風洞実験などでピトー静圧管を用いる場合，圧力差の測定には U 字管や 10.1.1 項で紹介する液柱圧力計が用いられる．JIS で定められた標準型ピトー静圧管を図 10.14 に示す．

ピトー静圧管は航空機の飛行速さを測定するために用いられる[1]．このとき，圧力差の測定には航空機独特の方法が用いられる．たとえば，ジェット機のような高速で飛行する航空機の場合は，空気の圧縮性による補正を行わなければならないため，ピ

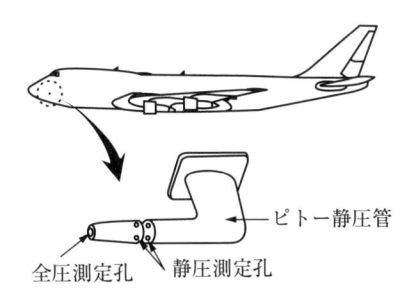

図 5.10 大型旅客機に取り付けられるピトー静圧管

---

[1] 航空機の飛行速さには対気速さ (air speed) と対地速さ (ground speed) の 2 種類がある．前者は航空機のまわりの気流に対する相対速さであり，後者は地面に対する速さである．ピトー静圧管で測定されるのは対気速さである．

ト一静圧管からのデータを直接コンピューターで処理し，その結果を操縦室の速度計に送っている．ピトー静圧管の取り付け位置は機種によって異なる．軽飛行機のような小型機では主翼の翼端に取り付けられる場合が多いが，旅客機のような大型機では機体の前方，操縦室の下付近（図5.10参照）に取り付けられる．

5.3.3 いくつかの身近な現象

（1）引き合う2枚の紙

図5.11(a)のように，2枚の紙を離してつるし，2枚の紙の間の空間に空気を吹き込む．すると，紙は図5.11(b)のように互いに引き合うように近づく動きを示す．この現象をベルヌーイの式(5.8)を使って説明してみよう．

図5.11(c)のように，紙の近傍に同じ高さの点A, B, C, Dを考える．2枚の紙の間に息を吹き込むと，その空気の流れに引きずられるように点B, Cに流れが生じる．一方，紙の外側の点A, Dの空気は静止していると考えてよい．そこで，各点での空気の流速qと圧力pを下付き添字A, B, C, Dを付けて表すことにすれば，$q_A < q_B$, $q_C > q_D$である．したがって，AとB, CとDで立てたベルヌーイの式

$$\frac{1}{2}q_A^2 + \frac{p_A}{\rho} = \frac{1}{2}q_B^2 + \frac{p_B}{\rho}, \qquad \frac{1}{2}q_C^2 + \frac{p_C}{\rho} = \frac{1}{2}q_D^2 + \frac{p_D}{\rho}$$

より，$p_A > p_B$, $p_C < p_D$となる．2枚の紙はそれぞれA→B, D→Cの向きに力を受けるから，2枚の紙は互いに近づくように動く．

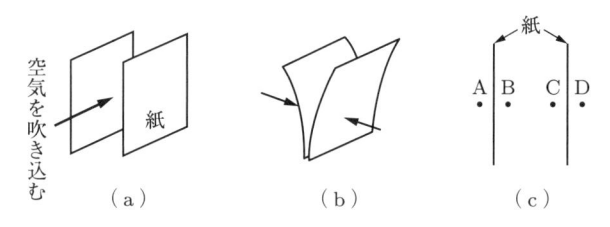

図5.11 互いに引き合う2枚の紙

（2）落ちない卓球ボール

図5.12(a)のような管（たとえば，ストロー）を使って上向きの気流をつくり，その流れの中心に卓球ボールを入れる．適当な速さの気流をつくると，ボールは気流のなかで安定して浮き続ける．このときのボールの周囲の流れを考えてみよう．

図5.12(b)のように，同じ高さで，気流の外側に点A, 気流内に点Bを設定する．前項のように流速qと圧力pに下付き添字A, Bを付けて表すことにすれば，$q_A < q_B$であるから，ベルヌーイの式(5.8)より$p_A > p_B$となる．したがって，AからBに向かって力がはたらく．これはボールの周囲のどこで考えても同じである

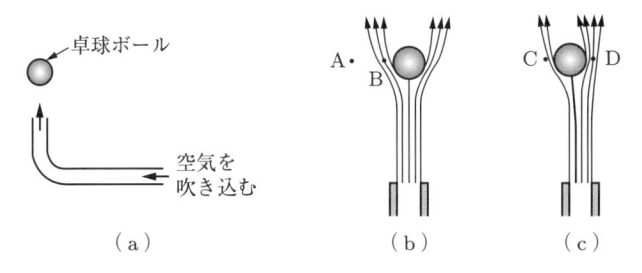

図 5.12 上昇気流のなかの卓球ボール

から，気流の外側からボールに向かって，ボールを気流の中心に押しとどめる力がはたらく．この力によってボールは安定して気流中にとどまることができる．

次に，管をゆっくり左右に動かしてみる．このときもボールは管の動きに追従して気流中にとどまり続ける．図5.12(b)の状態から管が右に動いて図5.12(c)の状態になったとする．ボールの両側に同じ高さの2点C, Dを考えると，気流は流れやすいD側に集中し，点Dの流速は点Cの流速よりも速くなる．したがって，圧力は点Cのほうが点Dよりも高くなり，ボールはC→Dの向きに力を受ける．すなわち，ボールは管の動く向きに押され，気流の中にとどまることになる．

ところで，ボールが気流中で浮いていられるのは，ボールにはたらく重力と流れによる抗力（この場合はボールを上へもち上げる力）がつり合うからである．しかし，すでに述べたように，ポテンシャル流れの理論では，流れのなかの物体にはたらく抗力は0となってしまい，ボールが浮くことの説明はできない．物体に抗力がはたらくことの説明には流体の粘性を導入しなければならない．

5.4 一般化されたベルヌーイの式の応用

一般化されたベルヌーイの式 (5.7) の応用例として，U字管内の液柱振動を考える．図5.13のような，断面積一定のU字管内に密度 ρ の液体が収められている．U字管の一方の口から圧力をかけて液面に高低差をつくり，その後，圧力を解除すると左右の液面は上下に振動する．その運動を調べてみよう．

ある時刻において，図の液面上の点 A, B にベルヌーイの式 (5.7) を適用すると，

$$\left(\frac{\partial \phi}{\partial t}\right)_A + \frac{1}{2}q_A^2 + \frac{p_A}{\rho} + \Omega_A = \left(\frac{\partial \phi}{\partial t}\right)_B + \frac{1}{2}q_B^2 + \frac{p_B}{\rho} + \Omega_B \tag{5.30}$$

を得る．ここに，下付き添字 A, B は，それぞれ点 A, B における値を表す．点 A, B は液面上にあるから，大気圧を p_{atm} とすると，

$$p_A = p_B = p_{\text{atm}} \tag{5.31}$$

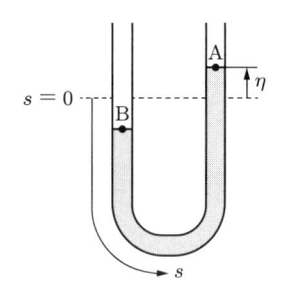

図 5.13 U字管内の液柱振動

である.

液柱が静止してつり合っているときの液面の位置を基準位置として，図のように液面高さ η を定義する．点 A の高さを $\eta(>0)$ とすれば，点 B の高さは $-\eta$ であるから，点 A, B における力のポテンシャルは，

$$\Omega_A = g\eta, \qquad \Omega_B = -g\eta \tag{5.32}$$

となる.

次に，U字管の任意の断面における平均流速を q とし，U字管の断面積を S とすれば，$Q = qS$ で与えられる Q は管の断面を通過する体積流量である．密度 ρ は一定であるとすれば，質量保存の法則により Q はどの断面でも一定でなければならない．したがって，非定常運動において，Q は時間 t のみの関数である．一方，仮定により S は一定であるから，q もまた t のみの関数であって，同一時刻ではどの断面でも q の大きさは同じである．したがって，

$$q_A = q_B \tag{5.33}$$

である．図 5.13 のように，静止液面の位置を原点として管軸に沿って座標 s を設けると，

$$\frac{\partial \phi}{\partial s} = q(t)$$

が成り立つ．q は s には依らないので，両辺を s で積分すると

$$\phi = q(t)s + C(t) \quad (C(t) \text{ は } t \text{ の任意関数})$$

を得る．したがって，

$$\left(\frac{\partial \phi}{\partial t}\right)_A = \frac{dq}{dt}s_A + \frac{dC}{dt}, \qquad \left(\frac{\partial \phi}{\partial t}\right)_B = \frac{dq}{dt}s_B + \frac{dC}{dt} \tag{5.34}$$

となる.

式 (5.31)〜(5.34) を式 (5.30) に代入すると，

$$(s_A - s_B)\frac{dq}{dt} + 2g\eta = 0 \tag{5.35}$$

を得る．流速 q は液面の上下動の速さに等しいから，$q = d\eta/dt$ とおける．また，液柱の全長を ℓ とすれば $\ell = s_A - s_B$ である．したがって，式 (5.35) は，

$$\ell\frac{d^2\eta}{dt^2} + 2g\eta = 0 \tag{5.36}$$

となる．式 (5.36) の一般解は，

$$\eta = \alpha \sin\sqrt{\frac{2g}{\ell}}t + \beta \cos\sqrt{\frac{2g}{\ell}}t \quad (\alpha, \beta \text{ は未定係数}) \tag{5.37}$$

である．$t = 0$ のとき，点 A, B には $2H$ の高低差があり，液柱は静止しているとすれば，初期条件は，

$$t = 0 \text{ において} \quad \eta = H, \quad \frac{d\eta}{dt} = 0 \tag{5.38}$$

である．これを式 (5.37) に適用して係数 α, β を定めると，$\alpha = 0, \beta = H$ となる．したがって，

$$\eta = H\cos\sqrt{\frac{2g}{\ell}}t \tag{5.39}$$

となり，液柱は周期 $2\pi/\sqrt{2g/\ell}$ の単振動を行うことがわかる．

演習問題

5.1 1辺が 3 cm の正三角形の断面をもつ長さ 60 cm の三角柱が，速さ 1.5 m/s の水流中に問図 5.1 のように置かれている．三角柱の三つの面に作用する圧力の分布形が図のように与えられるとき，三角柱に作用する圧力による抗力を求めよ．ただし，水は 10°C とし，流れは 2 次元流れであるとする．

5.2 速さ U の強風が問図 5.2 のようなかまぼこ型の建物を襲った．そのときの建物内の気圧は接近してくる一様流中の気圧 p_∞ と同じであった．このとき，建物に作用する，流

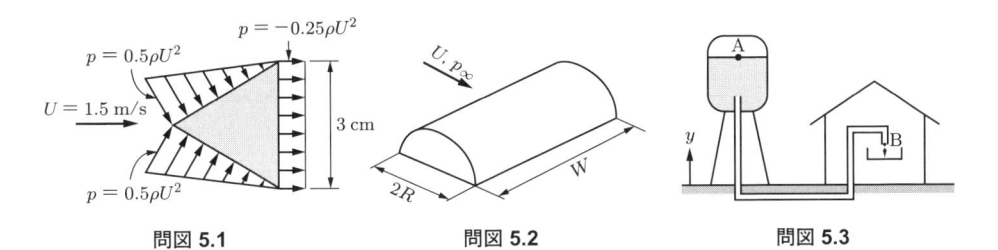

問図 5.1　　　　問図 5.2　　　　問図 5.3

れに垂直方向の力 F の大きさを求めよ．また，力 F は建物を押しつける向きに作用するか，建物をもち上げる向きに作用するかを，理由を付けて答えよ．ただし，建物の断面は半径 R の半円形とし，長さを W とする．また，流れはポテンシャル流れとし，空気の密度を ρ とする．

5.3 式 (5.22) を導け．

5.4 問図 5.3 のような円筒形の給水タンクから，建物のなかへ水が送られている．給水タンク内の水面の 1 点を A，建物のなかの蛇口先端を B とするとき，

$$p_A = 500 \text{ kPa}, \quad p_B = 101 \text{ kPa}, \quad y_A = 35 \text{ m}, \quad y_B = 5 \text{ m}$$

である．このとき，蛇口から流出する水の速さを求めよ．ただし，水温を 10 °C とする．水の流出によるタンク内の水面の変化は無視してよい．

5.5 問図 5.4 に示すように，大きさと形が同じ二つの容器 A, B があり，それぞれ底に直径 d の穴があいている．容器 B には，その穴に内径 d，長さ ℓ の円管が接続されている．両方の容器にそれぞれ深さ h まで水を満たしたのち，穴から水を流出させる．このときの流出する流れに関して次の設問に答えよ．問図 5.4 の点 1 は容器底にあけた穴の位置を示し，点 2 は穴から距離 ℓ だけ下がった流体内の位置を示す．ただし，水深 h は十分に大きく，流出による h の変化は無視できるものとする．また，水の密度を ρ，重力加速度を g とする．

(a) 容器 A において，点 1 と点 2 での流速 V_1, V_2 とゲージ圧 p_1, p_2 を求めよ．
(b) 容器 B において，点 1 と点 2 での流速 V_1, V_2 とゲージ圧 p_1, p_2 を求めよ．
(c) 流出する体積流量はどちらの容器のほうが大きいか．理由を付けて答えよ．

5.6 水を入れた水槽のなかへ水を満たした管の一端を入れ，他端を水面より低い位置に置くと，水槽のなかの水が管を通って流出する．これをサイフォン (siphon) という．いま，問図 5.5 のように水深 4.5 m の水槽に管が入れられ，その管を通して水槽内の水が管の他端 C から流出している．C は水槽の底よりさらに 1.5 m 低い位置に置かれている．管の内径は一定で，その太さは水の流出による水槽内の水深の変化が無視できるくらいに細いとする．このとき，次の設問に答えよ．ただし，水の密度を 1000 kg/m³ とする．

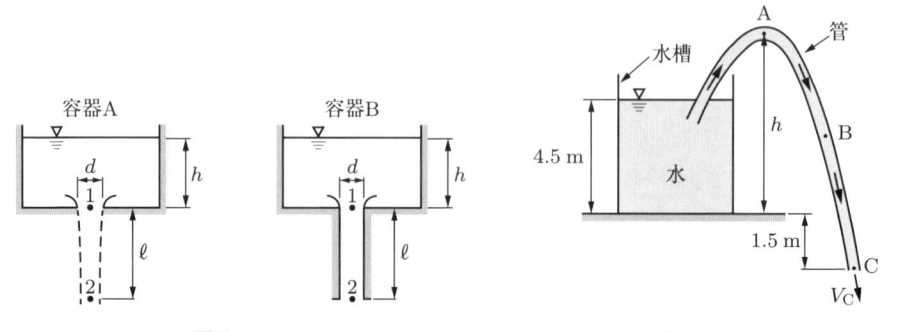

問図 5.4

問図 5.5

(a) 管の出口 C における水の流出速さ V_C を求めよ.
(b) 水中の静圧が水蒸気圧よりも低くなると，水のなかに気泡が発生する．この現象をキャビテーション (cavitation) という．管のなかにキャビテーションを起こさないように注意しながら，図の A の位置を高くするとき，どこまで高さを上げることができるか．水槽の底から測った高さ h の最大値を求めよ．ただし，大気圧を 101 kPa，水蒸気圧を 1.78 kPa とする．
(c) 図の B の位置で管に穴をあけた．このとき，管のなかの水はその穴から外へ噴出するかどうかを理由を付けて答えよ．

5.7 問図 5.6 のように，断面積が変化する管を通って大きな水槽から水が流出している．図中の d_1, d_2, d_3 は管の内径であり，$d_1 = 2.5$ cm，$d_2 = 5.0$ cm，$d_3 = 10$ cm とする．このとき，次の設問に答えよ．ただし，水の流出による水槽内の水深の変化は無視できるとする．また，水の密度を 1000 kg/m^3 とする．
(a) 管内でキャビテーションが発生するときの h の大きさを求めよ．ただし，大気圧を 101 kPa，水蒸気圧を 1.78 kPa とする．
(b) キャビテーションが発生しないようにするには，内径 d_1 を大きくするほうがよいか，小さくするほうがよいか．理由を付けて答えよ．
(c) キャビテーションが発生しないようにするには，管の出口の内径 d_2 を大きくするほうがよいか，小さくするほうがよいか．理由を付けて答えよ．

5.8 問図 5.7 のように，大きな水槽に長さ ℓ の直管が水平に対して角度 θ で上向きに取り付けられている．水槽内の水はこの管を通って外へ噴出し，図のように飛行したのち床に衝突する．水槽内の水深を H とする．直管の内径は水槽の大きさに比べて非常に小さく，水の流出による H の変化は無視できるとする．水の粘性と空気抵抗の影響も無視する．このとき，次の設問に答えよ．
(a) 直管の出口 A での流速 V_A を，H, ℓ, θ と重力加速度 g で表せ．
(b) 噴出した水の最高到達点を B とする．点 B での流速 V_B を H, ℓ, θ, g で表せ．
(c) 床から測った点 B の高さ h を ℓ, H, θ で表せ．
(d) 水槽を支えるために要する水平方向の力 F を求めよ．水の密度を ρ とし，直管の断面積を S とする．水槽と床の間の摩擦は無視してよい．

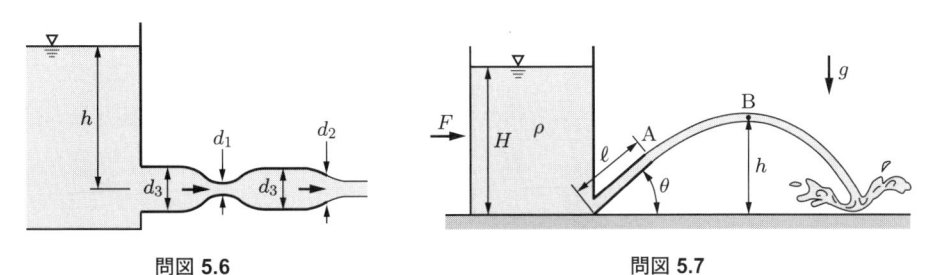

問図 5.6

問図 5.7

問図 5.8

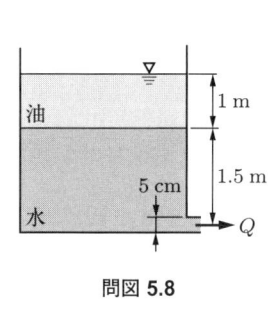

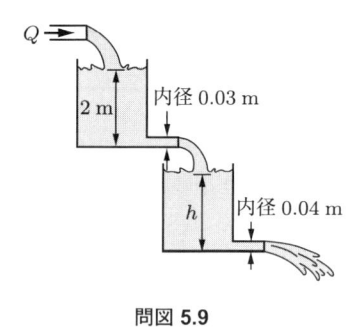

問図 5.9

5.9 問図 5.8 のように，大きな貯槽内に水と油（比重 0.75）が層を成して入っている．このとき，貯槽の底にあけた直径 5 cm の穴から流出する水の体積流量 Q を求めよ．流出による貯槽内の液面や界面の高さの変化は無視できるとする．

5.10 問図 5.9 のように，二つの貯槽の水深が一定の状態で水が流れている．このとき，管から供給される水の体積流量 Q と水深 h を求めよ．

5.11 問図 5.10 のように，水平な底をもつ水路に水門が設けられており，水が水門をくぐり抜けて流れている．水門の上流と下流にそれぞれ断面 1 と断面 2 を設ける．断面 1 における水面の高さを h_1 とし，そこでの流速を V_1 とする．断面 2 における水面の高さを h_2 とし，そこでの流速を V_2 とする．V_1 と V_2 はそれぞれ深さ方向に一様で，流れは底に平行である．流れは定常で，非回転流れとする．水の密度を ρ，重力加速度を g として，次の設問に答えよ．

(a) 断面 1 と断面 2 におけるゲージ圧 p_1, p_2 を求めよ．
(b) V_1 を g, h_1, h_2 で表せ．
(c) 水門にはたらく流体力 F を ρ, g, h_1, h_2 で表せ．

5.12 トリチェリの公式 (5.27) は，貯槽内の液面の高さの変化が無視できるという仮定のもとで成り立つ．それでは，液面の高さが液体の流出に従って変化するとしたとき，貯槽底にあけた穴から流出する液体の速さは時間とともにどう変化するか．時間を t として，穴から流出する速さ $V(t)$ と底から測った液面の高さ $h(t)$ を求めよ．ただし，図 5.8 において，貯槽の断面積を A，穴の面積を a とする．A は水深方向に一定とする．また，時刻 $t=0$ を流出開始の瞬間とし，そのときの液面の高さを H とする．

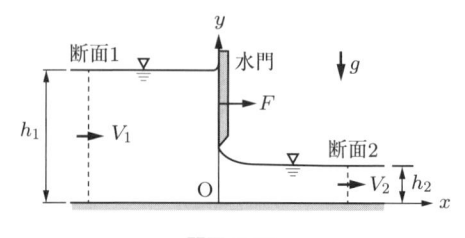

問図 5.10

5.13 問図 5.11 のスプーンの柄の端 A をもち，このスプーンを水道の蛇口から出る水流に近づける．このとき，スプーンはどのような動きを示すか．また，そのような動きをする理由を説明せよ．

5.14 問図 5.12 は，太郎君が宿泊したホテルの浴室の断面図である．部屋の奥に浴槽が置かれ，壁には温水シャワーの出口（シャワーヘッド）が取り付けられている．浴槽と洗面所の間はビニール製の柔らかいカーテンで仕切れるようになっている．お湯が浴室の床に飛び散らないように，カーテンを閉めてシャワーを浴びているとき，太郎君は奇妙な現象に気づいた．シャワーヘッドから温水を出しているとカーテンが体にまとわりつくように近づき，シャワーを止めると体から離れていくのである．浴室内には空調機などによる風はない．カーテンがこのような動きをする理由を説明せよ．

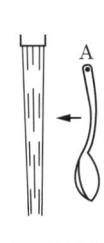

問図 5.11

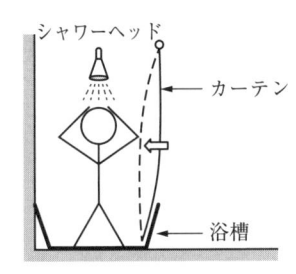

問図 5.12

第6章 粘性流体の2次元流れ

6.1 応力の構成式

　前章までは，粘性を無視した理想流体の流れを扱ってきた．その結果，非粘性流れのなかに置かれた物体には抗力がはたらかない，という非現実的な結論が導かれることを知った．これは，流れのなかに置かれた物体に抗力がはたらくしくみには，流体の粘性が関与していることを示している．そこで，本章以降では，流体の粘性を考慮した流れの理論を構築し，それを用いて物体のまわりの流れを調べることにする．そのためには，粘性応力 $\tau_{xx}, \tau_{yy}, \tau_{xy}, \tau_{yx}$ に対する数学モデルを手に入れなければならない．

　一般に，物体の特性を表現する関係式を構成式 (constitutive equation) という．たとえば，電流 I と電圧 V の関係を表す

$$V = RI \quad (R は抵抗)$$

は，物体の電気的特性を表現する構成式である．この例の抵抗 R のように，構成式には物体の特性の度合いを表す定数が必ず含まれる．3.6.5 項で述べた熱量 q と温度勾配 dT/dx の関係 (3.34) は，物体の熱的特性を表現する構成式である．垂直応力 σ と垂直ひずみ ε の間の関係

$$\sigma = E\varepsilon \quad (E は縦弾性係数)$$

や，せん断応力 τ とせん断ひずみ γ の間の関係

$$\tau = G\gamma \quad (G は横弾性係数)$$

は，物体の力学的特性を表現する構成式である．1.5.2 項で述べた，粘性によるせん断応力 τ とせん断速度 du/dy の関係

$$\tau = \mu \frac{du}{dy} \quad (\mu は粘性係数)$$

はニュートン流体の力学的特性を表現する構成式の一つである．この構成式は図 1.11

に示した $v=0$ という単純な流れの場合のものであり，u も v も 0 ではない一般の流れにおける構成式はもう少し複雑な表現になる．その，ニュートン流体の応力の構成式の一般形を考えてみよう．

ニュートン流体の 2 次元流れの場合，粘性応力 $\tau_{xx}, \tau_{yy}, \tau_{xy}, \tau_{yx}$ と変形速度（ひずみ速度 $\partial u/\partial x$, $\partial v/\partial y$ とせん断速度 $\partial v/\partial x + \partial u/\partial y$）との間の関係は，次の三つの原理にもとづいて導かれる．

（1） 粘性応力と変形速度は線形関係にある．

すなわち，$\tau_{xx}, \tau_{yy}, \tau_{xy}, \tau_{yx}$ は変形速度の 1 次式，

$$a\left(\frac{\partial u}{\partial x}\right) + b\left(\frac{\partial v}{\partial y}\right) + c\left(\frac{\partial v}{\partial x} + \frac{\partial u}{\partial y}\right) \tag{6.1}$$

で表される．ここに，a, b, c は流体の粘性に関係する定数係数である．

（2） 流体は等方性を有する．

等方性 (isotropy) とは，粘性などの流体の特性が方向によって変わらない性質である．等方性を数学的に表現すると，"構成式の形や，構成式中の物性に関係する係数の値が座標変換によって変わらないこと"，となる．たとえば，図 6.1(a) の (x, y) 座標系でせん断応力 τ_{yx} と変形速度の間に，

$$\tau_{yx} = a\left(\frac{\partial u}{\partial x}\right) + b\left(\frac{\partial v}{\partial y}\right) + c\left(\frac{\partial v}{\partial x} + \frac{\partial u}{\partial y}\right)$$

が成り立つとする．このとき，図 6.1(b) のような別の座標系 (x', y') で考えたせん断応力 $\tau_{y'x'}$ と変形速度の間にも上と同じ形の，

$$\tau_{y'x'} = a\left(\frac{\partial u'}{\partial x'}\right) + b\left(\frac{\partial v'}{\partial y'}\right) + c\left(\frac{\partial v'}{\partial x'} + \frac{\partial u'}{\partial y'}\right)$$

が成り立ち，しかも係数 a, b, c が共通でなければならない．

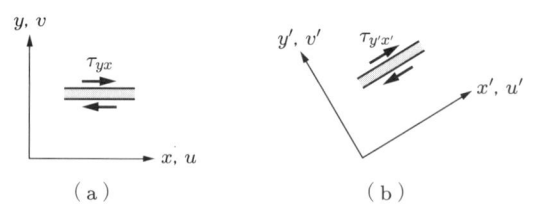

図 6.1 座標変換と構成式

（3） $\tau_{xy} = \tau_{yx}$ でなければならない．

式 (3.29) より，$\tau_{xy} = \tau_{yx}$ でなければならない．

この三つの原理にもとづいてニュートン流体の応力の構成式を導くためには，テンソル (tensor) という数学を学ばなければならない．したがって，構成式の導出過程を

解説することは本書の範囲を超えてしまう．テンソルを学んだのちに，たとえば文献 [10] を読んで導出過程を理解していただきたい．ここでは結果を紹介するだけにとどめる．ニュートン流体の応力の構成式は，2 次元の場合，次のようになる．

$$\left.\begin{array}{l} \tau_{xx} = 2\mu \dfrac{\partial u}{\partial x} + \lambda \left(\dfrac{\partial u}{\partial x} + \dfrac{\partial v}{\partial y} \right) \\[2mm] \tau_{yy} = 2\mu \dfrac{\partial v}{\partial y} + \lambda \left(\dfrac{\partial u}{\partial x} + \dfrac{\partial v}{\partial y} \right) \\[2mm] \tau_{xy} = \tau_{yx} = \mu \left(\dfrac{\partial v}{\partial x} + \dfrac{\partial u}{\partial y} \right) \end{array}\right\} \quad (6.2)$$

ここで，μ は 1.5.2 項で述べた粘性係数であり，λ は第 2 粘性係数 (second coefficient of viscosity) とよばれるものである．二つの粘性係数の間には，

$$3\lambda + 2\mu \geqq 0 \quad (6.3)$$

という関係が成り立つことが知られている．ストークス (George Gabrielle Stokes) は，λ と μ の関係を，

$$3\lambda + 2\mu = 0 \quad (6.4)$$

と仮定した．これをストークスの仮説 (Stokes' hypothesis) という．この仮説は，空気や水のような普通の流体には十分あてはまることが知られている．

非圧縮性流体においては，連続の方程式

$$\frac{\partial u}{\partial x} + \frac{\partial v}{\partial y} = 0 \quad (6.5)$$

が成り立つから，構成式は，

$$\tau_{xx} = 2\mu \frac{\partial u}{\partial x}, \quad \tau_{yy} = 2\mu \frac{\partial v}{\partial y}, \quad \tau_{xy} = \tau_{yx} = \mu \left(\frac{\partial v}{\partial x} + \frac{\partial u}{\partial y} \right) \quad (6.6)$$

となって，第 2 粘性係数 λ は現れない．

6.2　ナビエ・ストークス方程式

コーシーの運動方程式 (3.22) に式 (6.6) を代入し，連続の方程式 (6.5) を考慮すると

$$\left.\begin{array}{l} \dfrac{Du}{Dt} = -\dfrac{1}{\rho}\dfrac{\partial p}{\partial x} + \nu \left(\dfrac{\partial^2 u}{\partial x^2} + \dfrac{\partial^2 u}{\partial y^2} \right) + X \\[2mm] \dfrac{Dv}{Dt} = -\dfrac{1}{\rho}\dfrac{\partial p}{\partial y} + \nu \left(\dfrac{\partial^2 v}{\partial x^2} + \dfrac{\partial^2 v}{\partial y^2} \right) + Y \end{array}\right\} \quad (6.7)$$

または，

$$\left.\begin{aligned}\frac{\partial u}{\partial t}+u\frac{\partial u}{\partial x}+v\frac{\partial u}{\partial y}&=-\frac{1}{\rho}\frac{\partial p}{\partial x}+\nu\left(\frac{\partial^2 u}{\partial x^2}+\frac{\partial^2 u}{\partial y^2}\right)+X\\ \frac{\partial v}{\partial t}+u\frac{\partial v}{\partial x}+v\frac{\partial v}{\partial y}&=-\frac{1}{\rho}\frac{\partial p}{\partial y}+\nu\left(\frac{\partial^2 v}{\partial x^2}+\frac{\partial^2 v}{\partial y^2}\right)+Y\end{aligned}\right\} \quad (6.8)$$

を得る．式 (6.7), (6.8) をナビエ・ストークス方程式 (Navier-Stokes equations) という．非圧縮性ニュートン流体の 2 次元流れの基礎方程式は，連続の方程式 (6.5) とナビエ・ストークス方程式 (6.7) または (6.8) である．

ナビエ・ストークス方程式の右辺第 2 項の ν は $\nu=\mu/\rho$ で定義されるもので，動粘性係数 (kinematic viscosity) とよばれる．運動方程式のなかに，粘性の強さを表すパラメーターが μ 単独ではなく μ/ρ の形で現れていることは，流体運動に対する粘性の効き具合は，μ ではなく μ/ρ の大きさで決まることを意味している．たとえば，10°C，1 気圧での水と空気の密度，粘性係数，動粘性係数は表 6.1 のように与えられる．この表を見ると粘性係数は水のほうが大きく，物質としての粘度は水のほうが大きい．しかし，動粘性係数は空気のほうが大きい．これは，流体運動に対する粘性の影響の度合いは水よりも空気のほうが大きいことを意味している．

表 6.1 10°C，1 気圧の水と空気の密度 ρ，粘性係数 μ，動粘性係数 ν

	ρ [kg/m^3]	μ [Pa·s]	ν [m^2/s]
水	999.7	1.31×10^{-3}	1.31×10^{-6}
空気	1.247	1.76×10^{-5}	1.41×10^{-5}

6.3 境界条件

非圧縮性ニュートン流体の運動は，連続の方程式とナビエ・ストークス方程式という 1 組の偏微分方程式で表現される．流体内部の速度分布や圧力分布がこれらの方程式の解として決定されるためには，流体運動の出発点における流体の状態を示す条件と，流体領域とほかの物体が占める領域の境界における条件を与えなければならない．前者を初期条件 (initial condition) といい，後者を境界条件 (boundary condition) という．初期条件は扱う現象ごとに異なるので一般的に論じることは難しい．ここでは代表的な境界として，固体壁境界，流入境界，流出境界を取り上げて，速度成分 u, v に対する境界条件を紹介しよう．このほかにも，たとえば，水面のように液体と気体が接触する境界（自由表面 (free surface) という）や，地下水が土中を流れる場合の土壁のような多孔性を持つ境界などがある．これらについては必要に応じて読者自身で調べていただきたい．

6.3.1 固体壁境界

粘性によって，固体壁に接している流体部分は固体壁に付着し，流体と固体壁の間には相対的なすべりは起こらないと考える．この条件は，長い歴史的な議論と実験による検証を経て，正しいとされたものである．流れの速度の x, y 成分をそれぞれ u, v とし，固体壁の移動速度の x, y 成分をそれぞれ u_w, v_w とするとき，この条件は，

$$u = u_w, \quad v = v_w \tag{6.9}$$

のように表される．たとえば，管や水路の壁面のように固体壁が静止している場合には，

$$u = v = 0 \tag{6.10}$$

となる．条件 (6.9), (6.10) を粘着条件あるいはすべりなし条件 (no-slip condition) という．分子運動論の立場で，すべりなし条件を解釈すると次のようになる[1]．簡単のために固体壁は静止しているとする．速度 **u** で流れている流体の分子は巨視的速度 **u** のまわりで微視的な不規則運動を行っている．この分子が固体壁に衝突すると，分子は壁に捕らえられて壁との間で熱的平衡状態になり，巨視的速度 **u** を失ってしまう．この分子が壁から離れるときは不規則なブラウン運動のみであるから，流れの上流方向でも下流方向でも，どの方向に対しても同じ確率で運動する．したがって，分子運動の平均として，巨視的速度の壁に平行な成分は 0 になる．また，壁から離れる分子があれば，壁に近づく分子もあり，平均をとれば巨視的速度の壁に垂直な成分は 0 になる．この結果，巨視的速度 $\mathbf{u} = (u, v)$ に対して式 (6.10) が成り立つ．

非粘性流体の場合には境界でのすべりを許し，境界の法線方向の流れの速度成分と境界の移動速度の成分が一致することを要求する．すなわち，

$$u n_x + v n_y = u_w n_x + v_w n_y \tag{6.11}$$

である．ここに，n_x, n_y は境界に立てた単位法線ベクトルの x, y 成分である．式 (6.11) を非粘着条件あるいはすべり条件 (slip condition) という．

6.3.2 流入境界，流出境界

流入境界では，速度成分 u, v の値を指定する．

流出境界の設定の仕方には二通りある．一つは，たとえば長い管の途中に仮想の境界を設ける方法（図 6.2(a)）であり，もう一つは，たとえばホースの出口のような管の端を流出境界とし，流体が大気に接する条件を設定する方法（図 6.2(b)）である．

[1) 文献 [11] を参照．

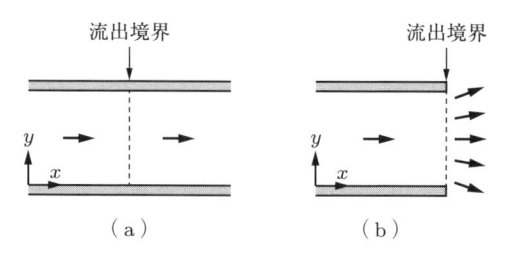

図 6.2 2 種類の流出境界

後者の場合の境界条件を大気開放の条件とよぶことがある．簡単のために，流出境界が x 軸に垂直な平面である場合について式を示そう．図 6.2(a) の場合の境界条件は，

$$\frac{\partial u}{\partial x} = 0, \qquad v = 0 \tag{6.12}$$

で与えられる．図 6.2(b) の大気開放の条件は応力の連続を表すもので，

$$\sigma_{xx} = -p_{\mathrm{atm}}, \qquad \sigma_{xy} = 0 \quad (p_{\mathrm{atm}} は大気圧) \tag{6.13}$$

で与えられる．この場合，大気の粘性による応力は微小として無視されることが多い．

6.4　ナビエ・ストークス方程式の厳密解

6.4.1　ポアズイユ流れ

図 6.3 に示すような，無限に延びる 2 枚の平行平板の間の流れを考える．流れを支配する方程式は，連続の方程式 (6.5) とナビエ・ストークス方程式 (6.8) である．2 枚の平板は固定されている．十分に時間が経過し，流れは定常状態に達しているとする．外力は無視する．図のように平板に平行に x 軸，平板に垂直に y 軸を設けると，流れは x 軸に平行であるから $v = 0$ である．そこで，連続の方程式より $\partial u/\partial x = -\partial v/\partial y = 0$ となるから，速度成分 u は y のみの関数である．

以上の仮定と考察の結果をナビエ・ストークス方程式 (6.8) に適用し，これを整理

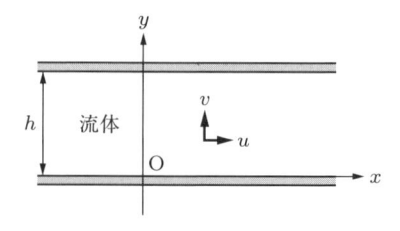

図 6.3 2 枚の平行平板間の流れ

すると，

$$-\frac{1}{\rho}\frac{\partial p}{\partial x} + \nu\frac{d^2 u}{dy^2} = 0 \tag{6.14}$$

$$-\frac{1}{\rho}\frac{\partial p}{\partial y} = 0 \tag{6.15}$$

を得る．式 (6.15) より圧力 p は x のみの関数である．式 (6.14) の左辺第 1 項の $\partial p/\partial x$ も x のみの関数であるが，左辺第 2 項の $d^2 u/dy^2$ は y のみの関数である．式 (6.14) が $-\infty < x < \infty$, $0 \leqq y \leqq h$ の範囲で恒等的に成り立つためには $\partial p/\partial x$ と $d^2 u/dy^2$ が定数でなければならない．そこで $P_x = \partial p/\partial x = ($一定$)$ とおいて，式 (6.14) を y について積分すると

$$u(y) = \frac{P_x}{2\mu}y^2 + C_1 y + C_2 \quad (C_1, C_2 \text{ は任意定数}) \tag{6.16}$$

を得る．u に対する境界条件は，すべりなし条件

$$u(0) = u(h) = 0 \tag{6.17}$$

である．これを式 (6.16) に適用すると，

$$u(y) = -\frac{P_x}{2\mu}y(h-y) \tag{6.18}$$

を得る．これより，$P_x < 0$ ならば $u > 0$ であり，$P_x > 0$ ならば $u < 0$ である．$y = h/2$ のときに $du/dy = 0$ となるから，$u(y)$ は $y = h/2$ で最大値をとる．その最大値を $u_{\max}$ とすると，

$$u_{\max} = -\frac{P_x h^2}{8\mu} \tag{6.19}$$

である．これを用いると，式 (6.18) は

$$u(y) = 4u_{\max}\frac{y}{h}\left(1 - \frac{y}{h}\right) \tag{6.20}$$

のように表すことができる．これを図示すると，図 6.4 のような放物線形の形状になる．このような流れをポアズイユ流れ (Poiseuille flow) という．

　流体内部の圧力分布は，式 (6.15) より y 方向には一様である．x 方向には，$dp/dx = P_x$ より，

$$p(x) = P_x x + p_0 \quad (p_0 \text{ は任意定数}) \tag{6.21}$$

のような直線分布になる．体積流量 Q は

$$Q = \int_0^h u(y)\,dy = -\frac{P_x h^3}{12\mu} \tag{6.22}$$

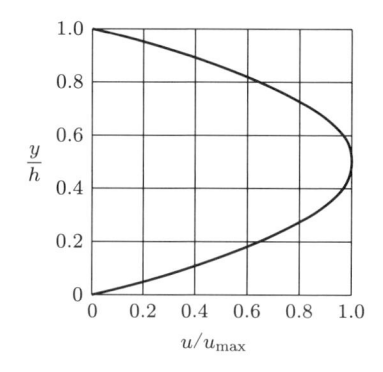

図 6.4 ポアズイユ流れの $u(y)$ の形状

であり，平均流速 $\bar{u}$ は

$$\bar{u} = \frac{Q}{h} = -\frac{P_x h^2}{12\mu} = \frac{2}{3}u_{\max} \tag{6.23}$$

である．

図 6.5 に実験で可視化されたポアズイユ流れを示す．固定された 2 枚の平行平板の間にグリセリンを満たし，そのなかに色素で着色したグリセリンを注射器で平板に垂直に注入して直線を描いておく．圧力勾配を与えてグリセリンを押し流したときの変形した色素線を撮影したものが図 6.5 である．色素線の形状は流れの速度分布に相似であるから，図より速度分布が放物線形であることがわかる．

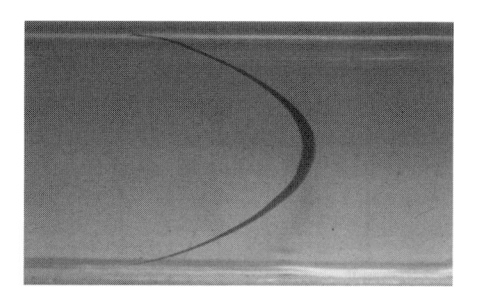

図 6.5 ポアズイユ流れの可視化写真（文献 [3]）

6.4.2 クエット流れ

前項と同様に，無限に延びる 2 枚の平行平板の間の流れを考える．前項と異なるのは，図 6.6 のように，上の平板が，下の固定された平板に平行に一定の速さ U で動き続けることである．座標系を図 6.6 のように設定する．外力を無視し，流れは定常状態にあるとすれば，前項と同じ考察によって，整理されたナビエ・ストークス方程式

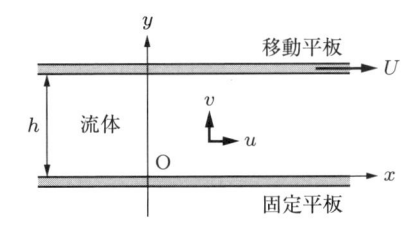

図 6.6 上板が動き続ける 2 枚の平行平板間の流れ

(6.14), (6.15) を得る. したがって, 速度成分 u の一般解は式 (6.16) で与えられる. 前項との違いは u に対する境界条件に現れる. すなわち, 図 6.6 を参照すると, 境界条件は,

$$u(0) = 0, \qquad u(h) = U \tag{6.24}$$

となる. これを一般解 (6.16) に適用すると,

$$u(y) = \frac{U}{h} y - \frac{P_x}{2\mu} y(h-y) \tag{6.25}$$

あるいは,

$$\frac{u(y)}{U} = \frac{y}{h} - \frac{P_x h^2}{2\mu U} \frac{y}{h} \left(1 - \frac{y}{h}\right) \tag{6.26}$$

を得る. ここに, P_x は, $P_x = dp/dx$ で定義される圧力勾配であり, この場合も前項と同じ理由により定数である.

$$\Lambda = -\frac{P_x h^2}{2\mu U} \tag{6.27}$$

とおいて, Λ をパラメーターにして $u(y)$ を図示すると, 図 6.7 を得る. $\Lambda = -3, -2$ のときに, 下の平板付近に $u < 0$ の逆流域が存在する. $\Lambda < 0$ のとき $P_x > 0$ であ

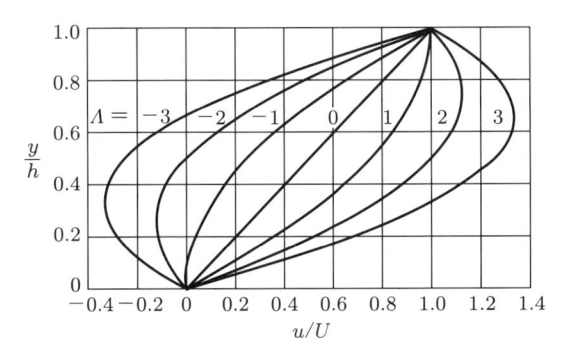

図 6.7 すべる平板によって生じる流れの $u(y)$ の形状

るから，圧力は x 軸の正の向きに向かって上昇している．このとき，流体は圧力上昇に逆らいながら流れている．$\Lambda = -3, -2$ のときは流体が圧力上昇に抗しきれず，逆流が生じているのである．$\Lambda > 0$ のとき $P_x < 0$ であるから，流体は流れの向きに圧力による仕事を受ける．この作用によって流れは加速され，$\Lambda = 2, 3$ の場合には平板の速さを超える部分が生じている．

$P_x = 0$ の場合，すなわち流体内の圧力が一定のときの $u(y)$ は，

$$u(y) = \frac{U}{h}y \tag{6.28}$$

で表される直線形になる．これは 1.5.2 項で粘性の説明に利用した流速分布の形状である．このような直線形の流速分布をもつ流れをクエット流れ (Couette flow) という．式 (6.25) の右辺第 2 項は式 (6.18) の右辺と同じである．すなわち，$P_x \neq 0$ の流れは，ポアズイユ流れとクエット流れの重ね合わせである．

図 6.8 に実験で可視化されたクエット流れを示す．前項のポアズイユ流れの可視化実験と同様に，2 枚の平行平板の間を満たすグリセリンのなかに着色したグリセリンを注入して直線を描いておく．上の平板を一定速度で動かして流れをつくったときの変形した色素線を撮影したものが図 6.8 である．この実験では圧力勾配を与えていないので，色素線の形状は直線形である．

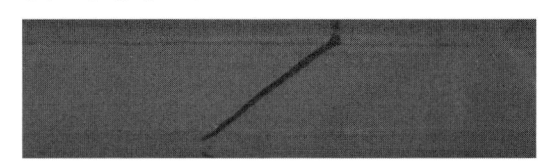

図 6.8 クエット流れの可視化写真（文献 [3]）

6.4.3 ポアズイユ流れにおける流体内の温度分布

2 次元ポアズイユ流れにおいて，上下の平板の温度が異なる場合の流体内の温度分布を，エネルギー方程式を用いて調べてみよう．図 6.3 において，下の平板の温度を T_1，上の平板の温度を T_2 とし，$T_2 > T_1$ とする．T_1, T_2 はそれぞれ一定とする．

3.6 節より，エネルギー方程式は，

$$\rho \frac{De}{Dt} = \frac{\partial Q}{\partial t} + \frac{\partial}{\partial x}\left(\kappa \frac{\partial T}{\partial x}\right) + \frac{\partial}{\partial y}\left(\kappa \frac{\partial T}{\partial y}\right) - p\left(\frac{\partial u}{\partial x} + \frac{\partial v}{\partial y}\right) + \Phi \tag{6.29}$$

で与えられる．非圧縮性流体においては，内部エネルギー e と温度 T の間に $de = c_v dT$ (c_v は定容比熱) が成り立つ．また，連続の方程式によって $\partial u/\partial x + \partial v/\partial y = 0$ である．さらに，流体内に熱源はなく ($Q = 0$)，熱伝導率 κ は一定であるとすれば，式 (6.29) は，

$$\rho c_v \left(\frac{\partial T}{\partial t} + u\frac{\partial T}{\partial x} + v\frac{\partial T}{\partial y} \right) = \kappa \left(\frac{\partial^2 T}{\partial x^2} + \frac{\partial^2 T}{\partial y^2} \right) + \Phi \tag{6.30}$$

となる.

時間が十分に経過し,流れと温度分布が定常状態に達している場合を考えると,$\partial T/\partial t = 0$ であり,流れの速度分布は,

$$u = \frac{4u_{\max}}{h^2} y(h-y), \qquad v = 0$$

で与えられる.流れの速度は x 方向に一様であり,上下の平板の温度も x 方向に一定であるから,流体内の温度 T も x 方向に一定である.以上の内容を式 (6.30) に適用すると,

$$\kappa \frac{d^2 T}{dy^2} + \frac{16\mu u_{\max}^2}{h^4}(h-2y)^2 = 0 \tag{6.31}$$

を得る.この方程式の左辺第 2 項は散逸エネルギー Φ を表す.温度の境界条件は

$$T(0) = T_1, \qquad T(h) = T_2 \tag{6.32}$$

である.

常微分方程式 (6.31) を境界条件 (6.32) のもとで解くと,

$$T(y) = T_1 + \frac{T_2 - T_1}{h} y + \frac{\mu u_{\max}^2}{3\kappa h^4} \left[h^4 - (h-2y)^4 \right] \tag{6.33}$$

を得る.ここで,

$$T'(y) = T_1 + \frac{T_2 - T_1}{h} y$$

とおくと,$T'(y)$ は流体が静止しているときの温度分布を表しており,その分布形は図 6.9 の破線で示される直線形である.式 (6.33) の右辺第 3 項は,流体が運動することによって生じる散逸エネルギーによる温度変化を表す.$0 < y < h$ において,$h^4 - (h-2y)^4 > 0$ であるから,右辺第 3 項は常に正である.これは粘性によって流

(a) $T_2 - T_1 \geqq \dfrac{8\mu u_{\max}^2}{3\kappa}$ のとき

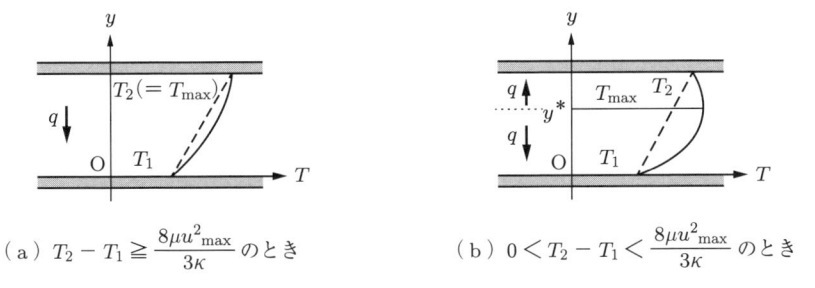

(b) $0 < T_2 - T_1 < \dfrac{8\mu u_{\max}^2}{3\kappa}$ のとき

図 6.9 平板間の温度分布 (実線は $T(y)$ を表し,破線は $T'(y)$ を表す)

体の運動エネルギーが消耗されて熱エネルギーに変換され，流体の温度を高めることを表している．

温度が最大になる位置を調べよう．その位置の y の値 y^* は $[dT/dy]_{y=y^*} = 0$ を満たす．この式へ式 (6.33) を代入し，整理すると，

$$\left(\frac{2y^*}{h} - 1\right)^3 = \frac{3\kappa(T_2 - T_1)}{8\mu u_{\max}^2} \tag{6.34}$$

を得る．温度差 $T_2 - T_1$ が，

$$T_2 - T_1 \geq \frac{8\mu u_{\max}^2}{3\kappa} \tag{6.35}$$

のとき $(2y^*/h - 1)^3 \geq 1$ であるから，$y^* \geq h$ となる．したがって，$y = y^*$ の位置は平板間には存在せず，図 6.9(a) に示すように温度は上の平板で最大になる．一方，温度が

$$0 < T_2 - T_1 < \frac{8\mu u_{\max}^2}{3\kappa} \tag{6.36}$$

のときは，$h/2 < y^* < h$ となるから，図 6.9(b) に示すように平板間の中心と上の平板の間に最大温度 $T_{\max}$ の位置が存在する．$u_{\max}$ が大きいと散逸エネルギーが大きくなり，流体内に上の平板よりも温度が高い部分が生じる．

流体内の y 軸に垂直な単位面積の平面を単位時間に通過する熱伝導量を q とすると，フーリエの法則によって，

$$q = -\kappa \frac{dT}{dy}$$

が成り立つ．この式へ式 (6.33) を代入すると，

$$q(y) = -\kappa \frac{T_2 - T_1}{h} + \frac{8\mu u_{\max}^2}{3h}\left(\frac{2y}{h} - 1\right)^3 \tag{6.37}$$

を得る．この式の右辺第 1 項は温度差 $T_2 - T_1$ によって生じる熱伝導量を表しており，この熱量は常に y 軸の負方向，すなわち高温の上の平板から低温の下の平板に向かって移動する．式 (6.37) の右辺第 2 項は散逸エネルギーによる熱伝導量を表す．条件 (6.35) のとき，平板間の任意の位置 y は $y \leq y^*$ であるから，

$$\left(\frac{2y}{h} - 1\right)^3 \leq \left(\frac{2y^*}{h} - 1\right)^3 = \frac{3\kappa(T_2 - T_1)}{8\mu u_{\max}^2}$$

である．したがって，

$$q(y) \leq -\kappa \frac{T_2 - T_1}{h} + \frac{8\mu u_{\max}^2}{3h} \frac{3\kappa(T_2 - T_1)}{8\mu u_{\max}^2}$$
$$= 0 \tag{6.38}$$

となる.すなわち,条件 (6.35) のときは,流体の全域で y 軸の負方向に熱が移動する.条件 (6.36) のときは,最大温度の位置が平板間に存在する.その位置と上の平板の間の領域 ($y^* < y \leq h$) では,

$$\left(\frac{2y}{h} - 1\right)^3 > \left(\frac{2y^*}{h} - 1\right)^3 = \frac{3\kappa(T_2 - T_1)}{8\mu u_{\max}^2}$$

であるから,この領域では,

$$q(y) > -\kappa\frac{T_2 - T_1}{h} + \frac{8\mu u_{\max}^2}{3h}\frac{3\kappa(T_2 - T_1)}{8\mu u_{\max}^2}$$
$$= 0$$

となる.すなわち,熱は上の平板に向かって移動する.最大温度の位置と下の平板の間の領域 ($0 \leq y < y^*$) では,

$$\left(\frac{2y}{h} - 1\right)^3 < \frac{3\kappa(T_2 - T_1)}{8\mu u_{\max}^2}$$

であるから,式 (6.38) と同様の計算によって,この領域では $q < 0$ となる.すなわち,熱は下の平板に向かって移動する.たとえ,高温の平板であっても流れが速いと散逸エネルギーが増加し,流体から高温の平板に向かって熱が移動することがある.

6.4.4 レイリー問題

時間の経過とともに流れの様相が変化する非定常流れを考えてみよう.図 6.10 に示すように,静止した流体中に置かれた平板が,その表面に平行に速さ U で急に動きはじめ,以後,一定速さ U で動き続けるとする.このとき,周囲の流体はその粘性によって平板に引きずられるようにして動きはじめ,しだいに運動する流体領域が広がっていく.そのときの流体内の速度を,時間と位置の関数として求める問題をレイリー問題 (Rayleigh's problem) という.この問題は,粘性の作用を理解するうえできわめて重要な要素を含んでおり,次章で述べる境界層の概念へつながるものである.

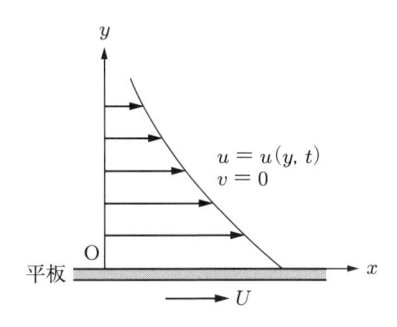

図 6.10 一定速さ U で動き続ける平板の付近の非定常流れ

図 6.10 のように座標系を設定し，$y \geqq 0$ の流体領域に注目する．問題の性質により，流れは平板に平行になるから，$v = 0$ である．したがって，連続の方程式より $\partial u/\partial x = 0$ となり，$u = u(y,t)$ とおける．そこで，ナビエ・ストークス方程式 (6.8) を整理すると，

$$\frac{\partial u}{\partial t} = -\frac{1}{\rho}\frac{\partial p}{\partial x} + \nu\frac{\partial^2 u}{\partial y^2} \tag{6.39}$$

$$-\frac{1}{\rho}\frac{\partial p}{\partial y} = 0 \tag{6.40}$$

を得る．ここでは外力を無視する．式 (6.40) より，圧力 p は y 軸方向に一定で，$p = p(t,x)$ と表すことができる．そこで，式 (6.39) を，

$$\frac{\partial u}{\partial t} - \nu\frac{\partial^2 u}{\partial y^2} = -\frac{1}{\rho}\frac{\partial p}{\partial x} \tag{6.41}$$

のように書き直すと，左辺は y と t の関数，右辺は x と t の関数である．時間 t を固定してある瞬間で考えると，式 (6.41) の左辺は y のみの関数，右辺は x のみの関数になる．$-\infty < x < \infty$，$y \geqq 0$ の範囲で恒等的に式 (6.41) が成り立つためには，両辺は定数でなければならない．そして，その定数の値は時間とともに変化してもよいから，$C(t)$ を時間のみの関数として，

$$\frac{\partial u}{\partial t} - \nu\frac{\partial^2 u}{\partial y^2} = -\frac{1}{\rho}\frac{\partial p}{\partial x} = C(t) \tag{6.42}$$

とおくことができる．人間が観察することのできる有限の時間で考えると，$y \to \infty$ のとき $u \to 0$ である．そこで，式

$$\frac{\partial u}{\partial t} - \nu\frac{\partial^2 u}{\partial y^2} = C(t)$$

を無限遠方 $y \to \infty$ に適用すると左辺が 0 になるから，$C(t) = 0$ である．$C(t)$ は場所に依らないから流体内のいたるところで $C(t) = 0$ となる．したがって，速度成分 u に関する偏微分方程式

$$\frac{\partial u}{\partial t} - \nu\frac{\partial^2 u}{\partial y^2} = 0 \tag{6.43}$$

を得る．このとき，

$$-\frac{1}{\rho}\frac{\partial p}{\partial x} = C(t) = 0$$

であるから，圧力 p は x 軸方向にも一定である．

式 (6.43) は t について 1 階，y について 2 階の偏微分方程式であるから，一つの初期条件と二つの境界条件が必要である．初期条件は，時刻 $t = 0$ で流体は静止してい

るとして，$y \geq 0$ において，

$$t = 0 \ \text{で} \ u = 0 \tag{6.44}$$

とする．境界条件は，$t > 0$ において，

$$y = 0 \ \text{で} \ u = U, \qquad y \to \infty \ \text{のとき} \ u \to 0 \tag{6.45}$$

である．

式 (6.43) を条件 (6.44), (6.45) のもとで解くために変数変換を行う．新しい独立変数として

$$\eta = \frac{y}{2\sqrt{\nu t}} \tag{6.46}$$

で定義される η を導入し，未知関数 $u(t, y)$ を，

$$f(\eta) = \frac{u(t, y)}{U} \tag{6.47}$$

で定義される $f(\eta)$ に変換する．そこで，偏微分方程式 (6.43) の左辺の偏導関数を f と η で表すと，次のようになる．

$$\left.\begin{aligned}
\frac{\partial u}{\partial t} &= \frac{d(Uf)}{d\eta}\frac{\partial \eta}{\partial t} = -\frac{U}{2t}\eta f' \\
\frac{\partial u}{\partial y} &= \frac{d(Uf)}{d\eta}\frac{\partial \eta}{\partial y} = \frac{U}{2\sqrt{\nu t}}f' \\
\frac{\partial^2 u}{\partial y^2} &= \frac{\partial}{\partial y}\left(\frac{U}{2\sqrt{\nu t}}f'\right) = \frac{U}{4\nu t}f''
\end{aligned}\right\} \tag{6.48}$$

ここに，$f' = df/d\eta$ である．これらの結果を式 (6.43) に代入して整理すると，常微分方程式

$$f'' + 2\eta f' = 0 \tag{6.49}$$

を得る．境界条件は，

$$\eta = 0 \ \text{で} \ f = 1, \tag{6.50}$$

$$\eta \to \infty \ \text{のとき} \ f \to 0 \tag{6.51}$$

となる．初期条件 (6.44) は式 (6.51) に一致する．

常微分方程式 (6.49) を解こう．$F = f'$ とおくと，

$$\frac{dF}{d\eta} + 2\eta F = 0$$

となる．これを解いて $F(\eta)$ を求めると，

$$F = C e^{-\eta^2} \quad (C \text{ は任意定数})$$

を得る．F を f' に戻したのち，両辺を区間 $[0,\eta]$ で積分すると，

$$\begin{aligned} f(\eta) &= C \int_0^\eta e^{-\xi^2} d\xi + f(0) \\ &= C \int_0^\eta e^{-\xi^2} d\xi + 1 \\ &= C \operatorname{Erf} \eta + 1 \end{aligned}$$

を得る．ここで境界条件 (6.50) を利用した．関数 $\operatorname{Erf} \eta$ は，

$$\operatorname{Erf} \eta = \int_0^\eta e^{-\xi^2} d\xi \tag{6.52}$$

で定義され，ガウスの誤差関数 (Gauss' error function) とよばれる．$\operatorname{Erf} \eta$ は初等関数で表すことができない．境界条件 (6.51) を適用すると，$C \operatorname{Erf} \infty + 1 = 0$ となる．数学公式集を参照すると $\operatorname{Erf} \infty = \sqrt{\pi}/2$ であるから，$C = -2/\sqrt{\pi}$ となる．したがって，

$$f(\eta) = 1 - \frac{2}{\sqrt{\pi}} \operatorname{Erf} \eta \tag{6.53}$$

となる．変数を元に戻すと，

$$u(y,t) = U \left[1 - \frac{2}{\sqrt{\pi}} \operatorname{Erf} \left(\frac{y}{2\sqrt{\nu t}} \right) \right] \tag{6.54}$$

を得る．

時間 t を固定して，ある瞬間の u の分布形を描くと図 6.11 のようになる．さらに，時間 t をパラメーターとして，u の時間変化を示すと図 6.12 のようになる．これより，平板の運動の影響は時間の経過とともにしだいに平板から遠方に向かって伝えられることがわかる．このとき，重要な役割をはたしているのが流体の粘性である．現

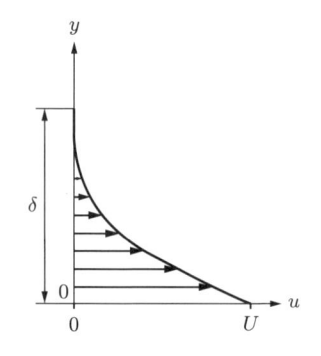

図 6.11 ある瞬間の $u(y)$ の形状

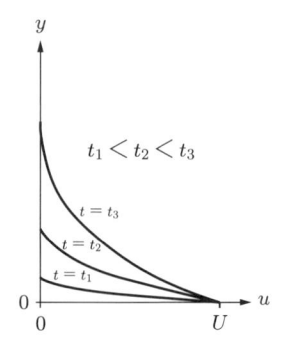

図 6.12 $u(y,t)$ の時間変化

実には不可能であるが，時間が無限に経過すれば，平板の運動の影響は流体全体に及び，ついには流体全体が平板とともに速さ U で運動するようになる．しかし，有限の時間内では，平板の運動の影響が及ぶ範囲は平板に接する薄い流体層内に限られる．この層をレイリー層 (Rayleigh layer) とよぶ．例として，$u/U = 0.01$ となるときの y の値をレイリー層の厚さ δ と定義すると (図 6.11 参照)，

$$0.01 = 1 - \frac{2}{\sqrt{\pi}} \mathrm{Erf}\left(\frac{\delta}{2\sqrt{\nu t}}\right)$$

より $\mathrm{Erf}(\delta/2\sqrt{\nu t}) = 0.877$ となる．誤差関数の数表などを用いて $\delta/2\sqrt{\nu t}$ の値を求めると，

$$\delta = 3.64\sqrt{\nu t}$$

を得る．これより，流体の動粘性係数が大きいほど平板の運動の影響の及ぶ範囲が広いことがわかる．流体運動に対する粘性の効き具合は，粘性係数 μ ではなく，動粘性係数 ν の大きさに依ることがこのことからも理解できるであろう．

身近な流体についてレイリー層の厚さを計算してみると，平板が動き出してから 1 秒後には，

水 ($\nu = 0.013$ cm^2/s) では，$\delta = 0.42$ cm，
空気 ($\nu = 0.14$ cm^2/s) では，$\delta = 1.4$ cm

となる．

式 (6.46) で定義された独立変数 η を用いると，あらゆる時刻の u/U が

$$\frac{u}{U} = 1 - \frac{2}{\sqrt{\pi}} \mathrm{Erf}\, \eta$$

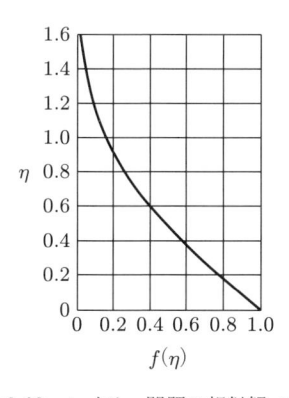

図 6.13 レイリー問題の相似解 $f(\eta)$

のように, η の関数として一つにまとめられる. これは, 図 6.12 において, $t = t_1, t_2, t_3$ の曲線を, それぞれ y 軸方向に $1/(2\sqrt{\nu t_1})$ 倍, $1/(2\sqrt{\nu t_2})$ 倍, $1/(2\sqrt{\nu t_3})$ 倍し, u 軸方向に $1/U$ 倍すると, 図 6.13 に示す関数 $f(\eta)$ のグラフに重なることを意味している. このとき, 式 (6.53) で与えられる関数 $f(\eta)$ をレイリー問題の相似解 (similarity solution) という.

6.5 流れの方程式の無次元化

これまで扱ってきた連続の方程式やナビエ・ストークス方程式に含まれる速度や圧力, 座標などはすべて次元（単位）をもつ量であった. したがって, 解こうとする問題のスケールの大きさによってこれらの物理量の値が変わってしまい, たとえば, 直径 1 m の円柱のまわりの流れと直径 1 cm の円柱のまわりの流れは同種かどうかを判断することが困難になる. そこで, 物理量の無次元化 (nondimensionalization) という操作が行われる. 無次元化とは, 物理量を, 基準となる大きさを 1 としたときの相対的な大きさで表すことである. 前節で述べた相似解は無次元化の一例である. y や u といった次元のある量を用いる代わりに, η や $f(\eta)$ という無次元の量を用いることによって, 解を一つの形にまとめることができた. 物理量の無次元化によって流れの方程式がどのように変わるかを考えてみる.

流れのなかの代表的な長さ（たとえば, 流れのなかに置かれた物体の長さ）を L とし, 代表的な速さ（たとえば, 物体に接近する一様流の速さ）を U として, これらを長さと速さの基準量とする. このとき, 無次元の座標と速度成分を次のように定義することができる.

$$x^* = \frac{x}{L}, \quad y^* = \frac{y}{L}, \quad u^* = \frac{u}{U}, \quad v^* = \frac{v}{U} \tag{6.55}$$

ここに, $*$ の付いた量が無次元量である. L/U は時間の次元をもつから, これを代表的な時間と考えると,

$$t^* = \frac{t}{L/U} \tag{6.56}$$

によって無次元の時間を定義することができる. ρU^2 は圧力の次元をもつから, これを代表的な圧力として, 無次元の圧力を,

$$p^* = \frac{p}{\rho U^2} \tag{6.57}$$

で定義する. ここでは説明をわかりやすくするために外力を無視する. 外力として重力を考慮する場合の方程式の無次元化を 6.8 節で考える.

以上で定義した無次元の物理量を用いて，連続の方程式とナビエ・ストークス方程式を書き直す．たとえば，連続の方程式について考えると，

$$\frac{\partial u}{\partial x} = \frac{\partial (Uu^*)}{\partial x^*}\frac{dx^*}{dx} = \frac{U}{L}\frac{\partial u^*}{\partial x^*}$$
$$\frac{\partial v}{\partial y} = \frac{\partial (Uv^*)}{\partial y^*}\frac{dy^*}{dy} = \frac{U}{L}\frac{\partial v^*}{\partial y^*}$$

より，

$$\frac{\partial u}{\partial x} + \frac{\partial v}{\partial y} = \frac{U}{L}\left(\frac{\partial u^*}{\partial x^*} + \frac{\partial v^*}{\partial y^*}\right) = 0$$

となる．したがって，連続の方程式の無次元形は

$$\frac{\partial u^*}{\partial x^*} + \frac{\partial v^*}{\partial y^*} = 0 \tag{6.58}$$

となる．同様にして，ナビエ・ストークス方程式を書き直すと，

$$\left.\begin{aligned}\frac{\partial u^*}{\partial t^*} + u^*\frac{\partial u^*}{\partial x^*} + v^*\frac{\partial u^*}{\partial y^*} &= -\frac{\partial p^*}{\partial x^*} + \frac{\nu}{UL}\left(\frac{\partial^2 u^*}{\partial x^{*2}} + \frac{\partial^2 u^*}{\partial y^{*2}}\right) \\ \frac{\partial v^*}{\partial t^*} + u^*\frac{\partial v^*}{\partial x^*} + v^*\frac{\partial v^*}{\partial y^*} &= -\frac{\partial p^*}{\partial y^*} + \frac{\nu}{UL}\left(\frac{\partial^2 v^*}{\partial x^{*2}} + \frac{\partial^2 v^*}{\partial y^{*2}}\right)\end{aligned}\right\} \tag{6.59}$$

を得る．このとき右辺第 2 項に現れた $\nu/(UL)$ を，

$$Re = \frac{UL}{\nu} = \frac{\rho UL}{\mu} \tag{6.60}$$

とおいて，Re をレイノルズ数 (Reynolds number) という．Re は無次元数である．

いま，2 種類の流れがあり，そのなかに幾何学的に相似な物体（たとえば，直径の異なる円柱）が同じ状態で置かれている場合を考えてみよう．このとき，流体の種類（すなわち ν の値）が異なり，流速や物体の大きさが異なっていても，式 (6.59) のなかの $\nu/(UL)$ の値が同じであれば，二つの流れは同一の無次元化された方程式に支配される．無次元化された方程式が同じであるから，その方程式の解が表す流れのパターンも同じである．たとえば，流れのパターンを表す流線上の点の座標に代表的な長さをかけて次元のある座標に戻すと，二つの流れのパターンは相似になる．

6.6　レイノルズの相似法則と模型実験

図 6.14 のように，幾何学的に相似な二つの物体があり，両者のまわりの流れのレイノルズ数が互いに等しいとする．このとき，無次元化された流れの方程式は両方の流れで共通であるから，無次元化された変数も共通である．いま，一方の流れの変数に下付き添字 1 をつけて表し，他方の流れの変数に下付き添字 2 をつけて表すことに

図 6.14 無次元化

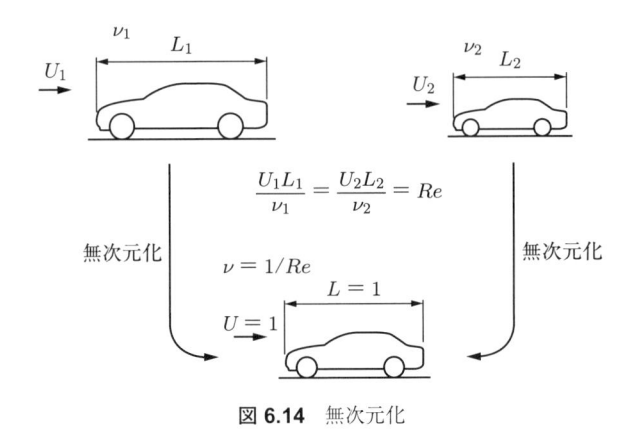

する. 座標 x, y について,

$$x^* = \frac{x_1}{L_1} = \frac{x_2}{L_2}, \qquad y^* = \frac{y_1}{L_1} = \frac{y_2}{L_2}$$

が成り立つから,

$$x_1 = \left(\frac{L_1}{L_2}\right) x_2, \qquad y_1 = \left(\frac{L_1}{L_2}\right) y_2$$

という比例関係が成り立つ. したがって, 流れのパターンの幾何学的な相似が保証される. 同様に, 圧力について,

$$p^* = \frac{p_1}{\rho_1 U_1^2} = \frac{p_2}{\rho_2 U_2^2}$$

より,

$$p_1 = \left(\frac{\rho_1}{\rho_2}\right) \left(\frac{U_1}{U_2}\right)^2 p_2$$

という比例関係が導かれる. 代表的な圧力 ρU^2 と代表的な面積 L^2 の積 $\rho U^2 L^2$ を代表的な力と考えると, 力 F の無次元化は,

$$F^* = \frac{F_1}{\rho_1 U_1^2 L_1^2} = \frac{F_2}{\rho_2 U_2^2 L_2^2}$$

で行われる. これより, 力についても比例関係,

$$F_1 = \left(\frac{\rho_1}{\rho_2}\right) \left(\frac{U_1}{U_2}\right)^2 \left(\frac{L_1}{L_2}\right)^2 F_2$$

が成り立つ. このように, 圧力や力などの力学的な量について上のような比例関係が成り立つことを "力学的に相似である" という.

以上の考察から, 次の重要な法則が導かれる.

幾何学的に相似な二つの物体のまわりの流れにおいて，流れのレイノルズ数が互いに等しければ，たとえ流体の種類が異なり，空間のスケールや流れの速さが異なっていても，この二つの流れは幾何学的にも力学的にも相似である．

これをレイノルズの相似法則 (Reynolds' law of similarity) という．この法則によれば，レイノルズ数の等しい二つの流れでは，一方の流れのようす，物体にはたらく流体力がわかれば，他方のそれらはそれぞれ幾何学的および力学的倍率をかけることによって求めることができる．これによって，航空機や自動車の実機のまわりの流れの現象を，縮尺模型を使った模型実験によって推定することが可能になる．

例として，自動車の模型実験を考えてみよう[1]．図 6.15 に示す全長 $L_p = 3$ m の乗用車が，20°C, 1 気圧の大気中を $U_p = 72$ km/h $= 20$ m/s の速さで走行しているときの抗力 D_p を知るために，実車の 1/10 の大きさの模型を使って実験を行うものとする[2]．実験には，水流を使う水槽実験と気流を使う風洞実験がある．

（1）水槽実験

最初に，模型を水槽のなかに置き，水（10°C）を流して実験を行う場合を考える．模型の全長を $L_m = L_p/10$，水流の速さを U_m とする．実車と模型のまわりの流れのレイノルズ数を一致させると，$U_p L_p / \nu_p = U_m L_m / \nu_m$ を得る．ν_p は空気の動粘性係数であるから $\nu_p = 1.51 \times 10^{-5}$ m^2/s (20°C, 1 気圧)，ν_m は水の動粘性係数であるから $\nu_m = 1.31 \times 10^{-6}$ m^2/s (10°C) である．これより $U_m = U_p (\nu_m / \nu_p)(L_p / L_m) = 17.4$ m/s となる．この速さで水を流せば，実車と模型のまわりの流れのレイノルズ数が等しくなり，両者の間で力学的相似が成り立つ．抗力の無次元化は

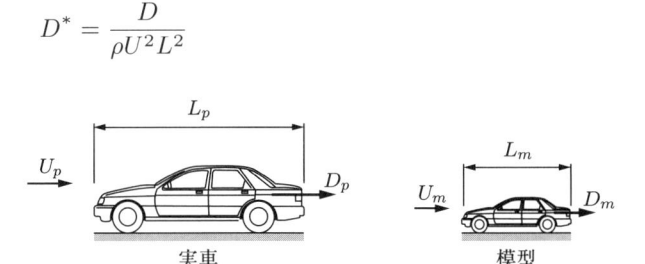

$$D^* = \frac{D}{\rho U^2 L^2}$$

図 6.15 走行する自動車にはたらく抗力の測定

---
[1] この模型実験の数値については文献 [12] を参考にした．
[2] 下付き添字 p は prototype（原型という意味）による．これに対して模型 (model) に関する量を表すのに下付き添字 m を用いる．

で行われる[1]．そこで，実車と模型の間で無次元抗力を等値した

$$\frac{D_p}{\rho_p U_p^2 L_p^2} = \frac{D_m}{\rho_m U_m^2 L_m^2} \tag{6.61}$$

より得られる式

$$D_p = \left(\frac{\rho_p}{\rho_m}\right)\left(\frac{U_p}{U_m}\right)^2\left(\frac{L_p}{L_m}\right)^2 D_m = 0.159\, D_m \tag{6.62}$$

によって実車に働く抗力 D_p を推定することができる．

（2）風洞実験（常圧）

　模型を風洞のなかに置き，空気を流して実験を行う場合を考える．実車の走行条件と同じ $20\,°C$，1気圧の空気を使うことにすると，$\nu_p = \nu_m = 1.51 \times 10^{-5}\,\mathrm{m^2/s}$ であるから，両者の流れのレイノルズ数を一致させるためには $U_m = 10 U_p = 200\,\mathrm{m/s}$ でなければならない．ところで，音速を $343\,\mathrm{m/s}$ として，両者の流れのマッハ数 Ma を調べると，$(Ma)_p = 0.06$，$(Ma)_m = 0.58$ となる．1.5.1項で述べたように，$Ma \leqq 0.3$ の場合は流体の圧縮性を無視してもさしつかえない．したがって，実車まわりの流れは非圧縮性流れとみなせるが，模型まわりの流れは圧縮性を考慮しなければならない速さである．すなわち，粘性に関する力学的相似が保証されても，圧縮性に関する力学的相似が不十分であり，全体として良好な力学的相似が得られているとはいえない．そこで，模型まわりの流れを非圧縮性流れとみなせるまで気流の速さを遅くすることが考えられる．風洞内の気流の速さを $(Ma)_m = 0.3$ まで落とすことにすれば，$U_m = 102\,\mathrm{m/s}$ となる．この場合，実車のレイノルズ数が $(Re)_p = 4 \times 10^6$ であるのに対して，模型のレイノルズ数は $(Re)_m = 2 \times 10^6$ になる．しかし，レイノルズ数のオーダー（10^6 という大きさ）は同じであるので，この程度のレイノルズ数の違いによる影響は小さいと考えるならば，式 (6.61) において $\rho_p = \rho_m$ と置いて得られる換算式

$$D_p = \left(\frac{U_p}{U_m}\right)^2\left(\frac{L_p}{L_m}\right)^2 D_m = 3.84\, D_m \tag{6.63}$$

によって，抗力 D_p を推定することができる．ただし，この場合の推定値には測定誤差のほかに，粘性に関する力学的相似が成立していないことによる誤差も含まれることを忘れてはならない．

（3）風洞実験（高圧）

　（2）の風洞実験では，実車の場合と同じ大気圧のもとで実験を行おうとしたた

---

[1] 流体力学の慣習では，力の無次元化を行う際の代表的な圧力には動圧 $\rho U^2/2$ を用いる（8.2節参照）．しかし，ここでは 6.5 節で行った無次元化にならって ρU^2 を代表的な圧力とする．

めに，空気の圧縮性が問題になった．ところで，レイノルズ数を等値して得られる

$$U_m = \left(\frac{L_p}{L_m}\right)\left(\frac{\nu_m}{\nu_p}\right) U_p = \left(\frac{L_p}{L_m}\right)\left(\frac{\mu_m}{\mu_p}\right)\left(\frac{\rho_p}{\rho_m}\right) U_p \tag{6.64}$$

において，$\rho_p/\rho_m < 1$ とすることができれば，U_m の大きさを抑えることが可能である．空気を理想気体と仮定すると，状態方程式

$$p = \rho R T \quad (R \text{ は気体定数}, T \text{ は絶対温度}) \tag{6.65}$$

が成り立つ．風洞内の気温は実車の場合と同じ $20°C$ に保たれると仮定すると，

$$\frac{p_p}{p_m} = \frac{\rho_p}{\rho_m}$$

が成り立つ．そこで，風洞を密閉し，風洞内の圧力 p_m を大気圧 p_p の，たとえば 3 倍に加圧して実験を行うとすれば，$\rho_p/\rho_m = 1/3$ となる．加圧による粘性係数の変化は無視できるとすれば，式 (6.64) より $U_m = 67\,\text{m/s}$ となる．(2) での考察を参照すれば，この速さの流れのマッハ数は 0.3 よりも小さいから流体の圧縮性を無視できる[1]．したがって，実車と模型の間で力学的な相似が成り立つ．この場合の抗力の換算式は，

$$D_p = \left(\frac{\rho_p}{\rho_m}\right)\left(\frac{U_p}{U_m}\right)^2 \left(\frac{L_p}{L_m}\right)^2 D_m = 2.97\, D_m \tag{6.66}$$

となる．

6.7　レイノルズ数の物理的意味

　流れのなかの代表的な長さを L，代表的な速さを U とし，流体の密度を ρ とする．質量は (密度)×(体積) であるから，流体の質量は ρL^3 の程度の大きさと考えられる[2]．加速度は (流速変化)/(時間) であるから，流体の加速度は U^2/L の程度の大きさである．したがって，流体の慣性力は，

$$(\text{質量}) \times (\text{加速度}) = (\rho L^3) \times \left(\frac{U^2}{L}\right) = \rho U^2 L^2$$

の程度の大きさをもつ．

　次に，流れのなかに生じるせん断応力は，式 (6.6) を参照すると (粘性係数)×(速度勾配) であるから，$\mu(U/L)$ の程度の大きさと考えられる．したがって，流体の粘性

---

[1] 理想気体中の音速は $a = \sqrt{\kappa R T}$ (κ は比熱比) で与えられることがわかっている．すなわち，音速は絶対温度によって変化するから，気圧を上げても気温を $20°C$ に保てば，音速は変わらない．

[2] ρL^3 を代表的な質量といいかえてもよい．

によるせん断力は，

$$(\text{せん断応力}) \times (\text{面積}) = \mu \frac{U}{L} \times L^2 = \mu UL$$

の程度の大きさをもつ．そこで，流体の慣性力の大きさの程度と粘性によるせん断力の大きさの程度の比を調べると，

$$\frac{(\text{流体の慣性力の大きさの程度})}{(\text{粘性によるせん断力の大きさの程度})} = \frac{\rho U^2 L^2}{\mu UL} = \frac{\rho UL}{\mu} = Re \quad (6.67)$$

となる．すなわち，レイノルズ数は流体の慣性力の大きさと粘性によるせん断力の大きさの比を表す．

一般に，レイノルズ数の小さい流れでは，慣性力よりも粘性によるせん断力のほうが大きく，流れの広い範囲にわたって粘性の影響を考慮しなければならない．逆に，レイノルズ数の大きい流れでは，粘性によるせん断力は慣性力に比べて小さく，物体の近傍を除く流体の大部分で粘性の影響を無視することができる．

【レイノルズ数の大きさの例】

(1) 20°C のグリセリンが直径 1 cm の直管のなかを 15 cm/s で流れている場合は，

$$\rho = 1.26 \times 10^3 \text{ kg/m}^3, \quad \mu = 1.50 \text{ Pa·s} = 1.50 \text{ kg/(m·s)}$$
$$U = 0.15 \text{ m/s}, \quad L = 0.01 \text{ m}$$

であるから，$Re = 1.3$ となる．

(2) 直径 10 cm の球のまわりを 20°C，1 気圧の空気が 20 m/s で流れている場合は，

$$\rho = 1.204 \text{ kg/m}^3, \quad \mu = 1.82 \times 10^{-5} \text{ Pa·s}$$
$$U = 20 \text{ m/s}, \quad L = 0.1 \text{ m}$$

であるから，$Re = 1.3 \times 10^5$ となる．

(3) 全長 4.7 m の乗用車が 100 km/h で 20°C，1 気圧の空気のなかを走行している場合は，

$$\rho = 1.204 \text{ kg/m}^3, \quad \mu = 1.82 \times 10^{-5} \text{ Pa·s}$$
$$U = 100 \text{ km/h} = 27.78 \text{ m/s}, \quad L = 4.7 \text{ m}$$

であるから，$Re = 8.6 \times 10^6$ となる．

6.8 重力項をもつナビエ・ストークス方程式の無次元化

外力項を含むナビエ・ストークス方程式の無次元化を考える．外力 X, Y は単位質量あたりの力である．そこで，力の次元をもつ $\rho U^2 L^2$ を質量の次元をもつ ρL^3 で割った U^2/L を代表的な外力として，

$$X^* = \frac{X}{U^2/L}, \qquad Y^* = \frac{Y}{U^2/L} \tag{6.68}$$

によって無次元の外力 X^*, Y^* を定義する．したがって，外力項を含むナビエ・ストークス方程式の無次元形は，

$$\left. \begin{aligned} \frac{\partial u^*}{\partial t^*} + u^* \frac{\partial u^*}{\partial x^*} + v^* \frac{\partial u^*}{\partial y^*} &= -\frac{\partial p^*}{\partial x^*} + \frac{1}{Re}\left(\frac{\partial^2 u^*}{\partial x^{*2}} + \frac{\partial^2 u^*}{\partial y^{*2}}\right) + X^* \\ \frac{\partial v^*}{\partial t^*} + u^* \frac{\partial v^*}{\partial x^*} + v^* \frac{\partial v^*}{\partial y^*} &= -\frac{\partial p^*}{\partial y^*} + \frac{1}{Re}\left(\frac{\partial^2 v^*}{\partial x^{*2}} + \frac{\partial^2 v^*}{\partial y^{*2}}\right) + Y^* \end{aligned} \right\} \tag{6.69}$$

となる．

外力として重力を考えてみよう．y 軸を鉛直上向きを正にして設定すると $X = 0, Y = -g$ であるから，$X^* = 0, Y^* = -gL/U^2$ となる．したがって，式 (6.69) は，

$$\left. \begin{aligned} \frac{\partial u^*}{\partial t^*} + u^* \frac{\partial u^*}{\partial x^*} + v^* \frac{\partial u^*}{\partial y^*} &= -\frac{\partial p^*}{\partial x^*} + \frac{1}{Re}\left(\frac{\partial^2 u^*}{\partial x^{*2}} + \frac{\partial^2 u^*}{\partial y^{*2}}\right) \\ \frac{\partial v^*}{\partial t^*} + u^* \frac{\partial v^*}{\partial x^*} + v^* \frac{\partial v^*}{\partial y^*} &= -\frac{\partial p^*}{\partial y^*} + \frac{1}{Re}\left(\frac{\partial^2 v^*}{\partial x^{*2}} + \frac{\partial^2 v^*}{\partial y^{*2}}\right) - \frac{gL}{U^2} \end{aligned} \right\} \tag{6.70}$$

となる．式 (6.70) より，重力の影響下で 2 種類の流れが幾何学的，力学的に相似であるためには，レイノルズ数 Re とともに gL/U^2 が二つの流れで等しくなければならないことがわかる．このとき，

$$Fr = \frac{U}{\sqrt{gL}} \tag{6.71}$$

とおき，Fr をフルード数 (Froude number) という．フルード数は無次元数である．

流体の慣性力の大きさの程度は $\rho U^2 L^2$ である．流体に作用する重力は $\rho L^3 g$ の程度の大きさをもつから，

$$\frac{(流体の慣性力の大きさの程度)}{(流体に作用する重力の大きさの程度)} = \frac{\rho U^2 L^2}{\rho L^3 g} = \frac{U^2}{gL} = (Fr)^2 \tag{6.72}$$

となる．すなわち，フルード数は流体の慣性力の大きさと重力の大きさの比を表す．フルード数は，土木工学，船舶工学などの，重力下での水の挙動を把握しなければならない分野では重要な無次元数である．

例題 6.1　船の性能実験

水上を航行する実船の性能を調べるために，水銀に模型船を浮かべて実験を行う．どちらの場合も静止した液面を船が一定の速さで走行するものとする．実船と模型船は幾何学的に相似である．実船と模型船のまわりの流れが力学的に相似であるための条件を求めてみる．

実船と模型船の代表的な長さをそれぞれ L_p, L_m，実船と模型船の走行速さをそれぞれ U_p, U_m，水と水銀の動粘性係数をそれぞれ ν_p, ν_m で表す．力学的相似が成り立つためには，両者の流れのレイノルズ数とフルード数がそれぞれ等しくなければならない．したがって，

$$\frac{U_p L_p}{\nu_p} = \frac{U_m L_m}{\nu_m}, \qquad \frac{U_p}{\sqrt{gL_p}} = \frac{U_m}{\sqrt{gL_m}} \tag{6.73}$$

が成り立たなければならない．両式をそれぞれ U_m/U_p について解くと，

$$\frac{U_m}{U_p} = \left(\frac{\nu_m}{\nu_p}\right)\left(\frac{L_p}{L_m}\right), \qquad \frac{U_m}{U_p} = \sqrt{\frac{L_m}{L_p}} \tag{6.74}$$

となる．両式の右辺を等値し整理すると，

$$\frac{L_m}{L_p} = \left(\frac{\nu_m}{\nu_p}\right)^{2/3}$$

を得る．水（10°C）の動粘性係数は $\nu_p = 1.31 \times 10^{-6}\,\mathrm{m^2/s}$，水銀（0°C）の動粘性係数は $\nu_m = 1.24 \times 10^{-7}\,\mathrm{m^2/s}$ であるから，$L_m/L_p = 0.21$ となる．この結果を式 (6.74) の第 2 式に代入すると，$U_m/U_p = 0.46$ を得る．以上より，実験に用いる模型船は実船の 0.21 倍の大きさとし，模型船の走行速さは実船の走行速さの 0.46 倍にすればよいことがわかる．■

6.9　遅い粘性流れ

6.9.1　ストークス近似

ナビエ・ストークス方程式は非線形の偏微分方程式である．したがって，クエット流れやポアズイユ流れのような簡単な流れの場合を除いて，その厳密解を求めることは難しい．近年，コンピューターの性能向上と数値計算法の発展に助けられて，ナビエ・ストークス方程式を数値的に解き，流れの様相を調べる計算流体力学が発達してきているが，それまでは流れの特徴を考慮してナビエ・ストークス方程式を簡略化し，解析的に求解可能な形に帰着させる努力が行われてきた．その近似の 1 例は，流

体の粘性を無視するというものである．このとき，非回転の条件のもとで速度ポテンシャルが導入され，問題は速度ポテンシャルに関するラプラス方程式を解くことに帰着される．こうして求められた解が表す流れ（ポテンシャル流れ）は，流れの物理的イメージを把握するのにおおいに役立つが，その反面，ダランベールのパラドックスのような非現実的な結果をもたらすこともある．

粘性流体の流れに対する近似の例として，"遅い流れ (creeping flow)" を仮定するものがある．連続の方程式を考慮しつつ，ナビエ・ストークス方程式を変形すると，

$$\left.\begin{aligned}\frac{\partial u}{\partial t}+\frac{\partial(u^2)}{\partial x}+\frac{\partial(uv)}{\partial y} &= -\frac{1}{\rho}\frac{\partial p}{\partial x}+\nu\left(\frac{\partial^2 u}{\partial x^2}+\frac{\partial^2 u}{\partial y^2}\right)+X \\ \frac{\partial v}{\partial t}+\frac{\partial(uv)}{\partial x}+\frac{\partial(v^2)}{\partial y} &= -\frac{1}{\rho}\frac{\partial p}{\partial y}+\nu\left(\frac{\partial^2 v}{\partial x^2}+\frac{\partial^2 v}{\partial y^2}\right)+Y\end{aligned}\right\} \quad (6.75)$$

となる[1]．ε を $\varepsilon \ll 1$ である微小量とするとき，流速がきわめて小さくて ε のオーダー (order)[2] であるとする．このとき，式 (6.75) の左辺第 1 項と右辺第 2 項は流速に関して ε のオーダーであるのに対して，非線形項である左辺第 2，第 3 項は ε^2 のオーダーである．そこで，非線形項は他項に比べて微小であると考えて，非線形項を無視する考え方が遅い流れの近似である．このとき，ナビエ・ストークス方程式は次のような線形の偏微分方程式になる．

$$\left.\begin{aligned}\frac{\partial u}{\partial t} &= -\frac{1}{\rho}\frac{\partial p}{\partial x}+\nu\left(\frac{\partial^2 u}{\partial x^2}+\frac{\partial^2 u}{\partial y^2}\right)+X \\ \frac{\partial v}{\partial t} &= -\frac{1}{\rho}\frac{\partial p}{\partial y}+\nu\left(\frac{\partial^2 v}{\partial x^2}+\frac{\partial^2 v}{\partial y^2}\right)+Y\end{aligned}\right\} \quad (6.76)$$

このような近似をストークス近似 (Stokes' approximation) といい，式 (6.76) をストークス方程式 (Stokes' equations) という．ストークス方程式が表す流れをストークス流れ (Stokes' flow) とよぶ．流れが遅いということは流体運動の慣性力が小さいということであるから，ストークス流れのレイノルズ数は小さい．一般に，ストークス近似が成り立つレイノルズ数の範囲は $Re < 1$ であるとされている．この意味でストークス流れを低レイノルズ数流れ (low-Reynolds-number flow) とよぶことがある．

ところで，流れがそれほど遅くなくても，流体の粘度が高く，粘性によるせん断力が大きければ流れのレイノルズ数は小さくなる．このような場合にもストークス近似を適用することができる．ストークス方程式の一般解が文献 [13] にまとめられているので参照していただきたい．

---

[1] 第 3 章演習問題の 3.10(a) を参照のこと．
[2] オーダーとは "大きさの程度" という意味である．"ε の大きさの程度 (Order of ε)" という意味で $O(\varepsilon)$ という記号を用いる．

ストークスは，3次元のストークス方程式と連続の方程式を解いて，一様流中に置かれた球のまわりの流れの解を求めた．そして，球にはたらく抗力 D が，

$$D = 6\pi\mu U R \tag{6.77}$$

で与えられることを導いた．ここに，μ は流体の粘性係数，U は一様流速，R は球の半径である．式 (6.77) をストークスの抵抗式 (Stokes' formula of resistance) という．この公式は $Re = 1$ 程度までは実験結果とよく一致することが確かめられている．

6.9.2 すべり軸受の潤滑油膜内の流れ

ストークス流れの例として，すべり軸受 (sliding bearing) の潤滑油内の流れを考えてみよう．図 6.16 はすべり軸受のなかのジャーナル軸受 (journal bearing) の説明図である．ジャーナル軸受は回転軸に直角に加わる荷重を支えるものである．外側の円が軸受の内面，内側の円が回転軸の表面を表す．軸が回転するとき，軸と軸受の中心は図のように互いにずれている．このため，軸と軸受の間には大きさの異なるすき間が生じる．図の向きに軸が回転すると，くさび側の潤滑油は広いすき間から狭いすき間へ流れる．このとき，油膜内に高い圧力が生じ，この圧力が軸に加わる荷重を支えるのである．ジャーナル軸受のすき間は軸の直径の 1/1000 程度であるように，すき間の大きさはほかの寸法に比べて非常に小さい．したがって，軸と軸受の相対する面を平面で近似することができる．そこで，図 6.17 のモデルを用いて油膜内の圧力分布を調べてみる．

図 6.17 のように，互いに平行ではない 2 平面の間に潤滑油が満たされている．下面は，x 軸に一致し，x 軸の正方向に一定の速さ U で動き続ける無限に長い平面と

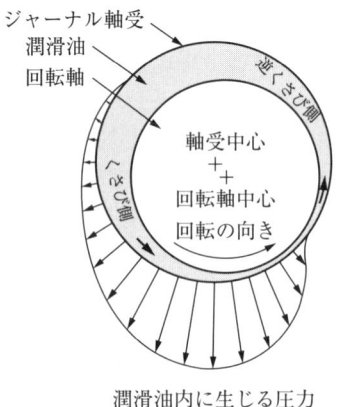

図 6.16 ジャーナル軸受

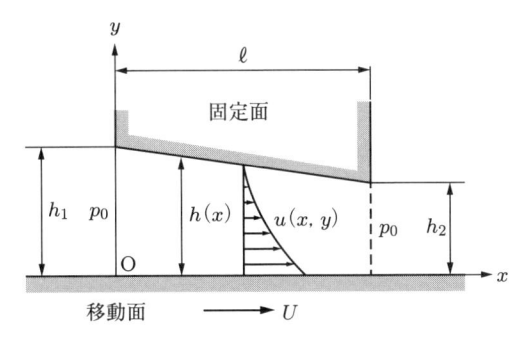

図 **6.17** すべり軸受の潤滑油膜内の流れ

する．上面は，長さ ℓ の固定平面で，下面が動く向きに2平面間のすき間がせばまるように x 軸に対してわずかに傾斜している．ジャーナル軸受の場合と同様に，x 方向の長さ（たとえば ℓ）に比べて，すき間の大きさは十分に小さいとする．6.4.2項で述べたクエット流れと同様に，下面の動きに引きずられて油膜内には下面が動く向きに流れが生じる．この流れは2次元定常流れとし，外力の影響は無視する．すき間が十分小さいことから，油膜内の流れにおいては粘性の作用が支配的である．したがって，油膜内の流れをストークス流れとして扱うことができて，流れの基礎方程式は，

$$\frac{\partial u}{\partial x} + \frac{\partial v}{\partial y} = 0 \tag{6.78}$$

$$-\frac{1}{\rho}\frac{\partial p}{\partial x} + \nu\left(\frac{\partial^2 u}{\partial x^2} + \frac{\partial^2 u}{\partial y^2}\right) = 0 \tag{6.79}$$

$$-\frac{1}{\rho}\frac{\partial p}{\partial y} + \nu\left(\frac{\partial^2 v}{\partial x^2} + \frac{\partial^2 v}{\partial y^2}\right) = 0 \tag{6.80}$$

となる．

x 方向の代表的な長さ（たとえば ℓ）を L，y 方向の代表的な長さ（たとえば図 6.17 の h_1 や h_2）を H とし，油膜内の流れの x 方向の代表的な速さを U，y 方向の代表的な速さを V とする．このとき $H/L \ll 1$ である．連続の方程式 (6.78) の左辺の二つの項のオーダー（大きさの程度）を調べると

$$\frac{\partial u}{\partial x} \sim \frac{U}{L}, \qquad \frac{\partial v}{\partial y} \sim \frac{V}{H}$$

である．ここに，記号 $\sim$ は左辺と右辺のオーダーが同じであることを意味する．二つの項を足して0になることから，二つの項のオーダーは同じでなければならない．したがって，$U/L \sim V/H$ より，

$$\frac{V}{U} \sim \frac{H}{L} \ll 1 \tag{6.81}$$

となる．このように，代表的な大きさを用いて方程式の各項のオーダーを調べることを大きさの評価 (order estimation) という．

次に，式 (6.79) の u の 2 階偏導関数のオーダーを調べると，

$$\frac{\partial^2 u}{\partial x^2} \sim \frac{U}{L^2}, \qquad \frac{\partial^2 u}{\partial y^2} \sim \frac{U}{H^2} = \left(\frac{L}{H}\right)^2 \frac{U}{L^2}$$

である．$L/H \gg 1$ であるから $\partial^2 u/\partial y^2 \gg \partial^2 u/\partial x^2$ となって，$\partial^2 u/\partial y^2$ に対して $\partial^2 u/\partial x^2$ を微小量として無視することができる．同様に，式 (6.80) の v の 2 階偏導関数のオーダーを調べる．式 (6.81) を考慮すると $V \sim (H/L)U$ であるから，

$$\frac{\partial^2 v}{\partial x^2} \sim \frac{V}{L^2} \sim \left(\frac{1}{L^2}\right)\left(\frac{H}{L}U\right) = \left(\frac{H}{L}\right)\left(\frac{U}{L^2}\right)$$

$$\frac{\partial^2 v}{\partial y^2} \sim \frac{V}{H^2} \sim \left(\frac{1}{H^2}\right)\left(\frac{H}{L}U\right) = \left(\frac{L}{H}\right)\left(\frac{U}{L^2}\right)$$

となって，$\partial^2 v/\partial y^2$ に対して $\partial^2 v/\partial x^2$ を微小量として無視することができる．さらに，$\partial^2 u/\partial y^2$ と $\partial^2 v/\partial y^2$ のオーダーを比べると，

$$\frac{\partial^2 v/\partial y^2}{\partial^2 u/\partial y^2} \sim \frac{(L/H)(U/L^2)}{(L/H)^2(U/L^2)} = \frac{H}{L} \ll 1$$

となるから，$\partial^2 u/\partial y^2$ に対して $\partial^2 v/\partial y^2$ も微小量として無視することができる．

以上の考察の結果，式 (6.79)，(6.80) は，

$$-\frac{1}{\rho}\frac{\partial p}{\partial x} + \nu\frac{\partial^2 u}{\partial y^2} = 0 \tag{6.82}$$

$$-\frac{1}{\rho}\frac{\partial p}{\partial y} = 0 \tag{6.83}$$

のように簡単化される．式 (6.83) より圧力 p は x のみの関数である．平行平板間のクエット流れにおいて u は y のみの関数であったので，$\partial p/\partial x$ は定数でなければならなかった．しかし，式 (6.82) の u は x, y の関数であるから，$\partial p/\partial x$ は一定ではなく，x の関数である．式 (6.82) の u に対する境界条件を，

$$y = 0 \text{ で } u = U, \qquad y = h(x) \text{ で } u = 0 \tag{6.84}$$

のように与える．ここに，$h(x)$ は図 6.17 に示す固定面の高さを表す関数である．式 (6.82) を y について 2 回積分したのち，境界条件 (6.84) を適用すると，

$$u(x, y) = U\frac{h(x) - y}{h(x)} - \frac{y[h(x) - y]}{2\mu}\frac{dp}{dx} \tag{6.85}$$

を得る．

区間 $0 \leqq x \leqq \ell$ において，x 軸に垂直な任意の断面を通過する体積流量を Q とすると，

$$Q = \int_0^{h(x)} u(x, y)\, dy \tag{6.86}$$

である．式 (6.86) に式 (6.85) を代入すると，

$$Q = \frac{U}{2} h(x) - \frac{[h(x)]^3}{12\mu} \frac{dp}{dx} \tag{6.87}$$

を得る．密度は一定であるから，質量保存の法則によって Q はどの断面でも一定でなければならない．すなわち，質量保存の法則の表現として，連続の方程式 (6.78) の代わりに $Q = $ (一定) という条件を用いることができる．そこで，式 (6.87) を圧力 $p(x)$ に関する常微分方程式とみなして，境界条件 $p(0) = p_0$ のもとで解くと，

$$p(x) = p_0 + 6\mu U \int_0^x \frac{d\xi}{[h(\xi)]^2} - 12\mu Q \int_0^x \frac{d\xi}{[h(\xi)]^3} \tag{6.88}$$

を得る．区間 $x \leqq 0$，$x \geqq \ell$ では圧力は一定であるとして条件 $p(\ell) = p_0$ を適用すると，体積流量 Q の計算式

$$Q = \frac{U \int_0^\ell \dfrac{d\xi}{[h(\xi)]^2}}{2 \int_0^\ell \dfrac{d\xi}{[h(\xi)]^3}} \tag{6.89}$$

が導かれる．図 6.17 を参照すると，関数 $h(x)$ は

$$h(x) = h_1 - \frac{h_1 - h_2}{\ell} x \tag{6.90}$$

で与えられる．式 (6.90) を式 (6.88), (6.89) に代入すると，

$$p(x) = p_0 + \frac{6\mu U \ell}{h_1^2 - h_2^2} \frac{[h_1 - h(x)][h(x) - h_2]}{[h(x)]^2} \tag{6.91}$$

$$Q = \frac{h_1 h_2}{h_1 + h_2} U \tag{6.92}$$

を得る．

式 (6.91) に注目すると，区間 $0 < x < \ell$ では $h_2 < h(x) < h_1$ であるから，常に $p(x) > p_0$ である．この圧力上昇によって，下面に対して上面を浮き上がらせておくことができる．

式 (6.90) を式 (6.91) に代入し整理すると，

$$\frac{p(x) - p_0}{\mu U \ell / h_1^2} = \frac{6(1-\lambda)^2}{1-\lambda^2} \frac{\dfrac{x}{\ell}\left(1 - \dfrac{x}{\ell}\right)}{\left[1 - (1-\lambda)\dfrac{x}{\ell}\right]^2} \tag{6.93}$$

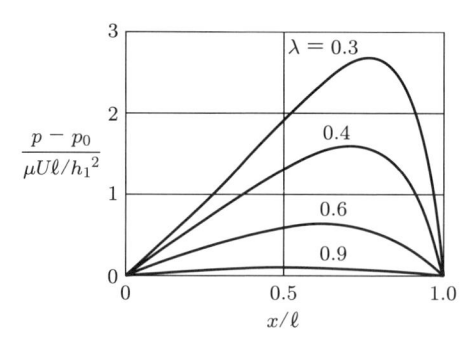

図 **6.18** 潤滑油膜内の圧力分布

となる．ここに，$\lambda = h_2/h_1$ である．λ をパラメーターとして $[p(x) - p_0]/(\mu U \ell / h_1^2)$ を x/ℓ に対してプロットすると，図 6.18 を得る．圧力は λ が小さくなるにつれて，すなわち下面に対する上面の傾斜が大きくなるにつれて大きくなる．λ が 1 に近いとき圧力は $x/\ell = 0.5$ で最大となり，左右対称な分布形を示すが，λ が小さくなるにつれて最大圧力の位置は下流側 ($x/\ell > 0.5$) へ移っていく．

演習問題

6.1 速度成分が，
$$u = x^2 - y^2, \quad v = -2xy$$
で与えられる流れのなかに，問図 6.1 のような断面の角柱を置く．面 A，B の紙面に垂直方向の単位長さあたりにはたらくせん断力を求めよ．なお，粘性係数を μ とする．

6.2 2 次元クエット流れについて，次の設問に答えよ．
(a) 平板間の体積流量 Q が 0 になるときの圧力勾配を求めよ．ただし，紙面に垂直方向の厚さを 1 とする．
(b) $Q = 0$ のときの圧力勾配に対応する速度成分 u の分布形を，縦軸に y/h，横軸に

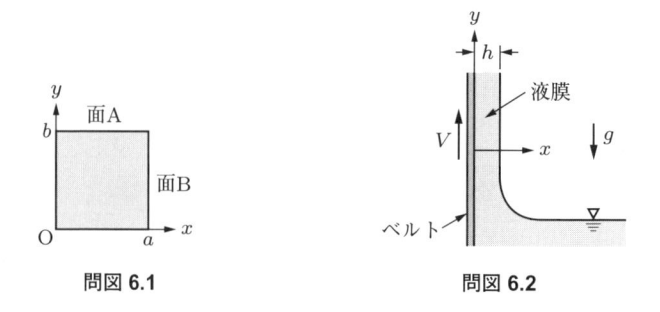

問図 **6.1**

問図 **6.2**

u/U をとって図示せよ．流れの向きを矢印で示すこと．
(c) 下の平板にはたらくせん断応力が 0 になるときの圧力勾配を求めよ．
(d) (c) の圧力勾配に対応する速度成分 u の分布形を (b) の指示にならって図示せよ．

6.3 問図 6.2 のように，ベルトが粘度の高い液体の入った容器のなかを通って鉛直上向きに動いている．ベルトの移動速度は一定で，その大きさは V である．ベルトと液体の間にはたらく粘性摩擦力によって液体はベルトによって引っ張り上げられ，ベルトの表面には液体の膜ができる．膜のなかの液体は重力の影響を受ける．液膜内の流れは定常流れで，液膜の厚さ h は一定であるとして，次の設問に答えよ．
(a) ナビエ・ストークス方程式と連続の方程式を解いて，液膜内の流れの速度分布を求めよ．このとき，液膜表面 $(x = h)$ では，次の 2 条件
① 液体の圧力は大気圧に等しい，
② せん断応力は 0 である．
が成り立つ．重力加速度を g とする．
(b) 液膜内の流れの平均流速を求めよ．
(c) 液膜内の速度成分 v の分布形を図示せよ．

6.4 問図 6.3 のような傾斜角 θ の静止斜面上を，一定厚さ h で液体 (密度 ρ，動粘性係数 ν) が流れている．流れは定常流れとする．この液体の流れについて次の設問に答えよ．なお，液体と空気の接触面（自由表面）では，演習問題 6.3(a) の液膜表面と同じ 2 条件が成り立つとする．また，重力加速度を g とし，圧力はゲージ圧で表すものとする．
(a) 図のように座標系を設けるとき，流れの速度成分 u, v と圧力 p を求めよ．
(b) 最大流速と最大流速が生じる位置を求めよ．
(c) (a) で求めた速度と圧力の分布を図示せよ．
(d) 体積流量 Q を求めよ．
(e) 斜面を x 軸の負の方向に速さ $U(>0)$ で，面に平行に動かす．このとき，U をある大きさにすると体積流量 Q が 0 になる．このときの U を求めよ．
(f) $Q = 0$ のときの液体内の速度分布を図示せよ．

6.5 問図 6.4 に示すような，無限に延びる 2 枚の平行平板が水平面に対して θ だけ傾いて置かれており，その間を流体が満たしている．下の板を固定し，上の板を一定の速さ U

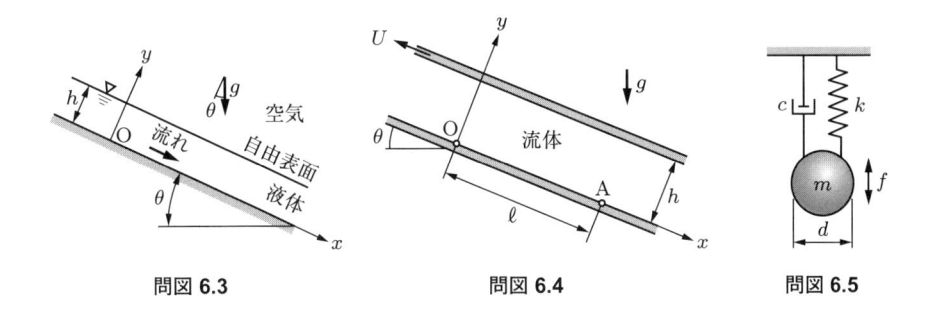

| 問図 6.3 | 問図 6.4 | 問図 6.5 |

($U > 0$) で図に示すように下の板に平行に動かし続ける．十分に時間が経過し，平板間の流れが定常状態にあるとき，次の設問に答えよ．ただし，流体の密度を ρ，重力加速度を g とする．

(a) 図のように座標系を設けるとき，流れの速度成分 u, v を求めよ．
(b) 図の 2 点 O $(0,0)$ と A $(\ell,0)$ で圧力を測定したところ，それぞれ p_O, p_A であった．このとき，流体内の圧力分布を表す式を示せ．
(c) $p_O > p_A$ のときの速度分布を図示せよ．
(d) $(p_A - p_O)/\ell > \rho g \sin\theta$ のときの速度分布を図示せよ．

6.6 問図 6.5 のような，質量 m，直径 d の球がばね（ばね定数 k）とダッシュポット（減衰定数 c）に支持されている振動系を考える．この球に外部から周期的な力 f が加わるとき，球の運動方程式は，

$$m\frac{d^2y}{dt^2} + c\frac{dy}{dt} + ky = f$$

で与えられる．ここに，y は静的つり合い位置からの変位を表す．m を代表的な質量，d を代表的な長さ，この振動系の固有振動数の逆数を代表的な時間として，上の運動方程式を無次元化したとき，

$$\frac{d^2y^*}{dt^{*2}} + A\frac{dy^*}{dt^*} + By^* = Cf^*$$

を得た．ここに，上付き添字 $*$ は無次元量を意味する．係数 A, B, C を示せ．

6.7 偏微分方程式

$$\rho A \frac{\partial^2 w}{\partial t^2} + EI \frac{\partial^4 w}{\partial x^4} = 0$$

は，はりの微小自由振動を表す方程式である．ρ ははりの線密度，A ははりの断面積，E はヤング率，I は断面二次モーメントである．ρ, A, E を用いて，時間 t，座標 x，はりのたわみ $w(x,t)$ を無次元化し，上の偏微分方程式を無次元量で表せ．さらに，無次元化された偏微分方程式のなかにどのような無次元数が現れるかを答えよ．

6.8 室内で暖房器を使うと，暖房器の近くの空気は暖められて上昇し，天井付近の冷えた空気は下降する．こうして室内に上昇流と下降流が生まれ，空気が上下に循環する．このような流れを対流 (convection) という．対流は流体運動と流体内部の熱移動が互いに影響を及ぼしあう現象である．対流を表す基礎方程式は，2 次元の場合，

$$\frac{\partial u}{\partial x} + \frac{\partial v}{\partial y} = 0 \tag{1}$$

$$\rho_0\left(\frac{\partial u}{\partial t} + u\frac{\partial u}{\partial x} + v\frac{\partial u}{\partial y}\right) = -\frac{\partial p}{\partial x} + \mu\left(\frac{\partial^2 u}{\partial x^2} + \frac{\partial^2 u}{\partial y^2}\right) \tag{2}$$

$$\rho_0\left(\frac{\partial v}{\partial t} + u\frac{\partial v}{\partial x} + v\frac{\partial v}{\partial y}\right) = -\frac{\partial p}{\partial y} + \mu\left(\frac{\partial^2 v}{\partial x^2} + \frac{\partial^2 v}{\partial y^2}\right) + \rho_0 g \beta (T - T_0) \tag{3}$$

$$\rho_0 c_v \left(\frac{\partial T}{\partial t} + u \frac{\partial T}{\partial x} + v \frac{\partial T}{\partial y} \right) = \kappa \left(\frac{\partial^2 T}{\partial x^2} + \frac{\partial^2 T}{\partial y^2} \right) \tag{4}$$

で与えられることが知られている．ただし，鉛直上向きに y 軸を設けるものとする．式 (3) の右辺第 3 項は浮力を表す項で，g は重力加速度，β は空気の体膨張係数，T_0 は基準温度（たとえば，暖房器を使う前の室温）である．ρ_0 は温度 T_0 における密度である．また，T は温度，c_v は定容比熱，κ は熱伝導率である．そこで，L を代表長さ，U を代表速さ，$\Delta T (= T_1 - T_0)$（T_1 は熱源の温度）を代表温度として，上式を無次元化すると，式 (3) と式 (4) は，

$$\frac{\partial v^*}{\partial t^*} + u^* \frac{\partial v^*}{\partial x^*} + v^* \frac{\partial v^*}{\partial y^*} = -\frac{\partial p^*}{\partial y^*} + \frac{1}{Re} \left(\frac{\partial^2 v^*}{\partial x^{*2}} + \frac{\partial^2 v^*}{\partial y^{*2}} \right) + \frac{Gr}{Re^2} T^* \tag{5}$$

$$\frac{\partial T^*}{\partial t^*} + u^* \frac{\partial T^*}{\partial x^*} + v^* \frac{\partial T^*}{\partial y^*} = \frac{1}{Pr \cdot Re} \left(\frac{\partial^2 T^*}{\partial x^{*2}} + \frac{\partial^2 T^*}{\partial y^{*2}} \right) \tag{6}$$

となる．ここに，上付き添字 $*$ は無次元量を意味する．無次元温度 T^* は $T^* = (T - T_0)/\Delta T$ で定義されている．式 (5), (6) の中の Gr, Pr はそれぞれグラスホフ数，プラントル数とよばれる無次元数である．グラスホフ数とプラントル数の定義式を導け．

6.9 10°C, 1 気圧の大気中を，速さ 300 km/h で飛行する航空機にはたらく抗力を推定するために，実機の 1/10 の大きさの模型を用いて風洞実験を行うことになった．風洞内の流体は空気である．このとき，次の設問に答えよ．

(a) 実験を実機と同じ大気中で行う場合，レイノルズの相似法則を満たすためには風洞内の気流の速さをいくらにしなければならないか．

(b) 実験を実機と同じ大気中で行うと，風洞内の流れでは流体の圧縮性を考慮しなければならなくなり，実機まわりの流れとの間に力学的相似が成り立たなくなる．そこで，圧縮性の影響を抑えるために風洞内の気流の速さを実機の場合と同じ 300 km/h とし，その代わりに風洞内を加圧することにした．このとき，風洞内の圧力は大気圧の何倍にしなければならないか．ただし，空気は理想気体と仮定し，状態方程式 (6.65) に従うとする．また，実機と模型のまわりの温度は等しく，加圧による粘性係数の変化は無視できるとする．

(c) (b) において，実機にはたらく抗力 D_p と 模型にはたらく抗力 D_m の比 D_p/D_m を求めよ．

6.10 水槽のなかに直径 10 cm の球を沈めて，水流の速さを変えながら球にはたらく抗力を測定したところ，問表 6.1 のデータを得た．このデータから，空気中を速さ 0.9 m/s で移動する球形の風船 (直径 2.4 m) にはたらく抗力を推定せよ．ただし，風船の変形は考えない．また，水は 10°C，空気は 20°C，1 気圧とする．

問表 6.1

水流の速さ [m/s]	0.6	1.2	1.8	2.4	3.0
抗力 [N]	0.87	3.40	7.14	12.83	19.10

6.11 非圧縮性流体の 2 次元定常ストークス流れについて，次の設問に答えよ．ただし外力は無視する．
(a) 圧力 p と渦度 ζ はいずれもラプラス方程式を満たすことを示せ．
(b) 流れ関数 ψ を導入すると，ψ は重調和方程式

$$\frac{\partial^4 \psi}{\partial x^4} + 2\frac{\partial^4 \psi}{\partial x^2 \partial y^2} + \frac{\partial^4 \psi}{\partial y^4} = 0$$

を満たすことを示せ．

6.12 直径 d, 密度 ρ_s の球が密度 ρ, 粘性係数 μ の液体中を，一定の速さ（終端速さ）U で落下している．そのときの球のまわりの流れは $Re < 1$ の遅い流れであるとする．球の落下速さ U を測定すると，液体の粘性係数を，

$$\mu = \frac{gd^2(\rho_s - \rho)}{18U}$$

で求めることができることを示せ．ただし，g は重力加速度である．

6.13 非圧縮性流れの 2 次元ナビエ・ストークス方程式 (6.8) を，

$$\frac{\partial u}{\partial t} = -\frac{\partial H}{\partial x} - \nu \frac{\partial \zeta}{\partial y} + v\zeta + X \qquad \frac{\partial v}{\partial t} = -\frac{\partial H}{\partial y} + \nu \frac{\partial \zeta}{\partial x} - u\zeta + Y$$

のように変形できることを示せ．ここに，H は，

$$H = \frac{p}{\rho} + \frac{1}{2}(u^2 + v^2)$$

で定義され，ベルヌーイ関数 (Bernoulli function) とよばれる．また，ζ は式 (4.9) で定義される渦度の z 成分である．

6.14 非圧縮性 2 次元流れにおいて，渦度の z 成分を ζ とするとき，

$$\frac{\partial \zeta}{\partial t} + u\frac{\partial \zeta}{\partial x} + v\frac{\partial \zeta}{\partial y} = \nu \left(\frac{\partial^2 \zeta}{\partial x^2} + \frac{\partial^2 \zeta}{\partial y^2} \right)$$

が成り立つことを示せ．ただし，外力には力のポテンシャルが存在するものとする．

第7章

境 界 層

7.1 速い流れに対する近似

　ナビエ・ストークス方程式の解を求め，粘性流体の流れの様相を調べるために用いられる近似の一つが "遅い流れ ($Re < 1$)" であった．この近似によって，ナビエ・ストークス方程式の非線形項は微小量として無視することができ，方程式は線形の偏微分方程式に簡単化された．この，遅い流れの近似と対極をなす近似は，"速い流れ" に対するものである．速い流れとは，レイノルズ数が大きい流れである．レイノルズ数が大きいということは，流体の粘性によるせん断力に比べて流れの慣性力が大きいということであり，ナビエ・ストークス方程式において加速度項に比べて粘性項の影響が小さく，粘性項を無視できるということである．

　しかし，流れのなかに置かれた物体の表面では粘性によって流速は 0 であるから，物体表面近傍には図 7.1 のような流速が 0 から U へ変化する領域が存在する．この領域では，流れに直交する方向の速度勾配 $\partial u/\partial y$ は 0 ではなく，その大きさを無視することはできない．したがって，粘性によるせん断応力も無視することはできない．こうして，物体表面近傍には粘性の影響を無視できない領域が存在し，その外側に粘性の影響を無視してもよい速い流れが存在することになる．このような物体表面近傍に形成される，粘性の影響を無視できない領域をプラントル (Ludwig Prandtl) は境界層 (boudary layer) と名づけた．このとき，境界層の外側の，粘性を無視できる流れを主流 (main flow) という．

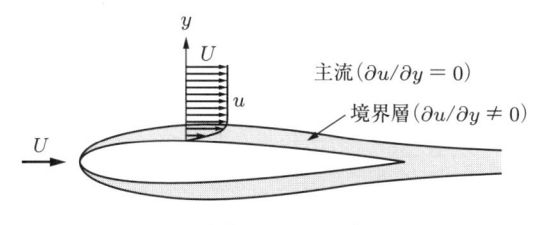

図 7.1 物体のまわりの速い流れ

こうして，物体のまわりの速い流れの様相は，流れを主流と境界層のなかの流れに分け，粘性の影響は境界層内でのみ考慮し，主流は非粘性流体の流れとして扱うことによって調べることができる．

7.2 平板表面の境界層

図 7.2 のように，速さ U の一様流のなかに流れに平行に平板を置く．平板の先端 O では，平板に接触する流体部分だけが平板に付着して速さは 0 となり，ほかの部分は一様流速 U で運動する．したがって，$x = 0$ の位置での，平板に垂直方向の速度分布は，図のように y 軸に沿って一様である．次に，下流の位置 A で考えてみる．平板に接触する流体部分の速さはやはり 0 である．それに隣接する外側の流体部分は，静止している流体部分との間にはたらく粘性によるせん断力によって，U よりも小さい速さまで減速する．さらに外側の流体部分も減速するが，平板から離れるにつれてせん断力の効きが弱まるから，その速さは平板に近い部分の速さよりは大きい．平板からある距離以上離れると，粘性による減速効果が及ばなくなり，流速は一様流速 U に等しくなり，平板に直交する方向の速度勾配は 0 となる．したがって，粘性によるせん断力の影響を無視することができるから，非粘性流体の流れとして扱うことができる．この非粘性流体の流れとみなせる領域が主流であり，流れの速度成分 u が $0 \leq u < U$ である領域が境界層である．平板上の点 A から，流速 u が一様流速 U に等しく，速度勾配を 0 とみなせる点 B までの距離 δ を境界層厚さ (boundary layer thickness) という．粘性による減速効果は，下流へいくに従って平板からより遠くへ及ぶから，境界層厚さは下流へ行くほど厚くなる．

レイリー問題より類推されるように，粘性の影響が及ぶ範囲である境界層厚さ δ は $\sqrt{\nu t}$ に比例する．ここで，時間 t を流れが平板の存在を感知してからの経過時間であるとみなせば，主流の速さ U と平板先端からの距離 x を使って $t = x/U$ のように表すことができる．したがって，

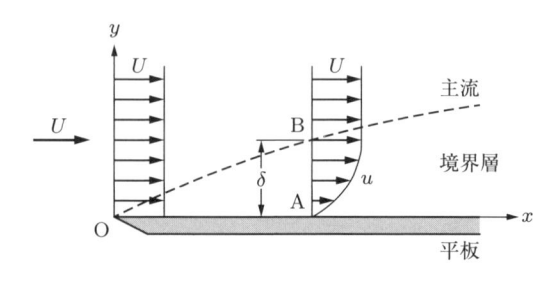

図 7.2 流れに平行に置かれた平板上の境界層

$$\delta \sim \sqrt{\frac{\nu x}{U}} \tag{7.1}$$

である[1]．平板先端からの距離 x を代表長さ L として採用すると，δ と L の比は，

$$\frac{\delta}{L} \sim \sqrt{\frac{\nu}{UL}} = \frac{1}{\sqrt{Re}} \tag{7.2}$$

となる．すなわち，流れのレイノルズ数が大きくなると，δ は L（または x）に比べて小さくなる．たとえば，6.7 節のレイノルズ数の大きさの例で取り上げた，100 km/h で走行する乗用車の場合の数値を用いると，$L = 4.7$ m, $Re = 8.6 \times 10^6$ であるから，$\delta \sim L/\sqrt{Re} = 1.6$ mm となる．したがって，乗用車の車体を長さ 4.7 m の平板に置き換えると，その表面にできる境界層の厚さは高々数 mm である．

7.3　境界層近似

前節で述べたように，境界層は非常に薄い層であり，層内では層の厚さ方向の流れに比べて物体表面に沿う方向の流れが卓越する．この特徴を利用し，6.9.2 項で導入した大きさの評価の手法を用いると，流れの方程式を簡単化することができる．

2 次元流れを考える．図 7.2 のように，主流に平行に x 軸を設け，主流に直交する向きに y 軸を設ける．境界層内の x 方向の代表長さを L（たとえば，平板先端からの距離 x），y 方向の代表長さを ℓ（たとえば，境界層厚さの代表値）とし，x 方向の代表速さを U，y 方向の代表速さを V とする[2]．このとき，$L \gg \ell$ である．連続の方程式の各項のオーダーを調べると，

$$\underbrace{\frac{\partial u}{\partial x}}_{UL^{-1}} + \underbrace{\frac{\partial v}{\partial y}}_{V\ell^{-1}} = 0 \tag{7.3}$$

となる．両項のオーダーは同程度でなければならない．したがって，$UL^{-1} \sim V\ell^{-1}$ より，y 方向の代表速さ V は，

$$V \sim \left(\frac{\ell}{L}\right) U \tag{7.4}$$

でなければならない．

次に，ナビエ・ストークス方程式の各項の大きさの評価を行う．このとき，外力は無視する．x 方向の方程式について各項のオーダーを調べると，次のようになる．ただし，圧力項に関してはあとで考えることにする．

---

[1] 記号 $\sim$ の意味は 6.9.2 項を参照のこと．
[2] x 方向の代表速さと主流の速さに同じ記号を用いているが，主流の速さを x 方向の代表速さとしていると考えれば混乱することはないであろう．

$$\underbrace{\frac{\partial u}{\partial t}}_{U^2 L^{-1}} + \underbrace{u\frac{\partial u}{\partial x}}_{U^2 L^{-1}} + \underbrace{v\frac{\partial u}{\partial y}}_{U^2 L^{-1}} = -\frac{1}{\rho}\frac{\partial p}{\partial x} + \underbrace{\nu\frac{\partial^2 u}{\partial x^2}}_{\left(\frac{\nu}{UL}\right)U^2 L^{-1}} + \underbrace{\nu\frac{\partial^2 u}{\partial y^2}}_{\left(\frac{\nu}{UL}\right)U^2 L^{-1}\left(\frac{L}{\ell}\right)^2} \qquad (7.5)$$

ここで，左辺第1項において代表的な時間の大きさを L/U とした．また，左辺第3項の大きさは UV/ℓ であるが，式 (7.4) を用いると $UV/\ell \sim U^2/L$ となる．左辺の三つの項はすべて同じオーダーであるが，粘性項（右辺の第2，第3項）については，

$$\nu\frac{\partial^2 u}{\partial y^2} \gg \nu\frac{\partial^2 u}{\partial x^2}$$

であるから，$\nu(\partial^2 u/\partial x^2)$ を無視できる．ところで，流れのレイノルズ数がどれほど大きくなっても，境界層内で粘性項がなお意味をもち続けるためには，式 (7.5) の左辺の項と粘性項 $\nu(\partial^2 u/\partial y^2)$ が同じオーダーでなければならない．したがって，

$$U^2 L^{-1} \sim \left(\frac{\nu}{UL}\right) U^2 L^{-1} \left(\frac{L}{\ell}\right)^2$$

より

$$\frac{UL}{\nu} \sim \left(\frac{L}{\ell}\right)^2 \qquad (7.6)$$

を得る．流れのレイノルズ数を $Re = UL/\nu$ で定義すると，式 (7.6) は Re のオーダーが $(L/\ell)^2$ であることを示している．これは，いま行っている近似が成り立つレイノルズ数の範囲を示している．

式 (7.4) を考慮しつつ，y 方向のナビエ・ストークス方程式の各項についてオーダーを調べると，

$$\underbrace{\frac{\partial v}{\partial t}}_{U^2 L^{-1}\left(\frac{\ell}{L}\right)} + \underbrace{u\frac{\partial v}{\partial x}}_{U^2 L^{-1}\left(\frac{\ell}{L}\right)} + \underbrace{v\frac{\partial v}{\partial y}}_{U^2 L^{-1}\left(\frac{\ell}{L}\right)} = -\frac{1}{\rho}\frac{\partial p}{\partial y} + \underbrace{\nu\frac{\partial^2 v}{\partial x^2}}_{\left(\frac{\nu}{UL}\right)U^2 L^{-1}\left(\frac{\ell}{L}\right)} + \underbrace{\nu\frac{\partial^2 v}{\partial y^2}}_{\left(\frac{\nu}{UL}\right)U^2 L^{-1}\left(\frac{\ell}{L}\right)} \qquad (7.7)$$

となる．左辺の3項はいずれも (ℓ/L) だけ式 (7.5) の左辺の項よりも小さい．したがって，これらを無視することができる．右辺の粘性項は，式 (7.6) を考慮すると，

$$\nu\frac{\partial^2 v}{\partial x^2} \sim U^2 L^{-1} \left(\frac{\ell}{L}\right)^3, \qquad \nu\frac{\partial^2 v}{\partial y^2} \sim U^2 L^{-1} \left(\frac{\ell}{L}\right)$$

となり，式 (7.7) の左辺の項と同程度か小さいオーダーである．したがって，これらも無視することができる．

以上より，境界層内の流れに対するナビエ・ストークス方程式は次のように簡単化される．

$$\frac{\partial u}{\partial t} + u\frac{\partial u}{\partial x} + v\frac{\partial u}{\partial y} = -\frac{1}{\rho}\frac{\partial p}{\partial x} + \nu\frac{\partial^2 u}{\partial y^2} \tag{7.8}$$

$$\frac{\partial p}{\partial y} = 0 \tag{7.9}$$

式 (7.9) より，境界層内の圧力は y 方向に一定である．そして，その一定値は境界層の縁 $y = \delta$ における圧力に等しい．圧力の連続性から，その圧力は境界層外部の主流の圧力に等しい．主流の速さを $U = U(x, t)$ とすると，主流は非粘性流体の流れと考えてよいから，

$$\frac{\partial U}{\partial t} + U\frac{\partial U}{\partial x} = -\frac{1}{\rho}\frac{\partial p}{\partial x} \tag{7.10}$$

が成り立つ．すなわち，主流内の圧力勾配は主流の速さ U が与えられれば求めることができる．境界層内の圧力勾配 $\partial p/\partial x$ に対しても式 (7.10) が成り立つから，境界層内の流れにおいて圧力はもはや未知量ではなくなる．

以上をまとめると，境界層内の 2 次元流れに対する方程式が次のように得られる．

$$\frac{\partial u}{\partial x} + \frac{\partial v}{\partial y} = 0 \tag{7.11}$$

$$\frac{\partial u}{\partial t} + u\frac{\partial u}{\partial x} + v\frac{\partial u}{\partial y} = -\frac{1}{\rho}\frac{\partial p}{\partial x} + \nu\frac{\partial^2 u}{\partial y^2} \tag{7.12}$$

$$\frac{\partial p}{\partial y} = 0 \tag{7.13}$$

$$-\frac{1}{\rho}\frac{\partial p}{\partial x} = \frac{\partial U}{\partial t} + U\frac{\partial U}{\partial x} \tag{7.14}$$

これらは，1904 年にプラントルによって導入されたもので，プラントルの境界層方程式 (Prandtl's boundary layer equations) とよばれている．また，境界層方程式を導くために用いた上述の近似を境界層近似 (boundary layer approximation) という．

境界層方程式の境界条件は，

$$y = 0 \text{ で } u = v = 0, \quad y = \delta(x) \text{ で } u = U \tag{7.15}$$

である．

物体表面がゆるやかな曲面である場合は，図 7.3 のように x を曲面に沿う距離，y を物体表面からの垂直距離にとれば，式 (7.11), (7.12) はそのまま成立することが知られている．しかし，式 (7.13) は，曲面に沿う流れにはたらく遠心力を考慮して，

$$\frac{\partial p}{\partial y} = \lambda \rho u^2 \tag{7.16}$$

のように修正される（文献 [14] 参照）．ここに，λ は曲面の曲率である．

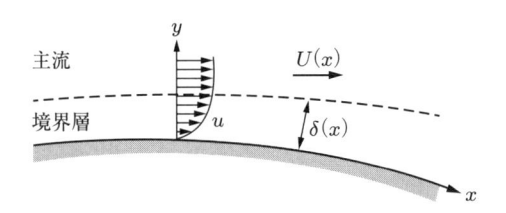

図 7.3 小さい曲率をもつ曲面上の境界層

7.4 ブラジウスの解

境界層方程式の解析解を求めることは，1908 年にプラントルの弟子のブラジウス (Paul Richard Heinrich Blasius) によって，定常一様流に平行に置かれた平板表面に生じる境界層について行われた．この場合，主流の速さ U は時間的にも空間的にも一定であるから，式 (7.14) より $\partial p/\partial x = 0$ である．したがって，境界層方程式と境界条件は次のようになる．

$$\frac{\partial u}{\partial x} + \frac{\partial v}{\partial y} = 0 \tag{7.17}$$

$$u\frac{\partial u}{\partial x} + v\frac{\partial u}{\partial y} = \nu\frac{\partial^2 u}{\partial y^2} \tag{7.18}$$

$$y = 0 \text{ で } u = v = 0, \quad y \to \infty \text{ のとき } u \to U \tag{7.19}$$

境界条件 (7.19) の第 2 式は，"$y = \delta(x)$ で $u = U$" のように与えるべきであるが，境界層の厚さ $\delta(x)$ そのものが未知量である．しかも，実際の流れでは境界層と主流はなめらかに移り変わっており，その境を厳密に決めることは難しい．そこで，平板表面から十分に離れたところ（$y \to \infty$）では，必ず主流の速さ U に一致するという条件に置き換えている．

さて，6.4.4 項で述べたレイリー問題において，平板の運動によって誘起される速度成分 u の各時刻の分布形が，$\sqrt{\nu t}$ で無次元化された座標 η を用いて一つの相似形にまとめられたことを思い出そう．そこで，平板先端からの距離 x を用いて $t = x/U$ とおき，式 (7.17), (7.18) の u を，

$$\frac{u}{U} = F(\eta), \quad \eta = \frac{y}{\sqrt{\nu x/U}} \tag{7.20}$$

のように無次元形で表せると仮定する．

連続の方程式 (7.17) を満たす流れを求めるために，

$$\frac{\partial \psi}{\partial y} = u, \quad \frac{\partial \psi}{\partial x} = -v \tag{7.21}$$

で定義される流れ関数 $\psi(x,y)$ を導入する．流れ関数と式 (7.21) の関係にある u, v は連続の方程式 (7.17) を必ず満たすことは 4.6 節で述べた．速度成分 u を無次元座標 η のみで表示できると仮定したことから，流れ関数もまた η のみで表示できると考えられる．式 (7.21) の第 1 式と式 (7.20) より，

$$\psi = \int u\,dy + C(x) \quad (C(x) \text{ は } x \text{ の任意関数})$$
$$= \sqrt{\nu U x} \int F(\eta)\,d\eta + C(x) \tag{7.22}$$

を得る．表現の簡単化のために，

$$g(\eta) = \int F(\eta)\,d\eta \tag{7.23}$$

とおき，式 (7.22) を式 (7.21) に代入すると，

$$u = \frac{\partial \psi}{\partial y} = U g'(\eta), \qquad v = -\frac{\partial \psi}{\partial x} = \frac{1}{2}\sqrt{\frac{\nu U}{x}}(\eta g' - g) - \frac{dC}{dx} \tag{7.24}$$

を得る．ここに，$(\ )' = d(\ )/d\eta$ である．$y = 0$ $(\eta = 0)$ で $u = v = 0$ であることを考慮すると，

$$g'(0) = 0, \qquad -\frac{1}{2}\sqrt{\frac{\nu U}{x}}g(0) - \frac{dC}{dx} = 0 \tag{7.25}$$

となる．式 (7.25) の第 2 式を C について解くと，

$$C(x) = -\sqrt{\nu U x}\,g(0) + C_1 \quad (C_1 \text{ は任意定数})$$

を得る．したがって，流れ関数 ψ は，

$$\psi = \sqrt{\nu U x}\left[g(\eta) - g(0)\right] + C_1$$

となる．ここで $C_1 = 0$ としても一般性を失わない．そこで $f(\eta) = g(\eta) - g(0)$ とおくと，

$$\psi = \sqrt{\nu U x}\,f(\eta) \tag{7.26}$$

を得る．

以上の操作の結果，独立変数は x, y から η へ，従属変数は u, v から f へ，それぞれ 1 個に減らすことができた．さらに，流れ関数の導入により，解くべき微分方程式も運動方程式 (7.18) のみとなった．式 (7.24) と $g(\eta) = f(\eta) + g(0)$ を用いて u, v を f で表すと，

$$u = U f'(\eta), \qquad v = \frac{1}{2}\sqrt{\frac{\nu U}{x}}\left[\eta f'(\eta) - f(\eta)\right] \tag{7.27}$$

となる．このとき，式 (7.25) の第 2 式を利用した．式 (7.27) を用いて式 (7.18) の各項を f と η で表すと，

$$\frac{\partial u}{\partial x} = \frac{\partial u}{\partial \eta}\frac{\partial \eta}{\partial x} = -\frac{U}{2x}\eta f''(\eta)$$

$$\frac{\partial u}{\partial y} = \frac{\partial u}{\partial \eta}\frac{\partial \eta}{\partial y} = U\sqrt{\frac{U}{\nu x}}f''(\eta)$$

$$\frac{\partial^2 u}{\partial y^2} = \frac{\partial}{\partial \eta}\left(\frac{\partial u}{\partial y}\right)\frac{\partial \eta}{\partial y} = \frac{U^2}{\nu x}f'''(\eta)$$

となる．これらの関係を式 (7.18) に代入し，整理すると，

$$2f''' + ff'' = 0 \tag{7.28}$$

を得る．これをブラジウス方程式 (Blasius equation) という．境界条件は，式 (7.27) より，

$$\eta = 0 \text{ で } f = f' = 0, \quad \eta \to \infty \text{ のとき } f' \to 1 \tag{7.29}$$

となる．よって，解くべき問題は常微分方程式 (7.28) と境界条件 (7.29) で表される境界値問題に帰着された．

ブラジウスはこの問題を解くために，η の値が小さい平板表面近傍で f を η のべき級数に展開し，η の値が大きい無限遠では解を線形近似からの摂動の形に求め，両者を中間の領域でなめらかに接続するという方法を用いた[1]．こうして得られた解をブラジウスの解 (Blasius solution) という．その後，ブラジウス方程式 (7.28) をコンピューターを用いて数値的に解くことが行われ，多くの研究者の手によって解の精度の向上がはかられた．表 7.1 は，1938 年にホワース (L. Howarth) が数値計算によって求めたブラジウス方程式の解である（文献 [16] 参照）．

表 7.1 によると，$\eta = 8.4$ で $u/U = 1$，$\partial u/\partial y = 0$ ($f'' = 0$) である．そこで，$\eta = 8.4$ を境界層の縁とみなして，そこでの速度成分 v を計算してみると，

$$v = \frac{1}{2}\sqrt{\frac{\nu U}{x}}\left[\eta f'(\eta) - f(\eta)\right]_{\eta=8.4} = 0.860\sqrt{\frac{\nu U}{x}} \tag{7.30}$$

となって 0 にはならない．これは平板に沿う境界層が下流へいくにつれて厚くなり，主流の流体が y 方向へ排除されるためと解釈される．つまり，流れに平行に置かれた平板は，主流に対して薄いくさびのように作用する．

平板先端からの距離 x を代表長さとするレイノルズ数を，

$$Re_x = \frac{Ux}{\nu} \tag{7.31}$$

---

[1] 解法の詳細については文献 [14], [15] を参照していただきたい．

表 7.1 ホワースによるブラジウス方程式の数値解

η	f	$f'=u/U$	f''	η	f	$f'=u/U$	f''
0	0	0	0.33206	4.4	2.69238	0.97587	0.03897
0.2	0.00664	0.06641	0.33199	4.6	2.88826	0.98269	0.02948
0.4	0.02656	0.13277	0.33147	4.8	3.08534	0.98779	0.02187
0.6	0.05974	0.19894	0.33008	5.0	3.28329	0.99155	0.01591
0.8	0.10611	0.26471	0.32739	5.2	3.48189	0.99425	0.01134
1.0	0.16557	0.32979	0.32301	5.4	3.68094	0.99616	0.00793
1.2	0.23795	0.39378	0.31659	5.6	3.88031	0.99748	0.00543
1.4	0.32298	0.45627	0.30787	5.8	4.07990	0.99838	0.00365
1.6	0.42032	0.51676	0.29667	6.0	4.27964	0.99898	0.00240
1.8	0.52952	0.57477	0.28293	6.2	4.47948	0.99937	0.00155
2.0	0.65003	0.62977	0.26675	6.4	4.67938	0.99961	0.00098
2.2	0.78120	0.68132	0.24835	6.6	4.87931	0.99977	0.00061
2.4	0.92230	0.72899	0.22809	6.8	5.07928	0.99987	0.00037
2.6	1.07252	0.77246	0.20646	7.0	5.27926	0.99992	0.00022
2.8	1.23099	0.81152	0.18401	7.2	5.47925	0.99996	0.00013
3.0	1.39682	0.84605	0.16136	7.4	5.67924	0.99998	0.00007
3.2	1.56911	0.87609	0.13913	7.6	5.87924	0.99999	0.00004
3.4	1.74696	0.90177	0.11788	7.8	6.07923	1.00000	0.00002
3.6	1.92954	0.92333	0.09809	8.0	6.27923	1.00000	0.00001
3.8	2.11605	0.94112	0.08013	8.2	6.47923	1.00000	0.00001
4.0	2.30576	0.95552	0.06424	8.4	6.67923	1.00000	0.00000
4.2	2.49806	0.96696	0.05052	8.6	6.87923	1.00000	0.00000

で定義すると，境界層内の流れの速度成分は，

$$\eta = \sqrt{Re_x}\left(\frac{y}{x}\right) \tag{7.32}$$

$$\frac{u}{U} = f'(\eta) \tag{7.33}$$

$$\frac{v}{U} = \frac{1}{2\sqrt{Re_x}}\Big[\eta f'(\eta) - f(\eta)\Big] \tag{7.34}$$

のように表される．左辺はいずれも無次元量である．u/U は無次元の関数 $f'(\eta)$ のみで表されており，一様流速 U，動粘性係数 ν，先端からの距離 x が変わってもその分布形は変わらない．v/U は Re_x が同じであればその分布形は変わらない．このとき，解 $f(\eta)$ を境界層流れの相似解という．図 7.4 に，表 7.1 の数値を用いて描いた境界層内の速度成分 u の相似解と実験値との比較を示す．実線が相似解である．5 種類の図形はニクラーゼ (J. Nikuradse) が得た実験値を表しており，x の値が異なる平板上の 5 箇所で測定した u の分布形を示している．Re_x の値が異なっても実験データは 1 本の曲線に沿って分布しており，その曲線の形状はブラジウス方程式の解が表す曲線の形状によく一致している．この結果は，境界層内の流れの本質を巧みにとらえたプラントルの境界層近似の確かさを物語っている．

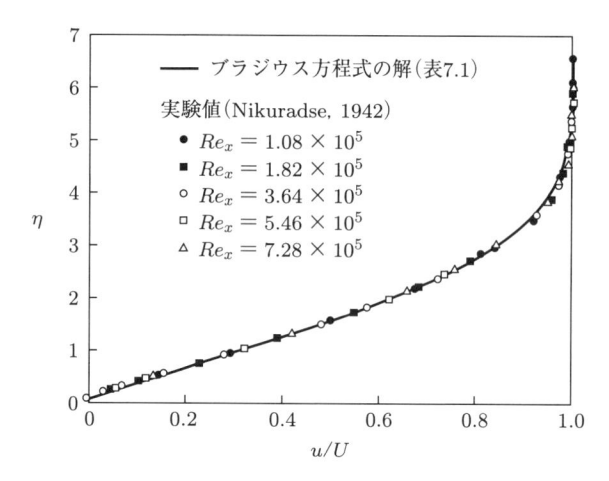

図 7.4 平板上の境界層内の速度成分 u の分布形

7.5 境界層厚さ

たとえば，図 7.2 の適当な断面 x において，平板の表面 $(y=0)$ から出発して y 軸に平行に移動しながら速度成分 u を測定するとしよう．そして，$u=U$ となった位置がその断面における境界層の縁であり，そのときの y の値が境界層の厚さを与える．しかし，実際にこのような方法で境界層の厚さを知ることができるだろうか．可能であるとしても，同一の流れに対して同一の測定値が必ず得られる再現性の高い方法といえるだろうか．実際の流れでは，u の値は境界層から主流へ連続的に変化しており，境界層の縁付近では変化率 $\partial u/\partial y$ が小さいので，上述のような方法では境界層の厚さを正確に求めることは困難である．そこで，便宜的に $u=0.99U$ となる位置を境界層厚さと定義することが多い．本書では，このように定義した境界層厚さを 99%境界層厚さとよぶことにし，記号 δ_{99} で表すことにする．平板の場合について $u/U=f'(\eta)=0.99$ となる η を表 7.1 より求めると，$\eta=4.91$ である．したがって，式 (7.20) の第 2 式より，

$$\delta_{99} = 4.91\sqrt{\frac{\nu x}{U}} \tag{7.35}$$

となる．

しかし，δ_{99} を知るためには，境界層内のある特別な位置を見つけなければならず，その難しさは $u=U$ となる位置を見いだす場合とさほど変わらない．また，0.99 という数値の物理的な意味が曖昧で，「なぜ 0.98 や 0.97 ではいけないのか？」という疑問がつきまとう．そこで，境界層内の速度分布を用いて正確に求めることができる，

次の三つの量が境界層厚さの目安として用いられる．目安という言葉を用いたのは，これら三つの量が境界層厚さそのものを表すのではなく，物体表面の粘性の影響が及ぶ領域の代表的な厚さという意味をもつ尺度であるからである．

（1）排除厚さ

平板表面近傍では流体の粘性の作用によって流れは減速する．そのために，境界層がない場合に比べて，質量流量の減少が起こる．もし，平板表面に境界層ができなければ，流体はいたるところで主流と同じ速さ U で流れるから，流れに垂直な断面を通過する質量流量は $\rho b \int_0^\infty U \, dy$ である．ここに，b は紙面垂直方向の平板の幅である．実際の流れの質量流量は $\rho b \int_0^\infty u(y) \, dy$ であるから，境界層ができることによって $\rho b \int_0^\infty (U - u) \, dy$ の質量流量の減少が生じる．図 7.5 の右図に示すように，境界層のない速さ U の一様流中で，平板が $y > 0$ の向きに δ^* だけ上昇することによって流れがさえぎられ，質量流量の減少が生じると考えると，この減少量は $\rho U b \delta^*$ で与えられる．これを上述の質量流量の減少量に等値すると，

$$\rho U b \delta^* = \rho b \int_0^\infty (U - u) \, dy$$

となる．これより，

$$\delta^* = \int_0^\infty \left(1 - \frac{u}{U}\right) dy \tag{7.36}$$

を得る．この δ^* を排除厚さ (displacement thickness) という．

平板の場合について，表 7.1 を用いて式 (7.36) の右辺を計算してみる．$\eta \geqq 7.8$ で $f'(\eta) = 1$ であるから，

$$\delta^* = \sqrt{\frac{\nu x}{U}} \int_0^\infty [1 - f'(\eta)] \, d\eta$$

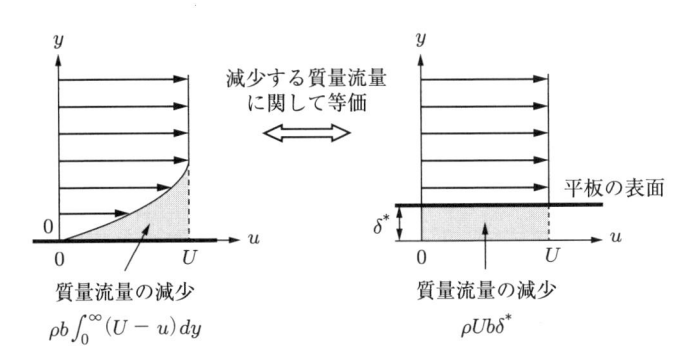

図 7.5 排除厚さ δ^*

$$= \sqrt{\frac{\nu x}{U}} \int_0^{7.8} [1 - f'(\eta)] \, d\eta$$

$$= \sqrt{\frac{\nu x}{U}} \Big[\eta - f(\eta)\Big]_0^{7.8}$$

$$= 1.72 \sqrt{\frac{\nu x}{U}} \tag{7.37}$$

となる.δ_{99} と δ^* の関係は,

$$\delta^* = 0.350 \, \delta_{99}$$

となる.

(2) 運動量厚さ

境界層内の減速によって,流れに垂直な断面を単位時間に通過する運動量も減少する.実際の流れの質量流量は $\rho b \int_0^\infty u \, dy$ である.もし,境界層ができなければ,この質量流量の流体が有する運動量は $\rho b \int_0^\infty uU \, dy$ である.実際の流れにおける運動量は $\rho b \int_0^\infty u^2 \, dy$ であるから,$\rho b \int_0^\infty u(U-u) \, dy$ の運動量の減少が生じる.この減少量が,図 7.6 の右図に示す,境界層のない速さ U の一様流中で平板が $y > 0$ の向きに θ だけ上昇することによる減少量 $\rho U^2 b \theta$ に等しいと考えると,

$$\rho U^2 b \theta = \rho b \int_0^\infty u(U - u) \, dy$$

となる.これより,

$$\theta = \int_0^\infty \frac{u}{U} \left(1 - \frac{u}{U}\right) dy \tag{7.38}$$

を得る.この θ を運動量厚さ (momentum thickness) という.

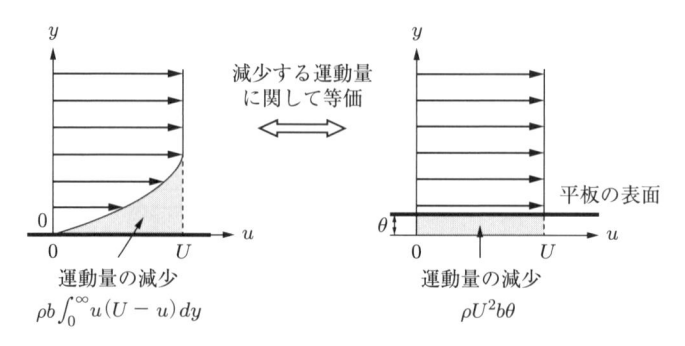

図 7.6 運動量厚さ θ

平板の場合について，表 7.1 と数値積分を用いて式 (7.38) の右辺を計算すると，

$$\theta = \sqrt{\frac{\nu x}{U}} \int_0^\infty f'(1-f')\, d\eta$$

$$= \sqrt{\frac{\nu x}{U}} \int_0^{7.8} f'(1-f')\, d\eta$$

$$= 0.663 \sqrt{\frac{\nu x}{U}} \tag{7.39}$$

となる．δ_{99} と θ の関係は，

$$\theta = 0.135\, \delta_{99}$$

となる．

（3）エネルギー厚さ

もし境界層ができなければ，質量流量 $\rho b \int_0^\infty u\, dy$ の流体が有する運動エネルギーは $\frac{1}{2}\rho b \int_0^\infty uU^2\, dy$ である．実際の流れにおける運動エネルギーは $\frac{1}{2}\rho b \int_0^\infty u u^2\, dy$ であるから，境界層ができることによって $\frac{1}{2}\rho b \int_0^\infty u(U^2 - u^2)\, dy$ の運動エネルギーの減少が生じる．この減少量が，境界層のない速さ U の一様流中で，平板が $y > 0$ の向きに θ^* だけ上昇することによる減少量 $\frac{1}{2}\rho U^3 b \theta^*$ に等しいと考えると，

$$\frac{1}{2}\rho U^3 b \theta^* = \frac{1}{2}\rho b \int_0^\infty u(U^2 - u^2)\, dy$$

となる．これより，

$$\theta^* = \int_0^\infty \frac{u}{U}\left[1 - \left(\frac{u}{U}\right)^2\right] dy \tag{7.40}$$

を得る．この θ^* をエネルギー厚さ (energy thickness) という．

平板の場合について，表 7.1 と数値積分を用いて式 (7.40) の右辺を計算すると，

$$\theta^* = \sqrt{\frac{\nu x}{U}} \int_0^\infty f'[1-(f')^2]\, d\eta$$

$$= \sqrt{\frac{\nu x}{U}} \int_0^{7.8} f'[1-(f')^2]\, d\eta$$

$$= 1.04 \sqrt{\frac{\nu x}{U}} \tag{7.41}$$

となる．δ_{99} と θ^* の関係は

$$\theta^* = 0.212\, \delta_{99}$$

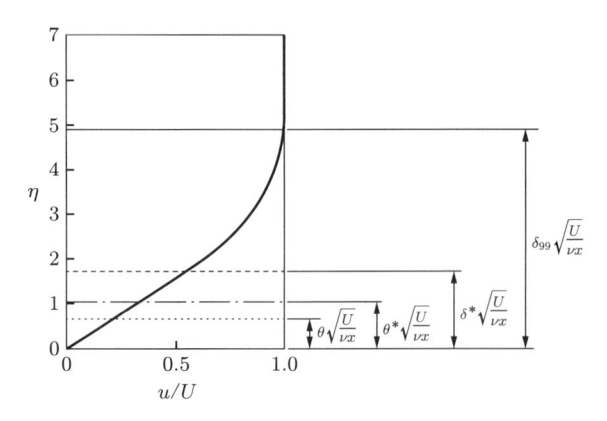

図 7.7 δ_{99}, δ^*, θ, θ^* の比較

となる.

99%境界層厚さは境界層内の特別な位置を見つけなければならないが, 排除厚さ, 運動量厚さ, エネルギー厚さは, 境界層内の $u(y)$ の分布を測定すれば計算することができ, しかも $u(y)$ の測定位置に対する制約がない. 排除厚さ, 運動量厚さ, エネルギー厚さは, 境界層の実際の厚さを表すものではないが (図 7.7 参照), 測定のしやすさを考えると境界層の厚さを知る尺度として有効である.

7.6 平板表面にはたらく粘性摩擦力

表 7.1 を用いて, 平板表面にはたらく粘性摩擦力を求めてみよう. 図 7.2 のように座標系を設けると, 平板表面にはたらく, 粘性によるせん断応力 $\tau_w(x)$ は,

$$\tau_w(x) = \mu \left[\frac{\partial u}{\partial y}\right]_{y=0} = \mu U \sqrt{\frac{U}{\nu x}} f''(0) = 0.332 \, \rho \, U \sqrt{\frac{\nu U}{x}} \tag{7.42}$$

となる. 長さ ℓ, 幅 b の平板にはたらく粘性摩擦力 D_f は[1]), せん断応力 $\tau_w(x)$ を平板の両面全体にわたって積分すれば得られる. 計算すると,

$$D_f = 2b \int_0^\ell \tau_w \, dx = 1.328 \, \rho \, b \, \sqrt{\nu \ell} \, U^{3/2} \tag{7.43}$$

となる. 粘性摩擦力 D_f を,

$$C_f = \frac{D_f}{\frac{1}{2}\rho U^2 A} \quad (A = b\ell \text{ は平板の片面の面積}) \tag{7.44}$$

---

1) この粘性摩擦力は, 平板に対する抗力 (drag) であるから, Drag の頭文字の D を使って表す. 添字の f は摩擦を意味する friction に由来する.

によって無次元化するとき，C_f を摩擦抗力係数 (coefficient of friction drag) という．式 (7.43) を代入すると，

$$C_f = 2.656\sqrt{\frac{\nu}{U\ell}} \tag{7.45}$$

となる．流れのレイノルズ数を $Re = U\ell/\nu$ で定義すると，摩擦抗力係数とレイノルズ数の関係が，

$$C_f = \frac{2.656}{\sqrt{Re}} \tag{7.46}$$

のように得られる．図 7.8 に，平板の摩擦抗力係数 C_f とレイノルズ数 Re の関係を図示する．黒丸で示した実測値が，レイノルズ数の増加とともに式 (7.46) の C_f に近づくようすがわかる．しかし，レイノルズ数が小さいところでは，実測値と式 (7.46) の C_f の差が大きい．これは，境界層近似が"速い流れ（高レイノルズ数流れ）"を仮定しているためである．レイノルズ数が小さいところでは，ストークス近似などが用いられる．

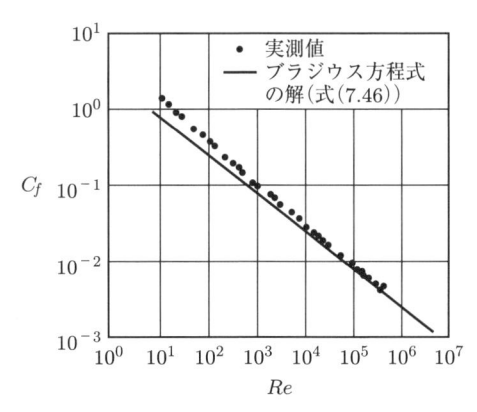

図 7.8 平板の摩擦抗力係数 C_f とレイノルズ数 Re の関係

7.7 境界層の運動量積分方程式

7.7.1 境界層方程式の積分

境界層方程式を厳密に解くことは，平板に沿う境界層という，最も単純な場合においてさえ容易ではない．圧力勾配のある流れや，曲面に沿う流れの境界層に対して，境界層方程式を解くことは一層困難である．ブラジウスの解法では，流れ関数を介して境界層内の速度を未知量として扱ったが，実用的には物体表面に作用する粘性摩擦

力や境界層の厚さがわかれば十分である．それらの量を知るためには，必ずしも速度を未知量とする必要はない．カルマン (Theodore von Kármán) は，境界層内の速度分布を仮定し，境界層内の運動量変化を調べることによって粘性摩擦力や境界層厚さを求める方法を考案した．その方法を紹介しよう．

非定常2次元流れにおける境界層方程式は，

$$\frac{\partial u}{\partial x} + \frac{\partial v}{\partial y} = 0 \tag{7.47}$$

$$\frac{\partial u}{\partial t} + u\frac{\partial u}{\partial x} + v\frac{\partial u}{\partial y} = -\frac{1}{\rho}\frac{\partial p}{\partial x} + \nu\frac{\partial^2 u}{\partial y^2} \tag{7.48}$$

$$\frac{\partial p}{\partial y} = 0 \tag{7.49}$$

$$-\frac{1}{\rho}\frac{\partial p}{\partial x} = \frac{\partial U}{\partial t} + U\frac{\partial U}{\partial x} \tag{7.50}$$

で与えられる．ここでは $U = U(x,t)$ と考える．したがって，式 (7.49)，(7.50) より $p = p(x,t)$ である．図 7.3 のように，物体表面に沿って x 軸，表面に垂直に y 軸を設けると，速度成分 u は次の条件を満たさなければならない．

$$\left.\begin{array}{l} y = 0 \ \text{で} \quad u = 0 \\ y \geqq \delta \ \text{で} \quad u = U, \quad \dfrac{\partial u}{\partial y} = 0 \end{array}\right\} \tag{7.51}$$

式 (7.48) の両辺を，$y = 0$ から境界層の外側 $y = h \ (>\delta)$ まで積分すると，

$$\int_0^h \frac{\partial u}{\partial t}\,dy + \int_0^h u\frac{\partial u}{\partial x}\,dy + \int_0^h v\frac{\partial u}{\partial y}\,dy = -\int_0^h \frac{1}{\rho}\frac{\partial p}{\partial x}\,dy + \nu\int_0^h \frac{\partial^2 u}{\partial y^2}\,dy \tag{7.52}$$

となる．右辺第2項の積分を実行し，その結果を壁面に作用するせん断応力 $\tau_w = \mu[\partial u/\partial y]_{y=0}$ を用いて表すと，

$$\nu\int_0^h \frac{\partial^2 u}{\partial y^2}\,dy = \nu\left[\frac{\partial u}{\partial y}\right]_0^h = -\nu\left[\frac{\partial u}{\partial y}\right]_{y=0} = -\frac{\tau_w}{\rho} \tag{7.53}$$

となる．

次に，連続の方程式 (7.47) の両辺を $y = 0$ から $y = \xi \ (>0)$ まで積分して，

$$\int_0^\xi \frac{\partial u}{\partial x}\,dy + \int_0^\xi \frac{\partial v}{\partial y}\,dy = 0$$

とする．$y = 0$ で $v = 0$ であることを考慮すると，左辺第2項は，

$$\int_0^\xi \frac{\partial v}{\partial y}\,dy = \left[v\right]_0^\xi = v(\xi)$$

となるから，

$$v(\xi) = -\int_0^\xi \frac{\partial u}{\partial x}\,dy$$

を得る．これを式 (7.52) の左辺第 3 項に代入し，部分積分を施すと，

$$\begin{aligned}
\int_0^h v(y)\frac{\partial u}{\partial y}\,dy &= -\int_0^h \left(\int_0^y \frac{\partial u}{\partial x}\,dy'\right)\frac{\partial u}{\partial y}\,dy \\
&= -\left[u(y)\int_0^y \frac{\partial u}{\partial x}\,dy'\right]_0^h + \int_0^h u\frac{\partial u}{\partial x}\,dy \\
&= -U\int_0^h \frac{\partial u}{\partial x}\,dy + \int_0^h u\frac{\partial u}{\partial x}\,dy \quad (7.54)
\end{aligned}$$

となる．式 (7.53)，(7.54) を式 (7.52) に代入すると，

$$\int_0^h \frac{\partial u}{\partial t}\,dy + \int_0^h 2u\frac{\partial u}{\partial x}\,dy - U\int_0^h \frac{\partial u}{\partial x}\,dy = -\int_0^h \frac{1}{\rho}\frac{\partial p}{\partial x}\,dy - \frac{\tau_w}{\rho} \quad (7.55)$$

を得る．この式の両辺に $\rho\Delta x$ をかけたものは，図 7.9 のように x 方向に距離 Δx を隔てた物体表面に垂直な，二つの断面 AB と CD の間の単位時間あたりの x 方向の運動量変化を表している．

式 (7.55) において，左辺第 2，第 3 項をそれぞれ，

$$\int_0^h 2u\frac{\partial u}{\partial x}\,dy = \int_0^h \frac{\partial}{\partial x}(u^2)\,dy$$

$$U\int_0^h \frac{\partial u}{\partial x}\,dy = \int_0^h \frac{\partial(uU)}{\partial x}\,dy - \int_0^h u\frac{\partial U}{\partial x}\,dy$$

のように変形したのち，右辺第 1 項に式 (7.50) を代入して圧力 p を消去すると，

$$\int_0^h \frac{\partial(U-u)}{\partial t}\,dy + \int_0^h \frac{\partial[u(U-u)]}{\partial x}\,dy + \frac{\partial U}{\partial x}\int_0^h (U-u)\,dy = \frac{\tau_w}{\rho} \quad (7.56)$$

を得る．この式は，1921 年にカルマンによって導かれた式で，境界層の運動量積分方程式 (momentum integral equation) とよばれる．$y \geq h$ では $U - u = 0$ である

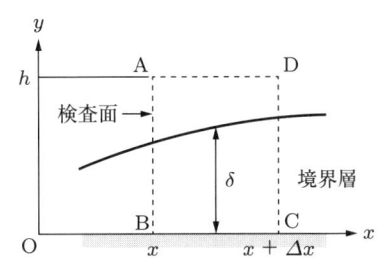

図 7.9 境界層を囲む検査面

から，上式の左辺の積分の上限を ∞ に置き換えることができる．こうすると，積分の上限が t と x に無関係になるから，t と x に関する偏微分と y に関する積分の順序を入れ替えることができる．よって，式 (7.56) は，

$$\frac{\partial}{\partial t}\int_0^\infty (U-u)\,dy + \frac{\partial}{\partial x}\int_0^\infty u(U-u)\,dy + \frac{\partial U}{\partial x}\int_0^\infty (U-u)\,dy = \frac{\tau_w}{\rho} \quad (7.57)$$

となる．7.5 節で定義した排除厚さ δ^* と運動量厚さ θ を用いて上式を書き直すと，

$$\frac{\partial}{\partial t}(U\delta^*) + \frac{\partial}{\partial x}(U^2\theta) + U\frac{\partial U}{\partial x}\delta^* = \frac{\tau_w}{\rho} \quad (7.58)$$

となる．これも境界層の運動量積分方程式とよばれる．

7.7.2 平板表面の境界層への応用

境界層内の速度成分 u の y 軸に沿う分布形を，

$$\frac{u(y)}{U} = F(Y), \qquad Y = \frac{y}{\delta} \quad (7.59)$$

のように与えるものとする．このとき，排除厚さ δ^*，運動量厚さ θ，平板表面でのせん断応力 τ_w は次のように表される．

$$\left.\begin{aligned}\delta^* &= \int_0^\infty \left(1-\frac{u}{U}\right)dy = \delta\int_0^\infty (1-F)\,dY \\ \theta &= \int_0^\infty \frac{u}{U}\left(1-\frac{u}{U}\right)dy = \delta\int_0^\infty F(1-F)\,dY \\ \tau_w &= \mu\left[\frac{\partial u}{\partial y}\right]_{y=0} = \frac{\mu U}{\delta}F'(0)\end{aligned}\right\} \quad (7.60)$$

ここに，$F' = dF/dY$ である．以後の数式表現の簡単化のために，

$$\left.\begin{aligned}\alpha &= \int_0^\infty (1-F)\,dY \\ \beta &= \int_0^\infty F(1-F)\,dY \\ \gamma &= F'(0)\end{aligned}\right\} \quad (7.61)$$

とおいて，式 (7.60) を

$$\delta^* = \alpha\,\delta, \qquad \theta = \beta\,\delta, \qquad \tau_w = \frac{\gamma\mu U}{\delta} \quad (7.62)$$

のように表記する．式 (7.62) を式 (7.58) に代入すると，

$$\frac{\partial(\alpha U\delta)}{\partial t} + \frac{\partial(\beta U^2\delta)}{\partial x} + \left(\frac{\alpha}{2}\frac{\partial U^2}{\partial x}\right)\delta - \frac{\gamma\nu U}{\delta} = 0 \quad (7.63)$$

を得る．これは，境界層厚さ $\delta(x,t)$ を未知量とする偏微分方程式である．

7.4 節で扱った，定常一様流に平行に置かれた平板の表面に生じる境界層に，運動量積分方程式を適用してみよう．このとき，式 (7.63) は，

$$\delta \frac{d\delta}{dx} = \frac{\gamma \nu}{\beta U} \tag{7.64}$$

となる．この常微分方程式を，$x = 0$ で $\delta = 0$ の条件のもとで解くと，

$$\delta(x) = \sqrt{\frac{2\gamma}{\beta}} \sqrt{\frac{\nu x}{U}} \tag{7.65}$$

を得る．境界層内の流速分布 $F(Y)$ が与えられると，式 (7.61) によって係数 α, β, γ を計算することができる．これらを用いると，式 (7.65) より境界層厚さ $\delta(x)$ を知ることができ，式 (7.62) より排除厚さ δ^*，運動量厚さ θ，平板表面に作用するせん断応力 τ_w を知ることができる．

（1） $F(Y)$ を 1 次多項式で仮定する場合

境界層内で速度成分 u が直線的に変化すると仮定する．このとき $F(Y)$ は，

$$F(Y) = \begin{cases} Y & (0 \leq Y \leq 1) \\ 1 & (Y > 1) \end{cases} \tag{7.66}$$

で与えられる．速度成分 $u(y)$ は条件 (7.51) より $[\partial u/\partial y]_{y=\delta} = 0$ を満たさなければならない．この条件を $F(Y)$ で表すと $F'(1) = 0$ となるが，上の分布形はこれを満たしていない．そこで，

$$F'(Y) = \begin{cases} 1 & (0 \leq Y < 1) \\ 0 & (Y \geq 1) \end{cases} \tag{7.67}$$

と約束することにする．式 (7.66) を式 (7.61) に代入すると，

$$\alpha = \frac{1}{2}, \qquad \beta = \frac{1}{6}, \qquad \gamma = 1 \tag{7.68}$$

となる．これを用いると，式 (7.65) より，

$$\delta = 2\sqrt{3} \sqrt{\frac{\nu x}{U}} \tag{7.69}$$

となり，式 (7.62) より，

$$\left.\begin{array}{c} \delta^* = \sqrt{3}\sqrt{\dfrac{\nu x}{U}}, \qquad \theta = \dfrac{\sqrt{3}}{3}\sqrt{\dfrac{\nu x}{U}} \\[2mm] \tau_w = \dfrac{\sqrt{3}}{6}\mu U \sqrt{\dfrac{U}{\nu x}} \end{array}\right\} \tag{7.70}$$

を得る．

（2） $F(Y)$ を 2 次多項式で仮定する場合

$0 \leq Y \leq 1$ において $F(Y)$ を Y の 2 次多項式

$$F(Y) = A_0 + A_1 Y + A_2 Y^2 \quad (A_0, A_1, A_2 \text{ は未定係数})$$

で仮定してみる．条件 (7.51) より，$F(Y)$ は，

$$F(0) = 0, \quad F(1) = 1, \quad F'(1) = 0 \tag{7.71}$$

を満たさなければならない．この条件を用いて未定係数 A_0, A_1, A_2 を定めると，

$$F(Y) = \begin{cases} 2Y - Y^2 & (0 \leq Y \leq 1) \\ 1 & (Y > 1) \end{cases} \tag{7.72}$$

を得る．これより，

$$\alpha = \frac{1}{3}, \quad \beta = \frac{2}{15}, \quad \gamma = 2 \tag{7.73}$$

となる．したがって，

$$\left. \begin{array}{ll} \delta = \sqrt{30}\sqrt{\dfrac{\nu x}{U}}, & \delta^* = \sqrt{\dfrac{10}{3}}\sqrt{\dfrac{\nu x}{U}} \\[2mm] \theta = 2\sqrt{\dfrac{2}{15}}\sqrt{\dfrac{\nu x}{U}}, & \tau_w = \sqrt{\dfrac{2}{15}}\mu U\sqrt{\dfrac{U}{\nu x}} \end{array} \right\} \tag{7.74}$$

を得る．

（3） $F(Y)$ を 3 次多項式で仮定する場合

関数 $F(Y)$ に対して 3 次以上の多項式を仮定すると，$F(Y)$ のなかに 4 個以上の未定係数が含まれる．これらの未定係数を定めるためには，式 (7.71) の三つの条件では足りない．したがって，条件を追加しなければならない．追加の条件は運動量積分方程式の導出過程では要求されていないが，物理的に意味のある条件が選ばれなければならない．その条件追加の例をここで見てみよう．

$0 \leq Y \leq 1$ において $F(Y)$ を Y の 3 次多項式

$$F(Y) = A_0 + A_1 Y + A_2 Y^2 + A_3 Y^3 \quad (A_0 \sim A_3 \text{ は未定係数})$$

で仮定する．定常一様流に平行に置かれた平板の境界層において，式 (7.48) は，

$$u\frac{\partial u}{\partial x} + v\frac{\partial u}{\partial y} = \nu \frac{\partial^2 u}{\partial y^2} \tag{7.75}$$

となる．これを平板表面 ($y = 0$) に適用すると，$y = 0$ で $u = v = 0$ であるから，

$$y = 0 \text{ で } \frac{\partial^2 u}{\partial y^2} = 0$$

となる.これを $F(Y)$ を用いて書き直すと,

$$F''(0) = 0 \tag{7.76}$$

となる.そこで,条件 (7.71) に条件 (7.76) を加えて,未定係数 A_0, A_1, A_2, A_3 を定めると,

$$F(Y) = \begin{cases} \dfrac{3}{2}Y - \dfrac{1}{2}Y^3 & (0 \leqq Y \leqq 1) \\ 1 & (Y > 1) \end{cases} \tag{7.77}$$

を得る.これより,

$$\alpha = \frac{3}{8}, \qquad \beta = \frac{39}{280}, \qquad \gamma = \frac{3}{2} \tag{7.78}$$

となる.したがって,

$$\left. \begin{array}{ll} \delta = 2\sqrt{\dfrac{70}{13}} \sqrt{\dfrac{\nu x}{U}}, & \delta^* = \dfrac{3}{4}\sqrt{\dfrac{70}{13}} \sqrt{\dfrac{\nu x}{U}} \\[2ex] \theta = \dfrac{3}{2}\sqrt{\dfrac{13}{70}} \sqrt{\dfrac{\nu x}{U}}, & \tau_w = \dfrac{3}{4}\sqrt{\dfrac{13}{70}} \mu U \sqrt{\dfrac{U}{\nu x}} \end{array} \right\} \tag{7.79}$$

を得る.

(4) その他の関数形を仮定する場合

式 (7.75) を境界層の縁 $(y = \delta)$ に適用すると,そこでは $\partial u / \partial x = v = 0$ であるから,

$$y = \delta \text{ で } \frac{\partial^2 u}{\partial y^2} = 0$$

となる.$F(Y)$ で表すと,

$$F''(1) = 0 \tag{7.80}$$

である.そこで,$F(Y)$ を Y の 4 次多項式で仮定する場合は,条件 (7.71),(7.76),(7.80) を用いて未定係数を決定することができる.

多項式のほかに正弦関数

$$F(Y) = \sin\left(\frac{\pi}{2}Y\right) \qquad (0 \leqq Y \leqq 1) \tag{7.81}$$

もよく用いられる.

表 7.2 各種の流速分布形で求めた δ, δ^*, θ, τ_w の値の比較

流速分布形 $u/U = F(Y)$	$\delta\sqrt{\dfrac{U}{\nu x}}$	$\delta^*\sqrt{\dfrac{U}{\nu x}}$	$\theta\sqrt{\dfrac{U}{\nu x}}$	$\dfrac{\tau_w}{\mu U}\sqrt{\dfrac{\nu x}{U}}$
$F(Y) = Y$	3.46	1.73	0.577	0.289
$F(Y) = 2Y - Y^2$	5.48	1.83	0.730	0.365
$F(Y) = \dfrac{3}{2}Y - \dfrac{1}{2}Y^3$	4.64	1.74	0.646	0.323
$F(Y) = \sin\left(\dfrac{\pi}{2}Y\right)$	4.80	1.74	0.655	0.328
ブラジウス方程式の解	4.91	1.72	0.663	0.332

$F(Y)$ に (1)～(3) で用いた多項式と正弦関数 (7.81) を仮定して計算した δ, δ^*, θ, τ_w を表 7.2 にまとめる．その表には比較のために，表 7.1 の数値を用いて求めたブラジウス方程式の解も示してある．流れに垂直な断面を通過する x 方向の運動量の変化を調べるという単純な方法でありながら，ブラジウス方程式の解と大差のない結果を与えている．ブラジウスの方法では，3 階の非線形常微分方程式を解かなければならない．これに対して，カルマンの運動量積分方程式では 1 階の常微分方程式（式 (7.64)）を解けばよく，容易に解が求められる．また，運動量積分方程式は主流の速さ U が x の関数で与えられる場合（たとえば，物体表面が湾曲している場合）にも適用することができる．境界層内の流速分布を知りたい場合は，ブラジウスの方法のような数学的に厳密な方法を用いなければならないが，境界層厚さや物体表面に作用するせん断応力を知りたいだけならば，運動量積分方程式を用いる方法が実用的である．

7.8　境界層のはく離

流れのなかに置かれた物体の表面には，境界層とよばれる，粘性の影響を無視できない薄い流体層が形成される．境界層内では，流れは，物体表面との間に生じる粘性摩擦力に抵抗しながら流れるために，運動エネルギーを消耗し減速する．減速の度合いは下流へ行くに従って著しくなる．このとき，流れの向きに圧力降下がある場合には，流体は圧力による仕事を受けるので減速の度合いは弱められ，境界層の厚さが著しく増すことはない．しかし，逆に圧力上昇があると，流体は粘性摩擦力だけではなく，この圧力上昇にも抵抗しながら運動するために運動エネルギーをよけいに消耗し，減速の度合いはより大きくなる．図 7.10 は，一様流中に置かれた静止円柱の表面に沿って圧力を測定した結果の一例である．$0° < \theta < 70°$ では流れの向きに圧力は降下しているが，$70° < \theta < 105°$ では圧力は流れの向きに上昇している．

このような圧力上昇が存在する場合，境界層内の流れはどのような影響を受けるの

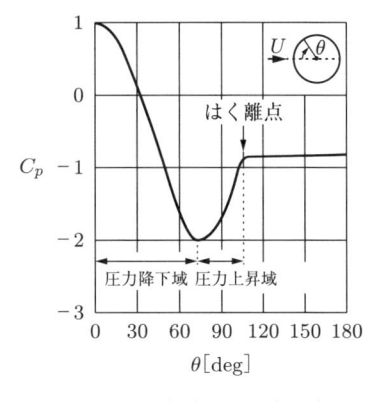

図 7.10 円柱表面の圧力分布 ($Re = 8.4 \times 10^6$)

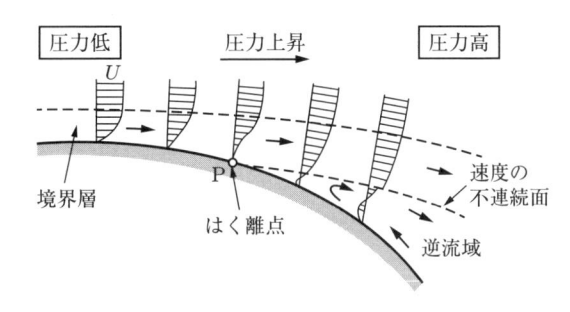

図 7.11 境界層のはく離

かを図 7.11 で考えてみよう．運動エネルギーの消耗がとくに激しいのは，粘性摩擦力の影響を強く受ける物体表面付近の流体である．流れの向きに圧力が上昇することによって，物体表面付近の流体部分はついには運動エネルギーをすべて失い，図の点 P で停止してしまう．流れが停止すると，それより下流には，圧力の高い下流から圧力の低い上流に向かって逆流が生じる．このとき，逆流域は物体表面と境界層の間にくさびのように割り込み，点 P において境界層を物体表面からはがしてしまう．この現象を境界層のはく離 (separation) といい，点 P をはく離点 (separation point) という．

境界層のはく離は，流れの向きに断面積が拡大する流路のなかでも起こりうる．たとえば，図 7.12 に示す，断面積が連続的に変化する流路で考えてみよう．区間 A では流れの向きに断面積が縮小しているから，流れは流れの向きに加速し，圧力は流れ

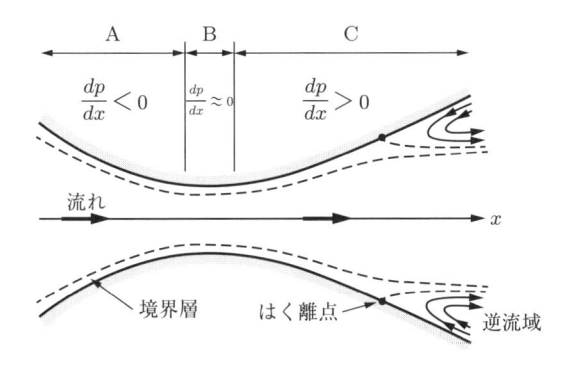

図 7.12 断面積が連続的に変化する流路

の向きに下降する．その結果，流路の壁表面にできる境界層内の流れにとっては圧力による仕事を受ける形になり，運動エネルギーの消耗は小さく，はく離は起こらない．区間 B では断面積がほぼ一定であるから，主流の速さは変化せず，圧力変化も生じない．したがって，はく離は起こらない．これらに対して，流れの向きに断面積が徐々に拡大する区間 C では，流れは流れの向きに減速するから，圧力は流れの向きに上昇する．すなわち，前述の円柱表面の流れの $70° < \theta < 105°$ のあたりと同じ状況が生まれ，はく離が起こりやすくなる．区間 C ではく離を起こさないようにするためには，流れの向きの圧力上昇を緩やかにすることが必要である．そのために，区間 C の壁の勾配をゆるやかにしなければならない．10.3.1 項の図 10.19 に示したベンチュリ管において，流出側の管壁の勾配がゆるやかになっているのはそのためである．

さて，2.3 節で，定常流れのベルヌーイの式

$$\frac{1}{2}\rho V^2 + p + \rho gh = 一定$$

が流管のなかのエネルギー保存を表すことを述べた．そして，単位体積あたりの流体は，運動エネルギー（動圧）$\rho V^2/2$，静圧 p，位置エネルギー ρgh という三つに分けてエネルギーを保持していることを知った．一般に，流体の運動エネルギーの一部は摩擦によって熱エネルギーに変換され，失われてしまう．速度の大きな流れは運動エネルギーが大きいが，その分失われるエネルギーも大きい．そこで，流れを減速させて運動エネルギーの一部を静圧に変換し，高い静圧という状態でエネルギーを保持するほうが有利な場合が多い．このような目的のために，図 7.12 の区間 C のような，流れの向きに断面積を徐々に拡大させる流路が用いられる．この流路をディフューザー (diffuser) という．ディフューザーではく離が起こると，運動エネルギーから静圧への変換が良好に行われず，かえってエネルギー損失（圧力損失）を増大させてしまう．エネルギー損失が最小になるディフューザーの広がり角（図 7.13）は $2\theta = 6 \sim 8°$ 付近にあることが知られており，ディフューザーを設計するときの目安として用いられる．

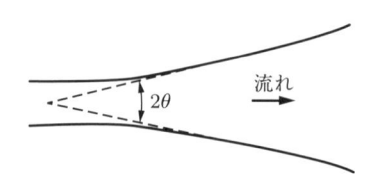

図 7.13 ディフューザーの広がり角

7.9 境界層制御

図 7.10 において，はく離点以後 ($\theta > 105°$) の円柱表面では圧力が低い状態のままになっている．これは，はく離によって流れの減速が正常に行われず，運動エネルギーから静圧への変換ができなかったことによる．このように，境界層のはく離によって物体の背後には圧力の低い領域が作られ，物体は前面と後面の圧力差による力を流れの向きに受けることになる．この力を圧力抗力 (pressure drag) という．

境界層のはく離を防いで圧力抗力を小さくするには，境界層内のエネルギーの少ない流体を取り除くか，境界層内の流体にエネルギーを供給すればよい．たとえば，
① 物体内から境界層内に流体を吹き出す (図 7.14(a) 参照)
② 境界層内の流体を物体内に吸い込む (図 7.14(b) 参照)
③ 境界層内の流れを層流から乱流に遷移させる

などの方法がある．このような方法で境界層のはく離を防ぐことを境界層制御 (boundary layer control) という．③については 8.1 節で解説する．

①の応用例として，航空機の主翼に用いられる前縁スラットや後縁フラップがある．離着陸時の航空機は巡航時[1]に比べると低速である．一般に，主翼に生じる揚力は飛行速さが速いほど大きくなるから，低速飛行する離着陸時は航空機を支えるのに十分な揚力を確保することが難しくなる．そこで，パイロットは航空機の機首を上げて飛行方向に対する主翼の傾き角（これを迎え角 (angle of attack) という[2]）を大きくする．こうすることで揚力を高めることができるが，一方で主翼上面から境界層がはく離する危険がともなう．境界層がはく離すると抗力が増すばかりではなく，揚力が低下し，最悪の場合は航空機の墜落を引き起こす．そこで，主翼の前縁の一部を図 7.15(b) のように前方に押し出して主翼本体との間にすきま（スロット，slot）をつくると，スロットを通って圧力の高い翼下面から圧力の低い翼上面に向かって空気が流れる．この流れが翼上面の境界層内の流れに運動エネルギーを供給し，はく離を抑

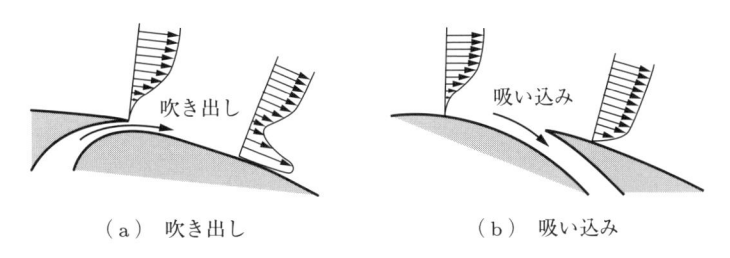

（a） 吹き出し　　　　　　　（b） 吸い込み

図 7.14　境界層の制御

---

1) 一定の高度を一定の速さで飛行することを巡航 (cruise) という．
2) 8.3.1 項を参照のこと．

(a) 巡航時　　　　　（b) 離着陸時

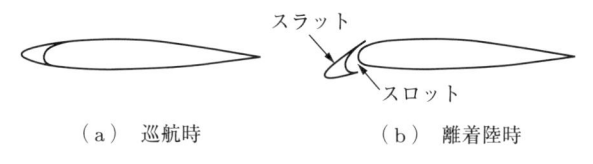

図 7.15　前縁スラット

える．こうして，大きな迎え角でも前縁付近の境界層のはく離を防ぐことができるので，揚力を高めることができる．このとき，前方にせり出す主翼の一部を前縁スラット (leading-edge slat) またはスラットという．スラットのように揚力を高めるための装置を，高揚力装置 (high-lift device) という．

　後縁フラップ (trailing-edge flap) も高揚力装置の一つである．図 7.16 はすきまフラップ (slotted flap) とよばれるものである．巡航時は主翼本体と一体となっている後縁のフラップが，離着陸時には図 7.16(b) のように下方に折れ曲がるように移動する．これによって，主翼断面の反り具合（キャンバー，camber）[1] が大きくなり，主翼上面の流れが下方へ吹き下ろされることによって，その反力として高い揚力が得られる．このとき，フラップは流れに対して大きく傾くために，フラップ上面で境界層がはく離しやすくなる．そこで，フラップを下方へ折り曲げると同時に，後方へ少し移動させて主翼本体との間にスロットをつくる．このスロットを通って主翼下面の空気がフラップ上面に導かれ，フラップ上面に沿う勢いを失いつつある流れに運動エネルギーを供給する．こうして，主翼後縁付近のはく離を防ぐことができる．すきまフラップの効果をより高めるために，フラップを 2 個以上に分割し，複数のスロットを設ける多重すきまフラップ (multiple-slotted flap) もある．多重すきまフラップでは，複数のフラップを後方へ引き出しながら順次折り曲げると翼面積も増大するので，揚力をさらに増加させることができる．

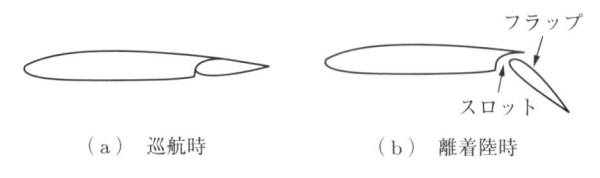

(a) 巡航時　　　　　（b) 離着陸時

図 7.16　すきまフラップ

---

1) 8.3.1 項を参照のこと．

7.10 カルマン渦列

図 7.17 に示すように，はく離した境界層と逆流域の境には速度の不連続面ができ，そこから渦が発生する．図 7.18 は，円柱表面のはく離点付近の流れの可視化写真である．はく離点近傍に一対の渦が形成され，一方の渦が下流に流されるようすが示されている．

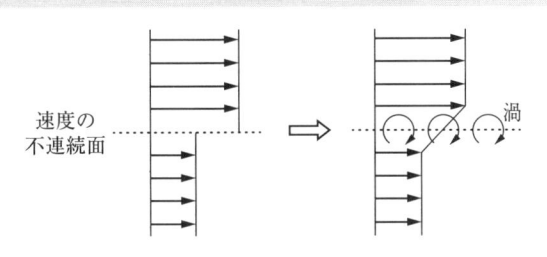

物体の後方に流された渦は，そこに大規模な渦の領域（この領域も渦とよぶ）をつくる．このような，大規模な渦領域を含む，物体後方の流れの部分を後流 (wake) という．後流のパターンは流れ

図 7.17 速度の不連続面における渦の発生

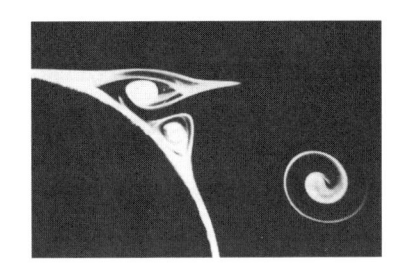

図 7.18 円柱表面のはく離点付近の流れ（文献 [3]）

のレイノルズ数によって変化する．図 7.19 に典型的なパターンの可視化写真を示す．図 7.19(a) はレイノルズ数 25.5 の円柱まわりの流れの模様である．レイノルズ数が 6 から 40 の範囲では，円柱背後のほぼ上下対称の位置に一対の渦が発生する．これを双子渦 (twin vortex) という．渦の長さはレイノルズ数に比例して増大し，レイノルズ数 40 のときには円柱直径の 2.1 倍に達する．レイノルズ数が 40 程度を超えると，後流は図 7.19(b) に示すように渦が流れの方向に並ぶパターンに変化する．この結果，円柱の後流には，図 7.20 のような，互い違いの配列をもつ二つの渦の列が現れる．この渦の列をカルマン渦列 (Kármán vortex street) という．このとき，円柱上面から放出される渦は時計まわりの回転をもち，下面から放出される渦は反時計まわ

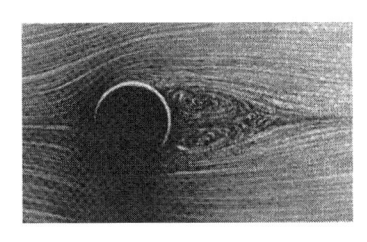

(a) $Re = 25.5$ 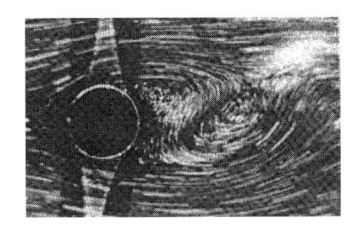　　　　(b) $Re = 202$

図 7.19 円柱後方の流れのパターン（文献 [4]）

図 7.20 カルマン渦列（$Re = 105$）（文献 [4]）

りの回転をもつ．カルマン渦列は実験室で観察されるだけではなく，自然界においても観察される．図 7.21 は，韓国の済州島にあるハルラ山 (標高 1950 m) の風下に発生したカルマン渦列が，雲によって可視化されたようすを人工衛星から撮影した写真である．図 7.20 のような実験室で観察されるカルマン渦列の一つの渦の直径は数 cm 程度であるが，図 7.21 の渦の直径は数百 km にも及んでいる．

カルマン渦列のモデルとして，図 7.22(a) のような渦点を並べたモデルを考えよう．同じ強さと回転の向きをもつ渦点が一直線上に等間隔 a で無限に並ぶ渦列と，強さは同じであるが逆の向きに回転する渦点を等間隔 a で無限に並べた渦列を考える．このような 2 本の渦列を間隔 b で配置する．カルマンは，この 2 本の渦列の安定性を理論的に調べることによって，図 7.22(a) のように一方の列の渦点が他方の列の渦点の中央に存在し，$b/a = 0.2806$ のときに渦列は安定に存在することができ，それ以外では渦列は不安定で外乱を受けると配列が崩れてしまうことを明らかにした．このとき

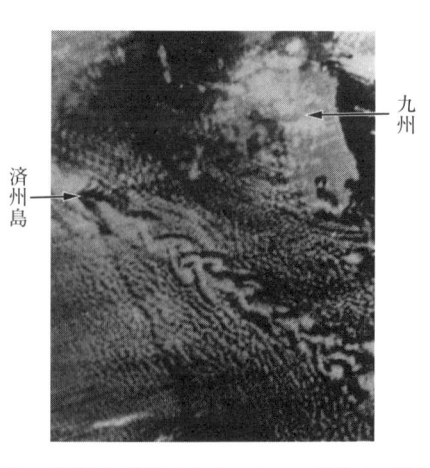

図 7.21 自然界で観察されたカルマン渦列（文献 [17]）

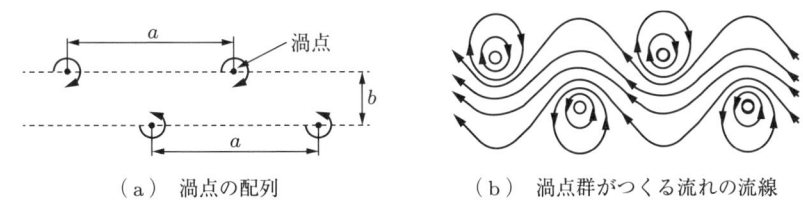

(a) 渦点の配列　　　　(b) 渦点群がつくる流れの流線

図 7.22 渦点群を用いたカルマン渦列のモデル

の安定な配列がカルマン渦列である．

単位時間あたりに物体から放出される渦の対の数を f とするとき，無次元数

$$St = \frac{fL}{U} \tag{7.82}$$

をストローハル数 (Strouhal number) という．ここに，U は物体に接近する一様流の速さ，L は物体の代表長さ（円柱の場合は直径）である．一般に，ストローハル数は流れのレイノルズ数によって変化するが，円柱の場合，$10^3 < Re < 10^5$ の範囲でストローハル数はほぼ一定で，$St \approx 0.2$ であることがわかっている．ストローハル数が一定のレイノルズ数範囲では $U = (L/St)f$ によって放出される渦の数 f と流速 U が比例関係にあるから，放出される渦の数を測ることによって流速を知ることができる．この原理でつくられた流量測定器が渦流量計 である．

物体の後流にカルマン渦列が形成されると，物体の表面において流れに直交する方向に圧力差が生じる．この圧力差による力（揚力）の大きさと向きは，図 7.20 のように回転の向きが互いに逆の渦が交互に放出されるのにともなって，周期的に変動する．この周期的変動力によって物体は流れに直交する方向に強制振動を起こす．この振動を渦励振 (うずれいしん，vortex-induced vibration) という．送電線や旗を掲揚する柱が強い風によって揺れるのは，この渦励振である．流れのなかの構造物が渦励振を起こすと材料が疲労破壊する恐れがあるため，渦励振を抑える工夫が必要である．

渦励振を抑える方法の一つは，はく離を起こしにくくすることである．たとえば，物体表面に小さな突起物や溝を付けて境界層内の流れを乱流に遷移させると，境界層のはく離を遅らせることができる[1]．その結果，はく離の規模を小さくすることができるので，物体にはたらく周期的変動力を弱めることができる．遠方の発電所から都会へ電気を送るために，鉄塔に支えられた送電線が長距離にわたって引かれている．この送電線が渦励振を起こして上下に大きく揺れると，鉄塔を水平方向に引っ張ることになる．その力によって鉄塔が倒壊することもある．鉄塔の安全を確保するためには，送電線の渦励振を抑えることが重要である．そのために，送電線の表面にらせん

---

[1] 8.1 節を参照のこと．

状の溝を付けることがある.

　カルマン渦列の形成によって物体表面に生じる圧力差は，周期的変動力の原因になるのと同時に，音の発生の原因にもなる．たとえば，風の強い日に木の枝や送電線からピューピューという音が聞こえてくることがある．これはカルマン渦列にともなって起きる音であり，エオルス音 (Aeolian tone) とよばれる．エオルス音は，渦の周期的発生にともなって生じる渦音 (vortex sound) の一種であり，すきま風が発する音と同種のものである．

演習問題

7.1 問図 7.1 のように，速さ U の一様流中に流れに平行に平板が置かれている．この平板の上面に生じる境界層について次の設問に答えよ．ただし，平板の紙面垂直方向の幅を b とし，平板上面の流れは 2 次元流れであるとする．また，流れのなかの圧力は一様であるとする．

(a) O を座標原点として，図のように xy 座標系を設ける．δ を $x=\ell$ における境界層の厚さとし，点 B の座標を (ℓ, δ) とする．曲線 BC は点 B を通る流線である．$x=0$ における速度の x 成分を $u(0,y)=U$ とし，$x=\ell$ における速度の x 成分を $u(\ell,y)=V(y)$ とする．このとき，領域 OABC を検査体積として，検査体積内の運動量変化を考えることによって平板上面にはたらく粘性摩擦力 D_f を U, $V(y)$, b, δ と流体の密度 ρ で表せ．

(b) $V(y)$ が近似的に次式で表されるとき，$D_f/(\rho U^2 b \delta)$ を求めよ．

$$V(y) = \begin{cases} U\left(\dfrac{2y}{\delta} - \dfrac{y^2}{\delta^2}\right) & (0 \leq y \leq \delta) \\ U & (\delta < y) \end{cases} \tag{7.83}$$

(c) $x=\ell$ における排除厚さを δ^*，運動量厚さを θ とする．$V(y)$ が式 (7.83) で与えられるとき，δ^*/δ と θ/δ を求めよ．

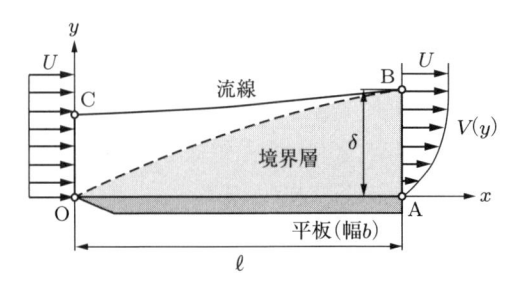

問図 7.1

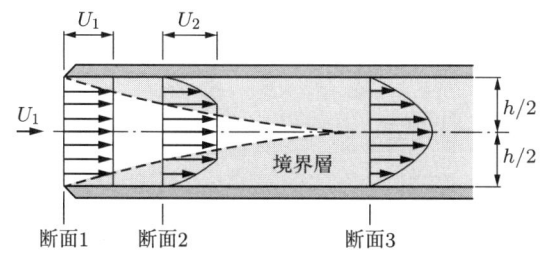

問図 7.2

7.2 流れに平行に置かれた平板表面に生じる境界層内のせん断応力 σ_{yx} について，次の設問に答えよ．
  (a) $\sigma_{yx} \approx \mu(\partial u/\partial y)$ のように近似できることを示せ．
  (b) 表 7.1 を用いて，σ_{yx} の分布を図示せよ．図は，横軸に無次元せん断応力 $\sigma_{yx}/[\frac{1}{2}\rho U^2 \sqrt{\nu/(Ux)}]$ をとり，縦軸に η をとること．

7.3 問図 7.2 のような，2 枚の平行平板でできた 2 次元ダクトに，速さ U_1 の一様流が流入している．流入した流れによって，ダクトの入口 (断面 1) から下流に向かって，上下の平板表面に境界層が形成される．この境界層はしだいに発達して，ついには二つの境界層が一緒になって，平板間の流れはポアズイユ流れになる (断面 3)．このとき，ポアズイユ流れになる前の断面 2 では，二つの境界層の間に粘性の影響を無視できる一様な流れ (速さ U_2) の領域が存在する．平板間の流れは定常であるとして次の設問に答えよ．ただし，流体の密度を ρ，平板間距離を h とする．
  (a) 図 7.2 のように，流れに平行に 1 枚の平板を置いたときに平板表面にできる境界層の外の流れは，平板に接近する一様流と同じ速さである．しかし，問図 7.2 のダクト内の流れの場合は $U_1 \neq U_2$ である．その理由を説明せよ．
  (b) 断面 2 における排除厚さを δ^* とする．比 U_2/U_1 を δ^* と h で表せ．
  (c) 断面 1 と断面 2 におけるダクト中心線上の圧力をそれぞれ p_1, p_2 とするとき，圧力変化 $p_2 - p_1$ を h, δ^*, U_1, ρ で表せ．

7.4 問図 7.3 のような大型バスが，静止した空気中を 80 km/h で走行している．このとき，バスの屋根に生じる境界層について次の設問に答えよ．ただし，屋根を長さ 12 m，幅 3 m の平板と見なし，ブラジウス方程式の解を利用せよ．また，空気を 20°C, 1 気圧とする．
  (a) バス後端での 99%境界層厚さ δ_{99}，排除厚さ δ^*，運動量厚さ θ を求めよ．

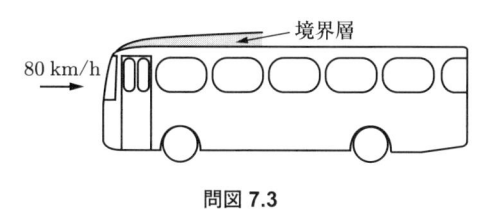

問図 7.3

198　第7章　境　界　層

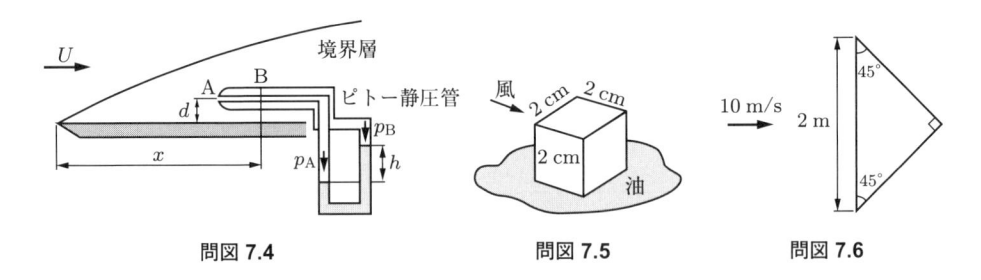

問図 7.4

問図 7.5

問図 7.6

(b) 屋根にはたらく摩擦抗力 D_f を求めよ．

7.5 問図 7.4 のように，平板上を速さ $U = 20$ m/s の空気が流れている．平板から高さ $d = 2$ mm の位置に，ピトー静圧管が置かれている．ピトー静圧管の圧力差 $p_A - p_B$ を U 字管で調べたところ，U 字管内の液面差が $h = 13$ mm であった．表 7.1 を利用して，平板先端からピトー静圧管の静圧測定孔 B までの距離 x を求めよ．ただし，空気は 20°C, 1 気圧とし，U 字管内の液体は水（密度 1000 kg/m³）とする．また，ピトー静圧管の太さは無視してよい．なお，10.2.2 項で述べるように，粘性流体中でピトー静圧管を用いる場合，粘性の影響を補正するためにピトー静圧管係数 K を導入しなければならない．ここでは $K = 1$ とせよ．

7.6 問図 7.5 のように，1 辺が 2 cm の立方体が油の上に浮いている．風が吹いてこの立方体を速さ 5 cm/s で動かし続けるのに要する風力を，ブラジウス方程式の解を利用して求めよ．ただし，油の粘性係数を 8.1×10^{-3} Pa·s，密度を 860 kg/m³ とする．

7.7 直角二等辺三角形の薄い平板が，10 m/s の一様流に平行に問図 7.6 のように置かれている．流体は 20°C, 1 気圧の空気である．ブラジウス方程式の解を利用して，この平板の両面に作用する粘性摩擦力を求めよ．

7.8 2 辺の長さがそれぞれ a, b の長方形の薄い平板を，静止した水のなかで牽引する．最初に，長さ a の辺に平行にある力で牽引すると，定常状態の平板の速さは V_a であった．次に，長さ b の辺に平行に同じ大きさの力で牽引したところ，定常状態の平板の速さは V_b になった．ブラジウス方程式の解を利用して V_b/V_a を求めよ．

7.9 運動量積分方程式を，定常一様流に平行に置かれた平板表面の境界層に適用する．境界層内の流速分布 $F(Y)$ を次の 3 種類の関数で仮定するとき，それぞれの関数に含まれる未定係数を決定せよ．

(a) $F(Y) = A_0 + A_1 Y + A_2 Y^2 + A_3 Y^3 + A_4 Y^4$ （$A_0 \sim A_4$ は未定係数）
(b) $F(Y) = A + B \sin(CY)$ （A, B, C は未定係数）
(c) $F(Y) = A + B \cos(CY)$ （A, B, C は未定係数）

7.10 演習問題 7.9 の (a), (b) の流速分布を用いて，$\delta, \delta^*, \theta, \tau_w$ を計算せよ．

7.11 定常一様流に平行に置かれた平板表面の境界層内の速度成分 $u(y)$ を，問図 7.7 のような 2 本の直線の組合せで仮定して，$\delta, \delta^*, \theta, \tau_w$ を求めよ．

7.12 流れの向きに圧力勾配がある定常流れに平行に置かれた平板表面の境界層を考える．

問図 7.7

流れの向きに x 軸を設け，主流の速さを $U(x)$ とすると，主流内の圧力勾配 $\partial p/\partial x$ は，

$$\frac{\partial p}{\partial x} = -\rho U \frac{dU}{dx}$$

で与えられる．この境界層に運動量積分方程式を適用するために，境界層内の流速分布 $F(Y)$ を演習問題 7.9(a) に示した 4 次多項式で仮定する．このとき，未定係数 $A_0 \sim A_4$ を決定せよ．

7.13 物体表面におけるせん断応力が 0 になると，境界層のはく離が生じる．境界層内の流速分布 $F(Y)$ を，$F(Y) = A_0 + A_1 Y + A_2 Y^2 + A_3 Y^3$ で近似するとき，はく離点における流速分布の係数 $A_0 \sim A_3$ を求めよ．さらに，その流速分布を図示し，式 (7.77) が表す分布形と比較せよ．

7.14 次に述べる手順に従ってカルマン渦列の可視化実験をせよ．

1 L 入り牛乳パックを縦に 2 分割し，注ぎ口のある頭の部分を切り落とす．二つを向かい合わせにして接着し，問図 7.8 のような細長い水槽をつくる．水槽に水を入れ，水面に墨汁を浮かせる．このとき，割り箸の端の面に墨汁を付け，その面を水面に接触させると水面に墨汁を浮かせることができる．カートリッジ式の筆ペンの穂先を水面に接触させ，カートリッジを押して墨を浮かせてもよい．水槽の内面に乳脂肪分等が付着していると墨がはじかれて実験がうまくいかないことがあるので，一度中性洗剤で洗うとよい．断面が円形の棒状のもの（たとえば，菜箸やストローなど）を墨汁のない水面に鉛直に入れ，そのまままっすぐに動かして墨汁の広がった部分を通過させると，墨汁が棒の後方に生じるカルマン渦列を示す．棒が墨汁を横切った直後に短冊形の紙を水面に落とすと，墨汁のパターンを紙に転写することができる．

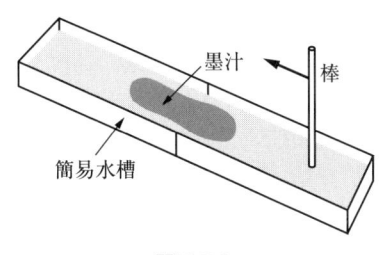

問図 7.8

第8章

流れのなかの物体にはたらく力

8.1 層流と乱流

　流れのなかの1点における速度は，たとえ定常流れであっても必ず微小な時間的変動をもっている．この変動が時間とともに大きく発達することなく，流体の各微小部分が秩序正しく層状に運動している状態の流れを層流 (laminar flow) という．一方，流れの時間的な変動が時間とともに有限の大きさに発達すると，流体の塊が渦巻いて入り乱れながら流れるようになる．このような流れを乱流 (turbulent flow) という．

　レイノルズ (Osborne Reynolds) は，図 8.1 のような装置を使って，流れの状態を系統的に調べる実験を行った．図の装置を高い台の上にのせると，水槽内の水は重力によってガラス管のなかを流れ落ちる．このとき，弁を調節することによって，ガラス管内の流速を変えることができる．そこで，ガラス管内に着色液を流すと，着色液の変化を通してガラス管内の流れの状態を観察することができる．ガラス管内の流れが層流であれば，着色液は図 8.2(a) のように鮮明でまっすぐな線を描く．乱流の場合には，図 8.2(c) のように，着色液は周囲の水と混ざり合ってガラス管内全体が着色液の色に染まる．レイノルズはこのような実験を通じて，管内の流れが層流になるか，乱流になるかは，管の内径や流れの速さ，水の密度や粘性といった個々の値には直接関係せず，レイノルズ数という無次元数によって決まることを見いだした．すなわち，流れのレイノルズ数がある値 Re_{cr} よりも小さければ流れは層流となり，逆に

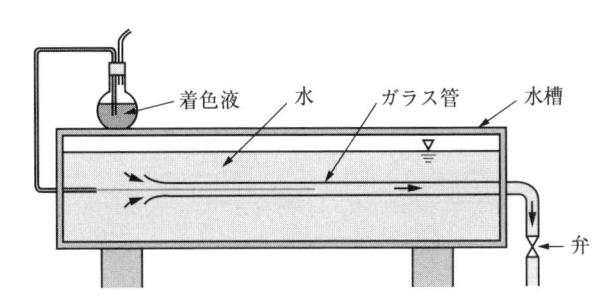

図 8.1 レイノルズの実験装置

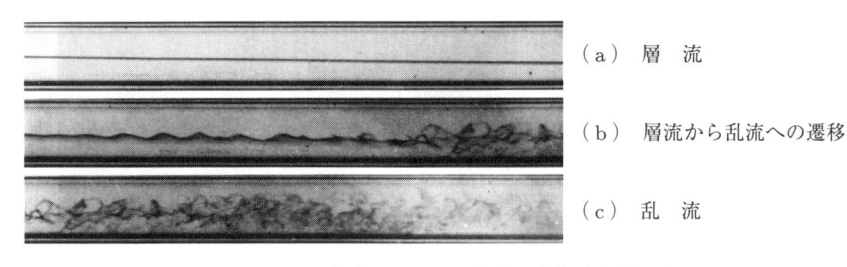

図 8.2 ガラス管内の流れのようすの変化（文献 [3]）

(a) 層流
(b) 層流から乱流への遷移
(c) 乱流

Re_{cr} よりも大きければ乱流となる．このときの Re_{cr} を臨界レイノルズ数 (critical Reynolds number) という．臨界レイノルズ数付近で実験を行うと，図 8.2(b) のように，管の途中まで層流であった流れが徐々に乱れはじめ，ついには乱流に変わる．このように，層流から乱流へ移り変わる現象を遷移 (transition) という．臨界レイノルズ数は，実験者の技量や実験装置によって変わる．たとえば，図 8.1 のガラス管の入り口の形状を朝顔型にするなどの工夫をして，流れがなめらかにガラス管内へ流入するようにすると，$Re_{cr} \approx 40000$ である．一方，入り口の形状を鋭い切り口のままにしたり，管の内面を粗くすると，$Re_{cr} \approx 2000$ となる．

円管内の流れの速度分布に注目してみよう．層流の場合の速度分布は，図 8.3(a) のような回転放物面の形になる．このことは，6.4.1 項で扱ったポアズイユ流れの速度分布から推測できるであろう．一方，乱流では，大小さまざまな乱れによって，流体部分が不規則に混合し合っている．この混合は運動エネルギーの輸送効果をもたらし，流れの遅い部分は加速され，速い部分は減速する．この結果，乱流では速度分布が一様に近づく傾向があり，図 8.3(b) のような形の速度分布になる．管壁付近での速度勾配は，層流よりも乱流のほうが大きくなるため，壁面でのせん断応力は乱流のほうが大きい．ここで注意しなければならないのは，乱流の場合の速度は時間平均された速度であるということである．乱流では，流体は空間的にも時間的にも不規則な運動をしているので，流体内の各点で瞬間速度を知ることは事実上不可能である．したがって，時間についての平均速度を考える．図 8.3(b) の速度分布は，時間平均し

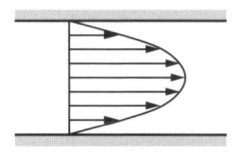

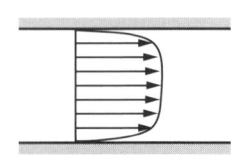

(a) 層流の速度分布   (b) 乱流の平均速度分布

図 8.3 円管内の層流と乱流における速度分布の比較

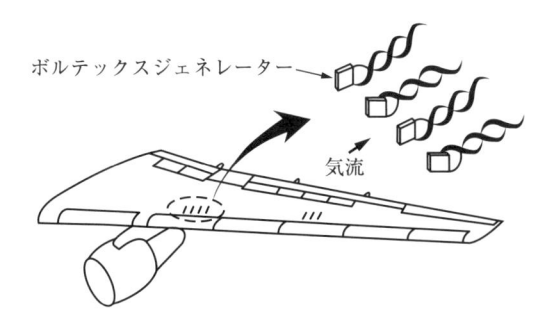

図 8.4 ボルテックスジェネレーター

た速度分布を示している．

　乱流には，混合によって運動エネルギーを輸送し，流れ場の速度分布を均一にしようとするはたらきがあることを述べた．このはたらきによって，境界層内の流れの遅い部分は主流からの運動エネルギーの供給を受けて加速するから，境界層のはく離の発生が層流のときよりも遅くなる．乱流のこのような性質を利用している例を紹介しよう．航空機の翼の上面を注意深く観察すると，図 8.4 に示すような高さ数 cm の長方形の突起物が多数取り付けられている．これをボルテックスジェネレーター (vortex generator) という．離着陸時の航空機は，低速のうえに大きい迎え角をとるために，翼上面を流れる気流がはく離を起こしやすくなる．そこで，このボルテックスジェネレーターで強制的に渦を発生させて流れを乱流に遷移させ，流れのはく離を押さえるのである．7.9 節で述べた境界層制御の方法の③の具体例がボルテックスジェネレーターである．

　乱流の理論や実験結果の詳細については，たとえば文献 [14], [18], [19] を参照していただきたい．

8.2　揚力と抗力

　流れのなかに置かれた物体は流体から力を受ける．この力を，図 8.5 のように流れの方向に垂直な成分と平行な成分に分解するとき，前者を揚力 (lift)，後者を抗力 (drag) という．揚力と抗力は，英語表記の頭文字をとってそれぞれ L と D で表される．揚力や抗力を論じる場合，ニュートン (N) という単位がつく量を用いずに，次式で定義される無次元量を用いる．

$$C_L = \frac{L}{\frac{1}{2}\rho U^2 A}, \qquad C_D = \frac{D}{\frac{1}{2}\rho U^2 A} \tag{8.1}$$

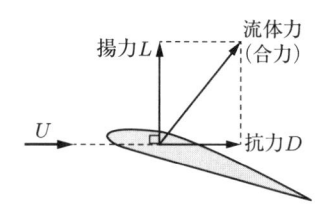

図 8.5 翼にはたらく流体力

C_L を揚力係数 (lift coefficient)，C_D を抗力係数 (drag coefficient) という．ここに，ρ は密度，U は物体に接近する一様流の速さ，A は物体の代表面積である．$\frac{1}{2}\rho U^2 A$ は力の次元をもつから，揚力係数と抗力係数はそれぞれ無次元化された揚力と抗力である．したがって，6.6 節で述べたレイノルズの相似法則が成り立つように実験を行えば，模型実験で得られる揚力係数と抗力係数は，実機の揚力係数と抗力係数に等しい．

抗力は発生原因の違いによって 2 種類に分けられる．一つは，物体後方での圧力低下に起因する圧力抗力 (pressure drag) であり，もう一つは物体表面に生じる摩擦による摩擦抗力 (friction drag) である[1]．物体後方での圧力低下は流れのはく離によるものであるが，はく離には流体の粘性とともに，物体の形状が大きな影響を及ぼす．この意味で，圧力抗力を形状抗力 (profile drag) ともいう．円柱のような鈍頭物体 (bluff body) の場合，全抗力のおよそ 90％が圧力抗力であり，10％が摩擦抗力である．一方，翼型[2] のような流線形物体 (streamlined body) の場合は，90％が摩擦抗力で，10％が圧力抗力である．一般に，摩擦抗力は圧力抗力に比べて非常に小さい．したがって摩擦抗力が支配的な流線形物体の全抗力は，圧力抗力が支配的な鈍頭物体の全抗力よりも小さい．その小ささの度合いを見るために，同じ流れのなかに置かれて同じ大きさの抗力を受ける，円柱と翼型の大きさを比較してみよう（図 8.6 参照）．円柱の直径を d，翼型の最大翼厚を t とし，いずれも紙面に垂直方向の長さが b の柱状物体であるとする．代表面積として正面面積を用いると，円柱の抗力係数 $(C_D)_\text{cylinder}$ は 1.2 であり，代表的な対称翼型 NACA0012 の迎え角 0°のときの抗力係数 $(C_D)_\text{wing}$ はおよそ 0.05 である．そこで，式 (8.1) の第 2 式を用いて，両物体に

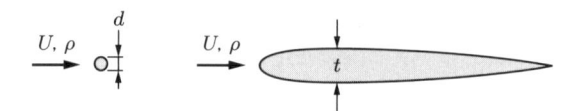

図 8.6 同じ大きさの抗力を受ける円柱と翼型の大きさの比較

---

[1] このほかに，航空機の翼には誘導抗力 (induced drag) が，超音速で飛行する航空機や水面を航行する船舶には造波抗力 (wave drag) が生じる．
[2] 翼型については 8.3.1 項を参照のこと．

はたらく抗力を等値すると，

$$\frac{1}{2}\rho U^2 bd \times (C_D)_{\text{cylinder}} = \frac{1}{2}\rho U^2 bt \times (C_D)_{\text{wing}}$$

となる．これより $t=24d$ を得る．すなわち，直径 1 cm のワイヤの抗力と最大翼厚 24 cm（流れ方向の長さに換算すると 2 m）の翼型を断面にもつ柱の抗力が等しいことになる．

表 8.1 に 2 次元物体の抗力係数（断面抗力係数[1]），表 8.2 に 3 次元物体の抗力係数を示す．後述するように，抗力係数の大きさは流れのレイノルズ数によって変化する．表 8.1, 8.2 の数値は $10^4 < Re < 10^6$ の範囲の平均値である．ただし，円柱と球の抗力係数は，レイノルズ数が臨界レイノルズ数 より大きいか小さいかで大きく異なるので，その両方を示してある．表 8.3 には，人間や乗り物の抗力係数を示す．

表 8.1 主な 2 次元物体の抗力係数（$10^4 < Re < 10^6$ の平均値）

物体形状	代表面積 A	抗力係数 C_d
円柱		$1.20\,(Re < Re_{cr})$ $0.34\,(Re > Re_{cr})$
半円板		流れ → 1.20 ← 2.30
平板	$d \times 1$ 紙面垂直方向の長さは 1	1.98
壁つき平板		1.25
正四角柱		2.05
正四角柱（45°）		1.55
正三角柱		1.70

---

1) 断面抗力係数については 8.3.1 項を参照のこと．

表 8.2 主な3次元物体の抗力係数（$10^4 < Re < 10^6$ の平均値）

物体形状	代表面積 A	抗力係数 C_D
球（直径 d）	$\frac{\pi}{4}d^2$	$0.47\ (Re < Re_{cr})$ $0.10\ (Re > Re_{cr})$
半球面		流れ→ 0.42 ← 1.42
半球		→ 0.42 ← 1.17
円板		1.17
円錐		θ: 20°, 40°, 60° C_D: 0.40, 0.65, 0.80
回転楕円体		ℓ/d: 2, 4, 8 C_D: 0.27, 0.25, 0.20
円柱（横）	$\frac{\pi}{4}d^2$	ℓ/d: 2, 4, 8 C_D: 0.85, 0.87, 0.99
円柱（縦）	ℓd	ℓ/d: 2, 5, 10 C_D: 0.68, 0.74, 0.82
立方体	d^2	1.05（正対） 0.80（斜め）

異なる形状の物体の抗力の大きさの違いを論ずるときは抗力係数を用いるが，物体の大きさが問題になる場合は抗力係数だけでは不十分である．なぜならば，抗力係数には物体の形状は反映されているが，物体の大きさは反映されていないからである．

表 8.3 身近な物体の抗力係数

物体形状	代表面積 A	抗力係数 C_D
人間　立った姿勢	正面面積	$C_D A = 0.84 \mathrm{m}^2$
座った姿勢		$C_D A = 0.56 \mathrm{m}^2$
うずくまった姿勢		$C_D A = 0.19 \sim 0.28 \mathrm{m}^2$
自転車（人物を含む）一般用	正面面積 $A = 0.511 \mathrm{m}^2$	1.1
競技用	$A = 0.362 \mathrm{m}^2$	0.88
自動車　クラシックカー	正面面積	0.80
セダン		0.30
F1マシン		$0.7 \sim 1.1$
トレーラートラック　標準形	正面面積	0.96
エアシールド付き		0.76
すき間のないエアシールド		0.70
旅客機　ボーイング747	主翼面積 $A = 541 \mathrm{m}^2$	0.031
ボーイング787	$A = 325 \mathrm{m}^2$	0.024

たとえば，旅客機が着陸態勢に入って車輪を出したときに，抗力がどのくらい増えるかを考えてみよう．車輪を格納した状態の旅客機の抗力係数 C_{D1} とその代表面積 A_1，車輪の抗力係数 C_{D2} とその代表面積 A_2 がわかっているとき，車輪を出した旅客機にはたらく抗力 D は，

$$D = \frac{1}{2}\rho U^2 (C_{D1} A_1 + C_{D2} A_2) \quad (U \text{ は飛行速さ})$$

である．車輪を出したことによる抗力の増加は $(1/2)\rho U^2 (C_{D2} A_2)$ であり，このとき必要な量は C_{D2} ではなく，$C_{D2} A_2$ である．すなわち，物体 A に物体 B を結合することによる抗力の増加を見積もるときに必要な量は物体 B の抗力係数と物体 B の代表面積の積である．そこで，(抗力係数) × (代表面積) を抗力面積 (drag area) とよび，物体の形状の違いとともに大きさの違いも考慮して抗力を論じる場合に用いる．

8.3 翼と揚力

8.3.1 翼と翼型

翼 (wing) とは，抗力に比べて揚力が大きくなるようにつくられた，流線形の断面をもつ物体である．その断面の形を翼型 (wing section) という．翼のどの断面をとっても同一の翼型をもち，ねじれのない無限に長い直線状の翼を 2 次元翼という．2 次元翼まわりの流れは，翼型まわりの 2 次元流れである．

翼型の一例を図 8.7 に示す．翼型の前端を前縁 (leading edge) といい，後端を後縁 (trailing edge) という．前縁は丸みを持ち，後縁はとがっている点が翼型の特徴である．前縁の丸みに一致する円の半径を前縁半径 (leading edge radius) といい，後縁で

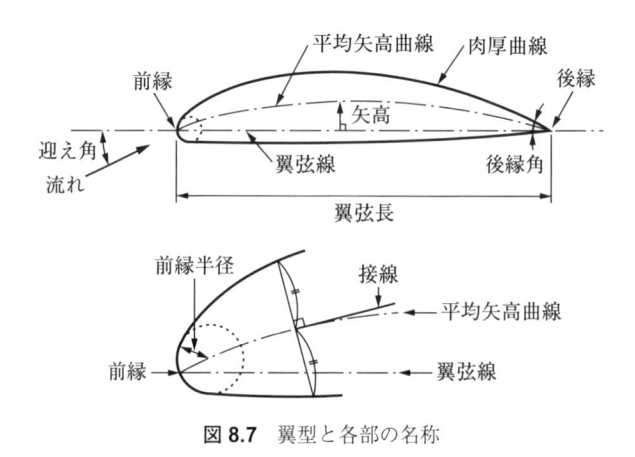

図 8.7 翼型と各部の名称

上面と下面のなす角を後縁角 (trailing edge angle) という．翼型の肉厚分布を表す曲線（翼型の断面形状を表す曲線）を肉厚曲線といい，肉厚の中点を連ねた曲線を平均矢高曲線 (mean camber line) という．平均矢高曲線は，普通，上方に湾曲している．平均矢高曲線は揚力に，肉厚曲線は抗力に関係が深い．平均矢高曲線と肉厚曲線の交点を結ぶ線分を翼弦線 (chord line) あるいは単に翼弦 (chord) という．翼弦線の長さを翼弦長 (chord length) とよび，翼型の幾何学的寸法の基準として用いられる．平均矢高曲線と翼弦線との距離を矢高あるいはキャンバー (camber) という．矢高と肉厚は翼型の特性を決める重要な量で，それぞれの最大値を翼弦長に対する百分率で表したものを最大矢高 (maximum camber)，最大翼厚 (maximum thickness) という．平均矢高曲線と翼弦線が一致する翼型を対称翼型 (symmetrical wing section) という．翼弦線と一様流とのなす角を迎え角 (angle of attack) という．

3次元翼の揚力係数と抗力係数は式 (8.1) で定義される．このとき，代表面積 A には翼面積が用いられる．2次元翼の場合は翼弦長 c，長さ1の翼を考え，$A = c \times 1$ とおいて，

$$C_l = \frac{L}{\frac{1}{2}\rho U^2 c}, \qquad C_d = \frac{D}{\frac{1}{2}\rho U^2 c} \tag{8.2}$$

で揚力係数と抗力係数を定義する．この C_l と C_d をそれぞれ断面揚力係数 (section lift coefficient)，断面抗力係数 (section drag coefficient) という．3次元翼の C_L, C_D は翼端の影響を含めた翼全体の空力特性を表すが，C_l と C_d は翼型という2次元的な形状の空力特性を表す．

揚力係数と抗力係数の大きさは迎え角によって変化する．図 8.8 に，断面揚力係数，断面抗力係数と迎え角の関係の一例を示す．揚力係数は迎え角の増加とともに大きくなり，ある迎え角で最大値をとる．この最大値を最大揚力係数 (maximum lift coefficient) という．さらに迎え角を増すと，揚力係数は急激に減少する．これは，そ

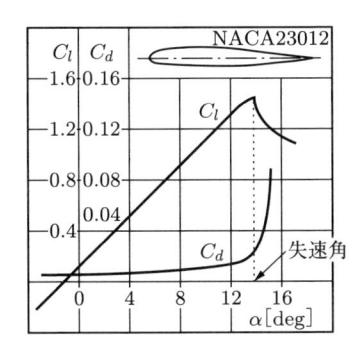

図 8.8 断面揚力係数 C_l と断面抗力係数 C_d の迎え角 α による変化

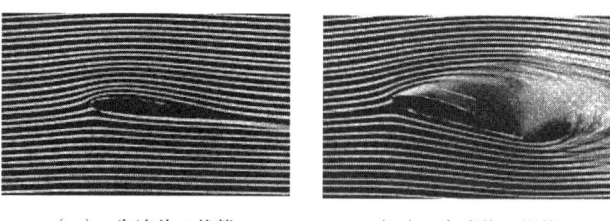

（a）失速前の状態　　　（b）失速後の状態

図 8.9 翼型まわりの流れ（文献 [3]）

の迎え角以上では，図 8.9(b) のように流れが翼上面からはく離してしまうためである．こうなると，迎え角を増しても揚力係数は逆に減少し，かえって抗力係数が増大しはじめる．このような現象を失速 (stall) といい，失速を起こすときの迎え角を失速角 (stalling angle) という．

8.3.2 揚力の発生

翼のまわりに流れが生じると揚力が発生する理由を考えてみよう．5.2.2 項で，一様流 U のなかで回転する円柱には，大きさ $-\rho U \Gamma$ の揚力が発生することを学んだ．ここに，Γ は円柱が回転することによって円柱のまわりに生じる循環の大きさである．円柱に限らず，どのような物体であっても，そのまわりに循環があれば揚力が発生する．つまり，揚力が発生するためには物体のまわりに循環がなければならない．円柱の場合は強制的に円柱を回転しなければならないが，翼の場合は自然に循環が発生する．別のいい方をすれば，一様流の中に置かれるとまわりに循環が発生するように形づくられた断面をもつ物体が翼である．

翼型のまわりに循環が発生する過程を図 8.10 で考えてみよう．いま，静止流体中に翼型が静止して置かれているとする．翼型を速さ U（一定）で動かしはじめると，

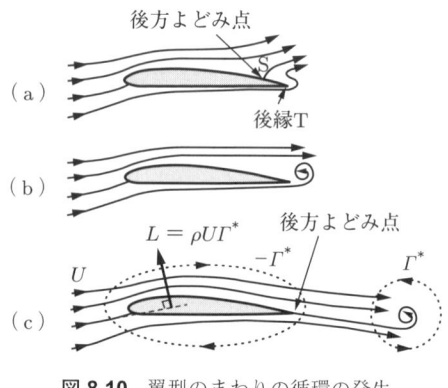

図 8.10 翼型のまわりの循環の発生

最初，流れはポテンシャル流れの挙動を示し，図(a)のように点Sに後方よどみ点ができる．そのため，翼型の下面に沿う流れは後縁Tで上面へまわり込もうとする．しかし，翼型の後縁は鋭くとがっているために，現実の流れでは粘性の影響でまわり込むことができない．こうして，流れは図(b)のような反時計まわりの渦をつくり翼表面からはがれ，下流に流れていく．この渦を出発渦(starting vortex) という．

ところで，翼のまわりの流れのようにレイノルズ数の高い流れでは，翼表面の境界層を除けば，流体を非粘性流体として扱うことができる．したがって，渦の不生不滅の定理が成立する．流れは静止状態から出発しているから，流体全域での循環は常に0でなければならない．そこで，図(b)の出発渦の循環を $\Gamma^*(>0)$ とすると，図(c)に示すように逆向きの循環 $-\Gamma^*$ が翼型まわりに発生する．この循環 $-\Gamma^*$ によって翼型には揚力 $L = \rho U \Gamma^*$ が生じる．翼型は，とがった後縁をもつことによって自然に循環が発生するようになっている．

図5.4を参照すると，$-\Gamma^*$ の循環をもつ流れは，一様流がつくる流れに時計まわりに旋回する流れを重ね合わせたものと等価である．この時計まわりに旋回する流れによって後方よどみ点は図(a)のSから後縁Tに押し流される．もし，後方よどみ点が後縁Tを通り過ぎて翼型下面に移動すると，今度は後縁で上面から下面へまわり込もうとする流れが生じる．この流れは時計まわりの渦となって流れ去り，翼型のまわりには反時計まわりの循環が生じる．この循環による流れによって，下面の後方よどみ点は後縁Tに近づく．こうして，定常状態では後方よどみ点は後縁に一致する．

8.4 抗力係数とレイノルズ数

抗力 D は，流れのなかに置かれた物体の形状と大きさ，一様流の速さ U，流体の密度 ρ，流体の粘性係数 μ の関数であると考えることができる．物体の代表長さを ℓ として，抗力 D を

$$D = k\rho^a \mu^b U^c \ell^d \tag{8.3}$$

のように表してみる．ここに，a, b, c, d は無次元の定数とし，k は物体形状に依存する無次元の定数とする．長さ，質量，時間の次元[1]をそれぞれ L, M, T とし，たとえば，抗力 D の次元を記号 $[D]$ で表すことにする．このとき，D, ρ, μ, U, ℓ の次元は

$$[D] = LMT^{-2}, \quad [\rho] = L^{-3}M, \quad [\mu] = L^{-1}MT^{-1}$$

---

1) 次元については11.2節を参照のこと．

である．これらを用いて式 (8.3) の両辺を次元で表すと，

$$LMT^{-2} = (L^{-3}M)^a (L^{-1}MT^{-1})^b (LT^{-1})^c (L)^d$$
$$= L^{-3a-b+c+d} M^{a+b} T^{-b-c}$$

となる．両辺の次元は一致しなければならないから，両辺の L, M, T の指数を等値すると，

$$\left.\begin{array}{l}-3a-b+c+d=1\\a+b=1\\-b-c=-2\end{array}\right\}$$

を得る．これを解くと $a=1-b$, $c=2-b$, $d=2-b$ となるから，式 (8.3) は，

$$D = \rho U^2 \ell^2 \left[k\left(\frac{\mu}{\rho U \ell}\right)^b\right] \tag{8.4}$$

となる．ここに，$\rho U \ell / \mu$ は流れのレイノルズ数 Re である．そこで，

$$C_D = 2k(Re)^{-b} \tag{8.5}$$

とおき，ℓ^2 が面積の次元をもつことから，これを物体の代表面積 A で置き換えると，

$$D = \frac{1}{2}\rho U^2 A C_D \tag{8.6}$$

を得る．このとき，抗力係数 C_D は式 (8.5) より，レイノルズ数 Re と物体形状に依存する k の関数であることがわかる．揚力係数についても同様に考えることができる．

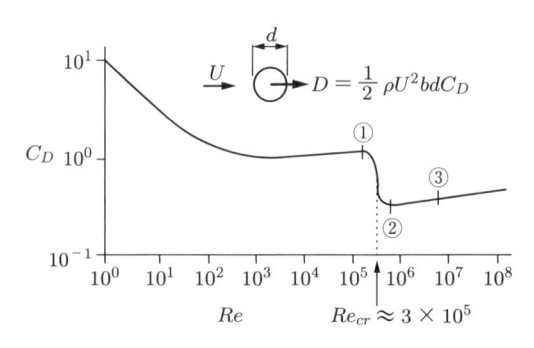

図 8.11 円柱の抗力係数のレイノルズ数による変化（b は紙面垂直方向の円柱の長さ）

8.4 抗力係数とレイノルズ数

上述したように，抗力係数はレイノルズ数の大きさによって変化する．図 8.11 は，円柱の抗力係数のレイノルズ数による変化を示したものである．$Re \approx 3 \times 10^5$ で抗力係数が急減しているが，この 3×10^5 は円柱まわりの流れの臨界レイノルズ数 である．つまり，円柱まわりの流れは，$Re < 3 \times 10^5$ では層流，$Re > 3 \times 10^5$ では乱流になっている．では，流れが層流から乱流へ遷移すると，なぜ抗力係数が減少するのだろうか．その理由を，図 8.12 を使って考えてみよう．

図 8.12(a) は，一様流速 U の流れのなかに置かれた静止円柱の表面の圧力分布を示したものである．縦軸は圧力係数 C_p を表し，横軸は前方よどみ点から時計まわりに測った角度を表す．図には，図 8.11 に示した三つのレイノルズ数，① $Re = 1.1 \times 10^5$，② $Re = 6.7 \times 10^5$，③ $Re = 8.4 \times 10^6$，における C_p の測定結果と，5.2.1 項で求めたポテンシャル流理論による C_p の理論解がプロットされている．

はく離が起こらないポテンシャル流れでは，円柱表面に沿って前方よどみ点から $\theta = 90°$ までの間では圧力は降下し，$\theta = 90°$ から後方よどみ点（$\theta = 180°$）までの間では圧力は上昇する．C_p の曲線は $\theta = 90°$ をはさんで左右対称となり，円柱の前後で圧力差は生じない．すなわち，圧力抗力は 0 である．これがダランベールのパラドックスである．

①の場合は，前方よどみ点から円柱表面に沿って層流境界層 が形成され，圧力上昇域（$\theta > 70°$）に入るとまもなくはく離（層流はく離 (laminar separation)，略して LS と表示）する．図 8.12(a) のグラフ①のように，はく離点以後の圧力はほとんど回復せず，三つの流れのなかで最も低い．したがって，円柱の前面と後面の圧力差は

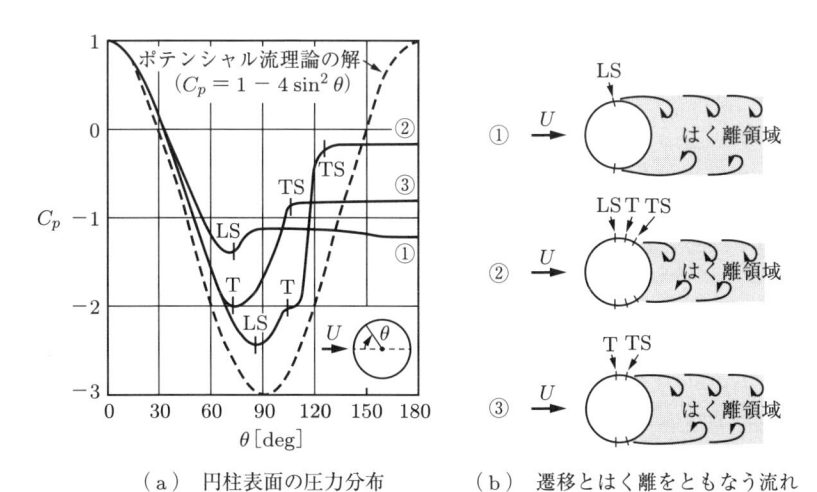

（a） 円柱表面の圧力分布　　（b） 遷移とはく離をともなう流れ

図 8.12 円柱表面の圧力分布と流れのはく離形態（LS は層流はく離，TS は乱流はく離，T は遷移）

最も大きく，圧力抗力は三つの場合のなかで最も大きい．

②の場合は，層流境界層の状態で圧力上昇域に入り，$\theta \approx 80°$ 付近で流れははく離する．しかし，はく離で生じた渦によって遷移（transition，略して T）が起こり，境界層は乱流境界層となって円柱表面に再付着する．その後，$\theta \approx 130°$ 付近まで円柱表面に沿って流れたのちに，はく離（乱流はく離 (turbulence separation)，略して TS）する．この場合の円柱後方のはく離領域の規模は三つの流れのなかで最も小さく，円柱後面の圧力は一様流の静圧にほぼ近いところ ($C_p \approx 0$) まで回復している．したがって，三つのケースのなかでは円柱前後の圧力差と圧力抗力は最も小さい．

③の場合は，$\theta \approx 70°$ 付近で乱流への遷移が起こり，$\theta \approx 105°$ 付近で流れは乱流はく離する．はく離点は，②の流れの乱流はく離点よりも上流に生じるので，はく離領域の規模は②の場合よりも大きい．そのため，圧力抗力は②の場合よりも大きくなる．しかし，層流はく離する①の場合に比べると，はく離点の位置は後方にある．したがって，はく離領域は①の場合よりも小さく，圧力抗力も①の場合より小さい．

このように，乱流はく離の場合は層流はく離に比べて，はく離領域の広がりが小さく，はく離領域における圧力低下の度合いも小さい．したがって，乱流はく離のほうが圧力抗力は小さくなる．一方，円柱表面の摩擦応力は層流よりも乱流のほうが大きいから，摩擦抗力は乱流に遷移した場合のほうが大きくなる．しかし，円柱の場合，全抗力に占める摩擦抗力の割合は小さく，抗力の大部分を圧力抗力が占める．したがって，円柱にはたらく抗力は流れが乱流に遷移すると減少する．図 8.11 において，臨界レイノルズ数よりも高いレイノルズ数のところで抗力係数がレイノルズ数の増加に従ってゆるやかに増加しているが，これは摩擦抗力の増加によるものである．

流れを乱流に遷移させることによって抗力を減らすはたらきをするものに，ゴルフボールの表面に付けられたくぼみ（ディンプル，dimple）がある (図 8.13 参照)．図 8.14 は，表面にディンプルがあるボールと表面がなめらかなボールの，それぞれの抗力係数のレイノルズ数による変化を比較したものである．およそ $4 \times 10^4 < Re < 4 \times 10^5$ の範囲では，表面がなめらかなボールよりもディンプルがあるボールのほうが抗力係数は小さい．これは，ディンプルによってボールの表面にできる境界層内の流れの乱流への遷移が促進されるからである．しかし，レイノルズ数が 4×10^5 を超えるとディンプルがあるボールのほうが抗力係数は大きくなる．これは，ディンプルがある

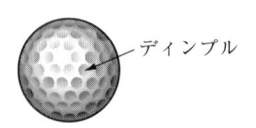

図 8.13　ゴルフボール表面のディンプル

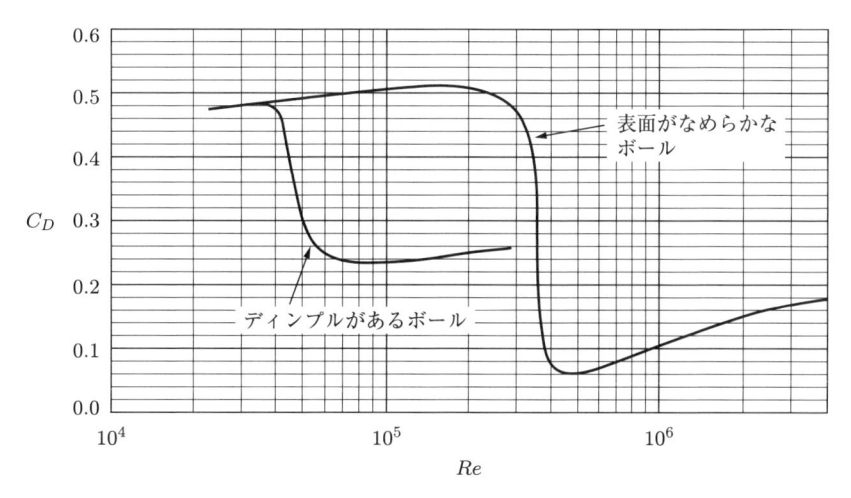

図 8.14 ディンプルがあるボールと表面がなめらかなボールの抗力係数

ボールのほうが摩擦抗力が大きいためである．柱状物体の表面に，螺旋状の突起を付けたり，螺旋状の溝を掘ることもディンプルと同じ効果をもたらす．

図 8.15 に，円柱と表面がなめらかな球について抗力係数とレイノルズ数の関係を示す．物体にはたらく抗力を求めるときは，まず流れのレイノルズ数を計算し，そのレイノルズ数に対応する抗力係数を図から読み取って用いる．図 8.15 において，抗力係数は物体の正面面積を代表面積としており，レイノルズ数は直径を代表長さとしている．ここで，抗力係数が減少しても，それが必ずしも抗力そのものの減少を意味するのではないことに注意しなければならない．

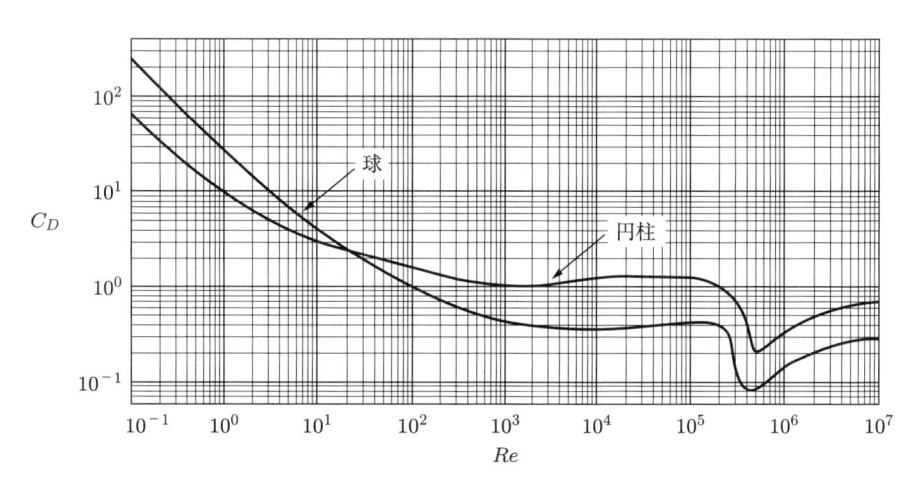

図 8.15 円柱と球の抗力係数とレイノルズ数の関係

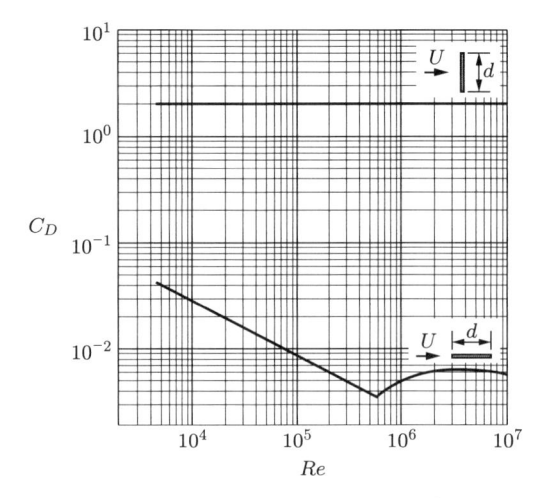

図 8.16 2次元平板の抗力係数とレイノルズ数の関係

図 8.16 に，2 次元平板の抗力係数とレイノルズ数の関係を示す．ここでは，平板の紙面垂直方向の長さを b として，bd を代表面積としている．平板を流れに垂直に置いたときの抗力は圧力抗力であり，平板を流れに平行に置いたときの抗力は摩擦抗力である．したがって，この図より，平板の大きさが同じであれば摩擦抗力は圧力抗力の 1/100～1/1000 程度であることがわかる．

平板を流れに平行に置いたときの抗力係数において，区間 $5 \times 10^3 < Re < 6 \times 10^5$ の変化が右下がりの直線で示されている．この変化は，図 7.8 に示した摩擦抗力係数 C_f のレイノルズ数による変化と同じものである．$Re \approx 6 \times 10^5$ で抗力係数の変化の傾向が変わっているのは境界層内の流れが層流から乱流に遷移したことによるものである．

8.5 流れのなかの物体にはたらく力の計算

流れのなかに置かれた物体にはたらく抗力と，抗力によって生じる物体の運動に関する計算を考えてみよう．

例題 8.1 高速走行車のパラシュートによる制動

速さ V_0 で高速走行する自動車が，減速するためにパラシュートを開き，同時にクラッチを切るとする．パラシュートを開いた瞬間を時刻 $t = 0$ として，$t \geqq 0$ における自動車の速さ $v(t)$ と走行距離 $\ell(t)$（ただし，$\ell(0) = 0$ とする）を求めてみよう（図 8.17 参照）．ただし，ブレーキは使用しないものとし，路面と車輪の間

の摩擦や車軸にはたらく摩擦は無視する．また，自動車の後方の渦とパラシュートの干渉も無視する．自動車とパラシュートの抗力係数は一定として扱う．

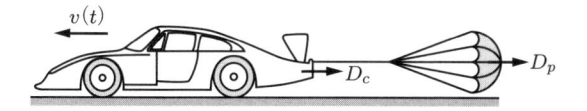

図 8.17 パラシュートで制動する高速走行車

$t \geqq 0$ において，自動車にはたらく力は，車体の抗力 D_c とパラシュートの抗力 D_p である．車体の正面面積を A_c，抗力係数を C_{Dc} とすると，

$$D_c = \frac{1}{2}\rho v^2 A_c C_{Dc}$$

である．ここに，ρ は空気の密度である．同様に，パラシュートの正面面積を A_p，抗力係数を C_{Dp} とすると，

$$D_p = \frac{1}{2}\rho v^2 A_p C_{Dp}$$

である．自動車の質量を m とすれば，$t \geqq 0$ における自動車の運動方程式は，

$$m\frac{dv}{dt} = -D_c - D_p = -Kv^2 \tag{8.7}$$

となる．ここに，

$$K = \frac{1}{2}\rho(A_c C_{Dc} + A_p C_{Dp}) \tag{8.8}$$

である．式 (8.7) を積分し，初期条件 $v(0) = V_0$ を適用すると，

$$v(t) = \frac{V_0}{(KV_0/m)t + 1} \tag{8.9}$$

を得る．次に，$v = d\ell/dt$ であるから，これを式 (8.9) に代入したのちに積分し，初期条件 $\ell(0) = 0$ を考慮すると，

$$\ell(t) = \frac{m}{K} \ln\left(\frac{KV_0}{m}t + 1\right) \tag{8.10}$$

を得る．

$m = 2000$ kg, $V_0 = 100$ m/s, $C_{Dc} = 0.36$, $C_{Dp} = 1.40$, $A_c = 2$ m² とし，パラシュートの直径を 2 m，空気の密度を $\rho = 1.20$ kg/m³ として，1, 10, 100, 1000 秒後の $v(t)$ と $\ell(t)$ を計算すると表 8.4 を得る． ∎

表 8.4　自動車の走行速さ $v(t)$ と走行距離 $\ell(t)$ の時間変化

t [s]	0	1	10	100	1000
v [m/s]	100	87	39	6.1	0.64
ℓ [m]	0	93	605	1816	3274

例題 8.2　静止流体中で回転する物体

図 8.18 のような，円形断面のまっすぐな棒（直径 d，長さ 2ℓ）の両端に球（半径 a）を取り付け，棒の中心を回転軸に固定した回転体がある．これを，静止流体（密度 ρ）のなかで一定の角速度 ω で回転させるために要するトルクを求めてみよう．

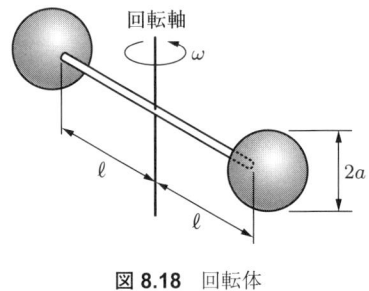

図 8.18　回転体

回転体は一定の角速度で回転するから，与えられるトルクと回転体にはたらく抗力がつくる回転軸まわりのモーメントはつり合っていなければならない．このとき，回転体にはたらく抗力は，球にはたらく抗力と棒にはたらく抗力の二つである．

最初に，球にはたらく抗力がつくるモーメントを考えよう．1 個の球にはたらく抗力 D_1 は，

$$D_1 = \frac{1}{2}\rho U_1^2 A_1 C_{D1}$$

で与えられる．ここに，U_1 は球の中心における流体の相対速さであり，図 8.19 を参照すると $U_1 = \omega(\ell+a)$ である．A_1 は球の正面面積であり，$A_1 = \pi a^2$ である．C_{D1} は球の抗力係数である．ここでは，抗力係数は一定と仮定し，流れのレイノルズ数は臨界レイノルズ数よりも小さいとして，表 8.2 より $C_{D1} = 0.47$ とする．抗力 D_1 が回転軸まわりにつくるモーメントを M_1 とすると，

$$M_1 = D_1(\ell+a) = 0.74\rho\omega^2 a^2(\ell+a)^3 \tag{8.11}$$

を得る．

次に，棒にはたらく抗力がつくるモーメントを考えよう．このとき，棒に対する流体の相対速さは，棒の断面ごとに異なることに注意しなければいけない．相対速さは，

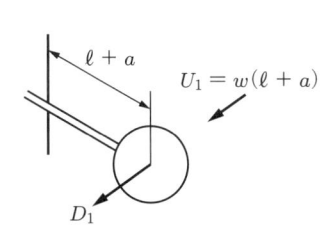

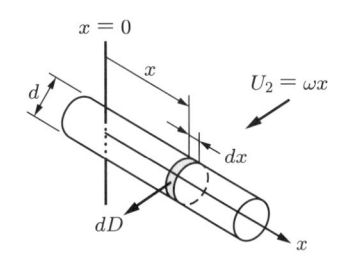

図 8.19 球にはたらく抗力　　**図 8.20** 棒の微小幅部分にはたらく抗力

回転軸の位置で 0，棒の先端で $\omega\ell$ であり，その間では線形に変化する．そこで，図 8.20 のように，回転軸の位置を原点とする x 軸を棒に沿って設け，位置 x において微小な幅 dx の円板を考える．この円板にはたらく抗力を dD とすれば，

$$dD = \frac{1}{2}\rho U_2^2 A_2 C_{D2}$$

である．ここに，U_2 は円板に対する流体の相対速さであり，$U_2 = \omega x$ である．A_2 は円板の正面面積を表し，$A_2 = d \times dx$ である．C_{D2} は円板の抗力係数であり，表 8.1 より，$C_{D2} = 1.20$ とする．抗力 dD が回転軸まわりにつくるモーメントは $dD \times x$ であるから，棒の $0 \leq x \leq \ell$ の部分にはたらく抗力がつくるモーメント M_2 は，

$$\begin{aligned} M_2 &= \int_0^\ell x\, dD \\ &= \frac{1}{2}\rho\omega^2 d C_{D2} \int_0^\ell x^3\, dx \\ &= 0.15\rho\omega^2 d\ell^4 \end{aligned} \tag{8.12}$$

となる．

以上より，回転に要するトルク T と抗力がつくるモーメントのつり合いは

$$T = 2(M_1 + M_2) \tag{8.13}$$

のように表される．式 (8.13) に式 (8.11)，(8.12) を代入すると，

$$T = \rho\omega^2\left[1.48a^2(\ell+a)^3 + 0.3d\ell^4\right]$$

を得る．　　　　　　　　　　　　　　　　　　　　　　　　　　　　　■

例題 8.3　給水塔にはたらく風による抗力

図 8.21 のような給水塔に，$U = 12$ m/s の風が当たっている．このとき，給水塔にはたらく抗力 D と，抗力が点 P まわりにつくるモーメント M を求め

てみよう．タンクは直径 $d_1 = 12$ m の球とし，支持塔は直径 $d_2 = 5$ m，高さ $h = 15$ m の円柱とする．抗力 D は，タンクと支持塔が単独で置かれたときにそれぞれにはたらく抗力の和と考える．空気の密度を $\rho = 1.20$ kg/m^3，粘性係数を $\mu = 1.82 \times 10^{-5}$ Pa·s とする．

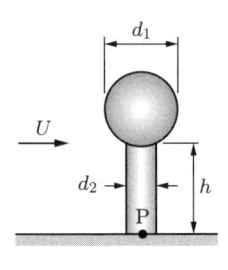

図 8.21 給水塔

タンクと支持塔が単独で置かれたときにはたらく抗力を，それぞれ D_1, D_2 とすると，

$$D = D_1 + D_2$$
$$D_1 = \frac{1}{2}\rho U^2 A_1 C_{D1}, \qquad D_2 = \frac{1}{2}\rho U^2 A_2 C_{D2}$$

である．ここに，C_{D1}, C_{D2} はそれぞれ球と円柱の抗力係数であり，$A_1 = \pi d_1^2/4$, $A_2 = hd_2$ は球と円柱の正面面積である．

図 8.15 に示すように，C_{D1}, C_{D2} は流れのレイノルズ数によって変化する．そして，レイノルズ数を計算するときに，タンクと支持塔では代表長さが異なるので，それぞれについてレイノルズ数を求めなくてはいけない．タンクに対するレイノルズ数 Re_1 を計算すると，

$$Re_1 = \frac{1.20 \times 12 \times 12}{1.82 \times 10^{-5}} = 9.5 \times 10^6$$

となる．支持塔に対するレイノルズ数 Re_2 は，

$$Re_2 = \frac{1.20 \times 12 \times 5}{1.82 \times 10^{-5}} = 4.0 \times 10^6$$

である．レイノルズ数 Re_1 に対する球の抗力係数とレイノルズ数 Re_2 に対する円柱の抗力係数を図 8.15 より読みとると，$C_{D1} = 0.3$, $C_{D2} = 0.7$ を得る．したがって，$D_1 = 2.9$ kN, $D_2 = 4.5$ kN であるから，D は，

$$D = 7.4 \text{ kN}$$

となる．

地面から球の中心と円柱の中心までの高さを，それぞれ H_1, H_2 とすれば，モーメント

M は $M = D_1 H_1 + D_2 H_2$ で与えられる. $H_1 = d_1/2 + h = 21\,\text{m}$, $H_2 = h/2 = 7.5\,\text{m}$ であるから,

$$M = 2.9 \times 21 + 4.5 \times 7.5 = 95\,\text{kN·m}$$

となる. ∎

例題 8.4　上昇気流中に浮く卓球ボール

5.3 節で, 上昇気流中に置かれた卓球ボールが安定して浮き続ける現象を解説した. そこでは, 気流中でボールが安定である理由を説明し, ボールが浮いている理由はボールにはたらく重力と抗力がつり合うからであると述べた. そこで, ボールが気流中の一定の高さに浮いていられるための気流の速さを求めてみよう. 卓球ボールの直径を $d = 3.8\,\text{cm}$, 重量を $W = 0.025\,\text{N}$, 空気の密度を $\rho = 1.20\,\text{kg/m}^3$, 粘性係数を $\mu = 1.82 \times 10^{-5}\,\text{Pa·s}$ とする.

ボールにはたらく力は重力 W と抗力 D である. 浮力は抗力に比べて小さいとして無視する. ボールが一定の高さにとどまって浮いているとき, 力のつり合い式

$$D = W \tag{8.14}$$

が成り立つ. 空気の密度を ρ, 気流の速さを U, ボールの正面面積を A, ボールの抗力係数を C_D とすれば, $D = (1/2)\rho U^2 A C_D$ である. これを式 (8.14) に代入すると,

$$U^2 C_D = \frac{2W}{\rho A} \tag{8.15}$$

を得る. ボールの抗力係数を一定と仮定して, 表 8.2 より $C_D = 0.47$ と近似して計算することもできるが, ここでは C_D が流れのレイノルズ数の関数であるとして計算してみる. ボールの直径を d として流れのレイノルズ数 Re を $Re = \rho U d/\mu$ で定義し, 式 (8.15) の U を Re を使って書き換えると,

$$Re^2 C_D = \frac{8\rho W}{\pi \mu^2} \tag{8.16}$$

を得る. このとき, $A = \pi d^2/4$ を用いた. 球の抗力係数は流れのレイノルズ数によって値が変わるから, 抗力係数を知るためには流れのレイノルズ数を知らなければならない. しかし, 流れの速さが未知であるから, レイノルズ数も未知である. さて, 球の抗力係数とレイノルズ数の関係は図 8.15 のようにグラフとして与えられている. そこで, 式 (8.16) が表す C_D と Re のグラフを図 8.15 の上に描き, 二つのグラフの交点から Re を求める図式解法を使ってみる.

$$K = \frac{8\rho W}{\pi \mu^2}$$

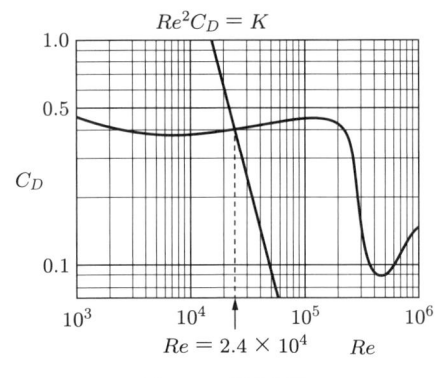

とおいて，式 (8.16) の両辺の常用対数をとると，$\log C_D = -2\log Re + \log K$ を得る．これより，式 (8.16) は図 8.15 上で傾き -2 の直線を表すことがわかる．与えられた数値を使って計算すると，$K = 2.3 \times 10^8$ である．そこで，図 8.15 上に式 (8.16) が表す直線を描くと図 8.22 になる．これより交点の Re を読みとると，$Re = 2.4 \times 10^4$ を得る．したがって，このレイノルズ数に対応する流速 U は，

$$U = \frac{\mu Re}{\rho d} = 9.5 \,\mathrm{m/s}$$

となる．また，このときの抗力係数は，図 8.22 より $C_D = 0.4$ である．　■

演習問題

8.1 速さ U の一様流中に置かれた円柱の表面（$0° \leqq \theta \leqq 180°$）に作用する圧力の分布を，問図 8.1 のように 3 本の直線で近似的に表現する．圧力分布は上下対称である．摩擦抗力は無視できるとして，この円柱の抗力係数を求めよ．ただし，紙面垂直方向の円柱の長さを 1 とし，正面積を代表面積とする．

8.2 正面積 $2.8\,\mathrm{m}^2$，抗力係数 0.6 の自動車がある．エンジンの最大出力を $73.5\,\mathrm{kN\cdot m/s}$ とする．このとき，$20°\mathrm{C}$，1 気圧の環境下で，
 (a) 無風のとき
 (b) $45\,\mathrm{km/h}$ の向かい風があるとき
のそれぞれについて，この自動車が出せる最高の速さを求めよ．

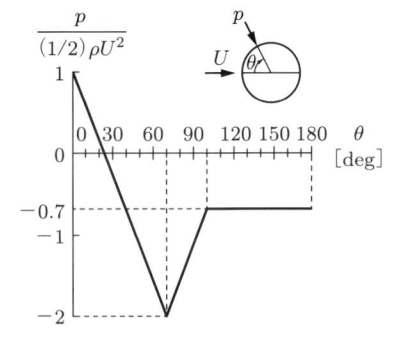

問図 8.2

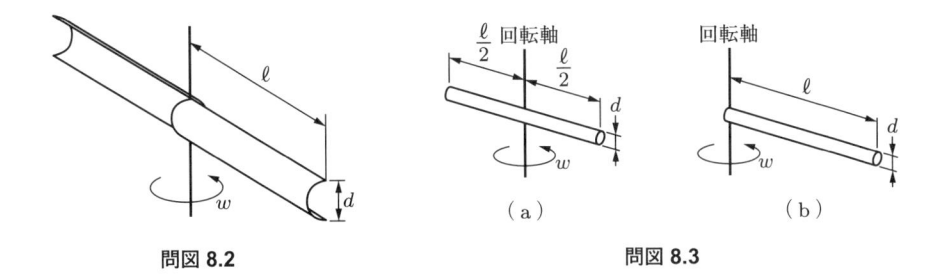

問図 8.3

8.3 質量 75 kg のスカイダイバーが空中を落下している．スカイダイバーの抗力係数を 1.2, 正面面積を 1 m^2 とするとき，落下の終端速さを求めよ．ただし，周囲の環境を 10 °C，1 気圧とする．

8.4 問図 8.2 のような，直径 d, 長さ ℓ の半円筒形の曲面板 2 枚を用いたかくはん用の羽根がある．これを，密度 ρ の流体中で角速度 ω で回転させる．このとき，次の設問に答えよ．ただし，曲面板の抗力係数はレイノルズ数に対して一定とし，羽根の回転によって生じる流れの影響は無視してよい．

(a) 羽根を回転させるために要するトルク T を求めよ．

(b) 流体を 10 °C の水として，$\ell = 50$ cm, $d = 8$ cm とする．羽根を回転させるための最大パワーが 15 kW であるとき，回転数 [rpm] の最大値を求めよ．

8.5 直径 d の円形断面をもつ，長さ ℓ のまっすぐな棒がある．問図 8.3(a) のように，この棒の中心に，棒に垂直に軸を取り付ける．軸を回転軸として，棒を角速度 ω で回転させるときのトルクを T_1 とする．次に，問図 8.3(b) のように，回転軸を棒の端に取り付けて，棒を角速度 ω で回転させるときのトルクを T_2 とする．このとき T_2/T_1 を求めよ．ただし，棒の抗力係数はレイノルズ数に対して一定とし，回転によって生じる流れの影響は無視してよい．

8.6 問図 8.4 のような，直径 10 cm の半球面を用いた風速計が，15 m/s の気流中で一定の回転数で回転している．このときの風速計の回転数 [rpm] を求めよ．ただし，二つの半球面をつなぐ棒にはたらく抗力と，回転軸にはたらく摩擦力は無視する．また，風速計の回転によって生じる流れの影響も無視する．

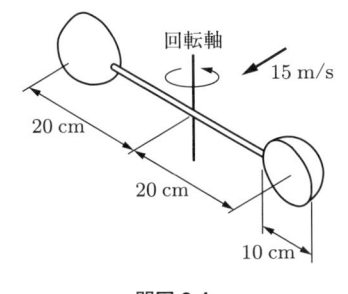

問図 8.4

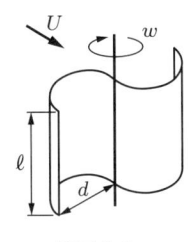

問図 8.5

8.7 長さ ℓ, 直径 d の円筒を二つに切断して得られる2枚の曲面板を使って, 問図8.5のような風車をつくった. この風車が, 速さ U の気流中で一定の角速度 ω で回転するときの U と ω の関係を $U = k\omega$ とする. 係数 k を求めよ. ただし, 曲面板の抗力係数はレイノルズ数に対して一定とし, 風車の回転によって生じる流れの影響と回転軸にはたらく摩擦力は無視してよい.

8.8 演習問題8.4(a)で扱った羽根が, 速さ U の一様流中で一定の回転数で回転するときの角速度 ω を求めよ. ただし, トルクの供給はない. 曲面板の抗力係数はレイノルズ数に対して一定とし, 羽根の回転によって生じる流れの影響と回転軸にはたらく摩擦力は無視してよい.

8.9 ゴルフボール (直径4.3 cm, 重量0.44 N) は, クラブで打ち出された瞬間に速さ61 m/sに達するという. 一方, 卓球のボール (直径3.8 cm, 重量0.025 N) は, ラケットを離れた瞬間に速さ18 m/sになるという. このとき, ディンプルのある通常のゴルフボール, 表面がなめらかなゴルフボール, 卓球のボールのそれぞれについて, 打ち出された瞬間にはたらく抗力を計算せよ. さらに, それらの抗力による減速度 (負の加速度) を求め, (減速度)/(重力加速度) の比で答えよ. それぞれのボールの抗力係数は図8.14を参照せよ. ただし, 周囲の空気を20°C, 1気圧とする.

8.10 球形の砂粒が, 水中を一定の速さ (終端速さ) U で鉛直下方に沈降している. このときの U を求めよ. また, そのときの砂粒まわりの流れのレイノルズ数を求めよ. 計算のための諸元は問表8.1のとおりである.

問表 8.1

	水	砂粒
直径	–	$d = 0.10$ mm
密度	$\rho_{\text{water}} = 1000$ kg/m^3	$\rho_{\text{sand}} = 2.3\rho_{\text{water}}$
粘度	$\mu_{\text{water}} = 1.12 \times 10^{-3}$ Pa·s	–
抗力係数	–	$C_D = 24/Re$

8.11 直径3 mの気球が, 問図8.6のように自動車にケーブルでつながれ, 25 km/hで牽引されている. 気球のなかにはヘリウムガスが詰められている. 気球内のヘリウムは20°C, 125 kPaの状態にある. ヘリウムガスを除く気球の重量は12 Nである. このとき, 次の量

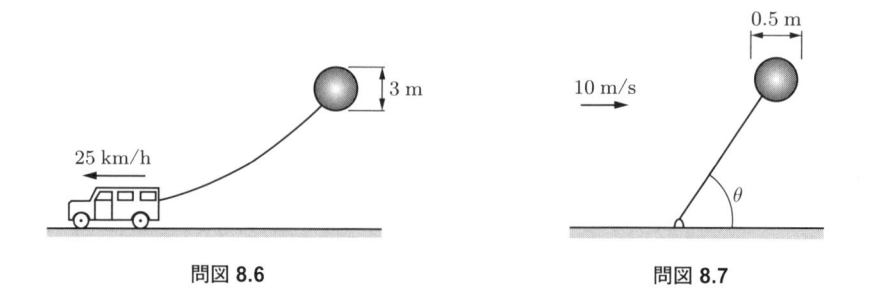

問図 8.6   問図 8.7

を求めよ．ただし，20°C，1気圧（101 kPa）におけるヘリウムの密度を 0.179 kg/m³ とし，気球の周囲の環境を 20°C，1気圧とする．また，ケーブルの重量とケーブルにはたらく抗力は無視してよい．

(a) 気球にはたらく抗力
(b) ケーブルの張力

8.12 ヘリウムガスが充填された直径 0.5 m の気球が，問図 8.7 のように地上に繋留されている．気球内は 20°C，120 kPa である．ヘリウムガスを除く気球の重量は 0.2 N である．気球に当たる風の速さが 10 m/s のとき，図中の角度 θ を求めよ．気球を支えているケーブルの重量とケーブルにはたらく抗力は無視してよい．ただし，気球の周囲の環境を 20°C，1気圧（101 kPa）とする．

8.13 屋根に問図 8.8 のような，幅 6 m，高さ 0.8 m の看板を取り付けた自動車が，60 km/h で走行している．看板は非常に薄いとして，次の場合に看板にはたらく流体力を求めよ．ただし，周囲の空気は 20°C，1気圧とする．

(a) 紙面垂直方向に流れがない場合
(b) 紙面垂直方向に 15 km/h の風が吹いている場合

8.14 問図 8.9 のような，直径 d の円盤状の流氷が海面に浮いている．流氷の厚さを h とすると，$h/8$ が海面上にあり，残りが海面下にある．海水は静止しているとする．速さ U の風が吹き，その風力によって流氷が一定の速さ V で動き続けるとする．海水の密度を ρ_w，空気の密度を ρ_a とするとき，V を問題文中に与えられた量を用いて表せ．ただし，流氷の抗力係数はレイノルズ数に対して一定とし，正面面積を代表面積として定義されているとする．

8.15 ストークスの抵抗式によれば，$Re < 1$ の遅い流れのなかに置かれた球にはたらく抗力は $D = 3\pi \mu U d$ で与えられる．ここに，μ は流体の粘性係数，U は流速，d は球の直径である．この抗力に対する抗力係数が $C_D = 24/Re$ で与えられることを示せ．ただし，Re は d を代表長さ，U を代表速さとして定義した流れのレイノルズ数である．

8.16 比重が 1 よりも小さい素材でできたボールを，初速 V_0 で静止した水面に向けて落下させる．問図 8.10 のように，ボールは水中に没して深さ h まで到達したのち，水面に向かって上昇する．重力加速度を g，水の密度を ρ_w，ボールの密度を ρ_b，ボールの直径を d，ボールの抗力係数を C_D（一定）として，h を問題文中の量を用いて表せ．

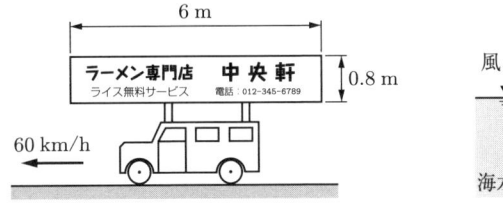

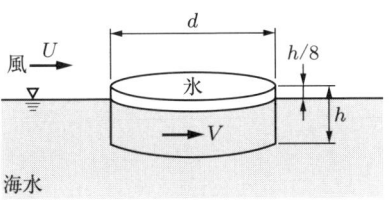

問図 8.8

問図 8.9

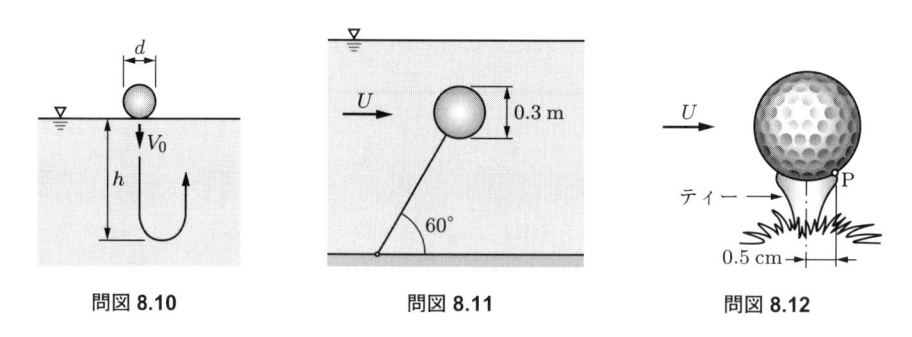

問図 8.10　　　　　　問図 8.11　　　　　　問図 8.12

8.17 直径 0.3 m のコルクの球が，問図 8.11 のような状態で水流中に繋留されている．水流の速さ U を求めよ．ただし，水温を 10°C とし，コルクの比重を 0.21 とする．また，球の抗力係数は図 8.15 を用いて求めよ．

8.18 直径 4.3 cm，重量 0.44 N のゴルフボールが，問図 8.12 のようにティー (tee) の上に置かれている．風が吹くと，ゴルフボールは図の点 P を中心にして，回転するようにティーから落ちる．風速が何 m/s を超えるとゴルフボールはティーから落ちるか．周囲の環境を 20°C，1 気圧とする．ゴルフボールの抗力係数は図 8.14 を用いて求めよ．ただし，図 8.14 の Re はゴルフボールの直径を代表長さとしている．

第9章

非ニュートン流体

9.1 ニュートン流体と非ニュートン流体

流れの速度の x, y, z 成分をそれぞれ u, v, w とするとき，非圧縮性ニュートン流体の粘性応力の構成式は，

$$\left.\begin{array}{ll}
\tau_{xx} = 2\mu \dfrac{\partial u}{\partial x}, & \tau_{xy} = \tau_{yx} = \mu \left(\dfrac{\partial v}{\partial x} + \dfrac{\partial u}{\partial y} \right) \\
\tau_{yy} = 2\mu \dfrac{\partial v}{\partial y}, & \tau_{yz} = \tau_{zy} = \mu \left(\dfrac{\partial w}{\partial y} + \dfrac{\partial v}{\partial z} \right) \\
\tau_{zz} = 2\mu \dfrac{\partial w}{\partial z}, & \tau_{zx} = \tau_{xz} = \mu \left(\dfrac{\partial u}{\partial z} + \dfrac{\partial w}{\partial x} \right)
\end{array}\right\} \quad (9.1)$$

で与えられる．ここに，$\partial u/\partial x$，$\partial v/\partial y$，$\partial w/\partial z$ はひずみ速度，$\partial v/\partial x + \partial u/\partial y$，$\partial w/\partial y + \partial v/\partial z$，$\partial u/\partial z + \partial w/\partial x$ はせん断速度であり，この二つを総称して変形速度という[1]．粘性応力と変形速度をそれぞれ，

$$\boldsymbol{\tau} = \begin{bmatrix} \tau_{xx} & \tau_{xy} & \tau_{xz} \\ \tau_{yx} & \tau_{yy} & \tau_{yz} \\ \tau_{zx} & \tau_{zy} & \tau_{zz} \end{bmatrix} \quad (9.2)$$

$$\mathbf{D} = \begin{bmatrix} \dfrac{\partial u}{\partial x} & \dfrac{1}{2}\left(\dfrac{\partial v}{\partial x} + \dfrac{\partial u}{\partial y}\right) & \dfrac{1}{2}\left(\dfrac{\partial u}{\partial z} + \dfrac{\partial w}{\partial x}\right) \\ \dfrac{1}{2}\left(\dfrac{\partial v}{\partial x} + \dfrac{\partial u}{\partial y}\right) & \dfrac{\partial v}{\partial y} & \dfrac{1}{2}\left(\dfrac{\partial w}{\partial y} + \dfrac{\partial v}{\partial z}\right) \\ \dfrac{1}{2}\left(\dfrac{\partial u}{\partial z} + \dfrac{\partial w}{\partial x}\right) & \dfrac{1}{2}\left(\dfrac{\partial w}{\partial y} + \dfrac{\partial v}{\partial z}\right) & \dfrac{\partial w}{\partial z} \end{bmatrix} \quad (9.3)$$

のように行列で表すと

$$\boldsymbol{\tau} = 2\mu \mathbf{D} \quad (9.4)$$

という表現を得る．粘性応力 $\boldsymbol{\tau}$ と変形速度 $\mathbf{D}$ が，式 (9.4) の線形関係にある流体がニュートン流体である．この線形関係は，気体や低分子の液体（水やグリセリンな

---

[1] 4.1 節を参照のこと．

ど) に対しては成り立ち，これらの流体の力学は式 (9.4) にもとづいて組み立てられている．しかし，コロイド分散液，高分子液体，プラスチック流動体などでは，式 (9.4) のような線形関係は成立しない．そのような流体を総称して非ニュートン流体 (non-Newtonian fluid) という．非ニュートン流体の $\boldsymbol{\tau}$ と $\mathbf{D}$ の関係，すなわち構成式は，一般に，

$$f(\boldsymbol{\tau}, \mathbf{D}) = 0 \tag{9.5}$$

のように表すことができる．$\boldsymbol{\tau}$ と $\mathbf{D}$ が線形関係にない流体の総称を非ニュートン流体とよぶのであるから，式 (9.5) の関数 f の形はさまざまである．個々の物質について式 (9.5) の具体的な形を調べることは，レオロジー (rheology) という分野で扱われる．レオロジーの解説については専門書に譲ることにして，本章ではニュートン流体との違いに焦点をおきつつ，非ニュートン流体の性質やモデル化を概観してみることにする．

9.2 非ニュートン流体の特徴的な挙動

9.2.1 せん断速度依存粘性

ニュートン流体は，せん断速度が変わっても粘性係数は一定であるが，非ニュートン流体では，せん断速度が変わると粘性係数も変化する．このような性質をせん断速度依存粘性 (shear rate dependent viscosity) という．血液や高分子流体の多くでは，せん断速度が大きくなると図 1.13 や図 9.1 のように粘性係数が減少する性質をもつ．この性質を shear-thinning [1] という．血液の流れにおいてせん断速度が増加するの

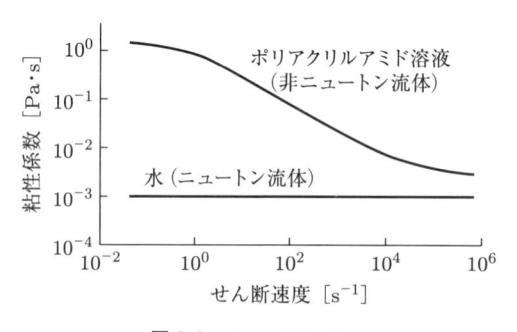

図 9.1 shear-thinning

---

[1] shear-thinning をせん断減粘，ずり流動化，後述する shear-thickening をせん断増粘，ずり粘性化と訳すことがある．しかし，これらの訳語はまだ定着していないように思われるので，本書では英語表記のまま使用する．

は，血液が毛細血管のような細い血管のなかを流れるときである．このとき，血中の赤血球が円盤形から紡錘形に変形し，血液が流れやすくなる．これによって，血液の粘度が低下したように見えるのである．また，高分子流体の場合は，せん断速度が小さい状態ではひも状の高分子が互いに絡み合い，固まりになって流れを流れにくくしているが，せん断速度が大きくなると固まりがほぐれて，分子が流れの方向に平行になる．こうして，流れは流れやすくなって，流体の粘度が低下したように見えるのである．

せん断速度が増加すると粘度が大きくなる物質もある。この性質を shear-thickening という．

9.2.2 ワイセンベルグ効果

円筒形の容器にニュートン流体，たとえば水を入れ，その液体の真ん中に丸棒を差し入れる．棒を中心軸のまわりに回転させると液体も回転し，液面は図 9.2(a) のように中央がくぼみ，容器の壁付近が盛り上がる凹面形になる．ところが，液体が高分子の濃厚溶液であると，図 9.2(b) のように液面の中央が盛り上がり，ときには液体が棒をはいあがってくる．このような現象をワイセンベルグ効果 (Weissenberg effect) またはロッド・クライミング効果 (rod-climbing effect) という．

（a）ニュートン流体　（b）非ニュートン流体

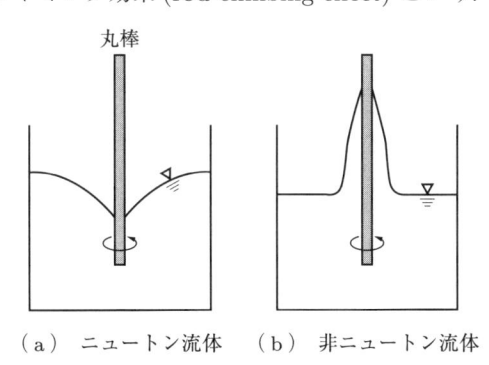

図 9.2 回転する液体の液面形状

9.2.3 バラス効果

水のようなニュートン流体を，鉛直に置かれた細い管から噴出させると，噴流は管の内径よりも太くなることはなく，図 9.3(a) のように下方へいくに従ってしだいに細くなる．ところが，高分子濃厚溶液を噴出させると，図 9.3(b) のように管を出たところで液体は膨れて管の内径よりも太くなる．この現象をバラス効果 (Barus effect) あるいはダイスウェル (die swell) という．

たとえば，樹脂製の細管や化学繊維をつくるために，適当な金型から溶融樹脂を押

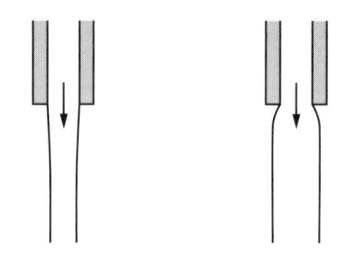

(a) ニュートン流体　(b) 非ニュートン流体

図 9.3　細管からの液体の流出

し出すと，金型を出たとたんに樹脂がふくれてしまい，金型の穴の大きさに仕上がってくれない．しかも，一般にバラス効果がどのくらい生じるかという定量的な条件はまだはっきりとわからない場合が多い．したがって，望みどうりの太さの管や繊維をつくるために，金型の穴の大きさをどのくらいにすればよいかは工業的に難しい問題であり，職人の熟練した技能に頼らざるをえないのが現状である．

9.2.4　サイフォン効果

図 9.4 のサイフォンの実験において，ニュートン流体では容器内の液面が下がって細管の端から離れると流出は止まるが，非ニュートン流体では液体は管のなかに吸い上げられるようにして流出が続く．これは，高分子流体のもつ曳糸性（えいしせい，spinnability）によるものである．高分子の融液，濃厚溶液のあるものは，棒などを液のなかに浸してもち上げると細い糸を引くものがある．身近な例として，納豆や涎（よだれ）がある．このような性質が曳糸性であり，この糸を液体糸とよぶ．これは，工業的に重要な現象で，合成繊維のほとんどは，細管から押し出した高分子融液を引き延ばし，曳糸性を利用して繊維にしている．

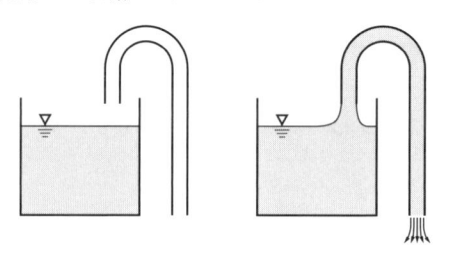

(a) ニュートン流体　(b) 非ニュートン流体

図 9.4　サイフォン

9.3 非ニュートン流体のモデル化

9.3.1 非ニュートン流体の特性の時間依存性

非ニュートン流体は,その特性の時間に対する依存性の有無によって,次の二つのグループに大別できる.

① **時間非依存の流体:** 流体内の 1 点における粘性応力が,同時刻のその点における変形速度のみに依存する流体を時間非依存の流体 (time-independent fluid) あるいはメモリ効果のない流体 (fluid without memory) という.

② **時間依存の流体:** 粘性応力と変形速度の関係が,変形を受けている時間あるいはそれ以前の変形の履歴に依存する流体を時間依存の流体 (time-dependent fluid) あるいはメモリ効果のある流体 (fluid with memory) という.

以下で,それぞれのグループの流体のモデル化を概観してみよう.

9.3.2 時間非依存の流体

流体内の 1 点 P において,同時刻の粘性応力と変形速度をそれぞれ $\boldsymbol{\tau}$, $\mathbf{D}$ とするとき,

$$\boldsymbol{\tau} = 2\eta(\dot{\gamma})\mathbf{D} \tag{9.6}$$

という関係が成り立つ流体が時間非依存の流体である.一般化されたニュートン流体 (generalized Newtonian fluid) ともよばれる.ここに,$\dot{\gamma}$ は変形速度 $\mathbf{D}$ の大きさとよばれる量で,$\mathbf{D}$ を,

$$\mathbf{D} = \begin{bmatrix} \dot{\gamma}_{xx} & \dot{\gamma}_{xy} & \dot{\gamma}_{xz} \\ \dot{\gamma}_{yx} & \dot{\gamma}_{yy} & \dot{\gamma}_{yz} \\ \dot{\gamma}_{zx} & \dot{\gamma}_{zy} & \dot{\gamma}_{zz} \end{bmatrix} \tag{9.7}$$

のように表すとき,

$$\dot{\gamma} = \sqrt{2\,\mathrm{tr}\mathbf{D}^2} = \sqrt{2(\dot{\gamma}_{xx}^2 + \dot{\gamma}_{yy}^2 + \dot{\gamma}_{zz}^2 + 2\dot{\gamma}_{xy}^2 + 2\dot{\gamma}_{yz}^2 + 2\dot{\gamma}_{zx}^2)} \tag{9.8}$$

で定義される.tr は行列のトレース (trace) を表す.式 (9.8) のように定義される $\dot{\gamma}$ の大きさは,座標系の選び方には依らないことがわかっている.このような量を不変量 (invariant) という.η は粘性係数を表し[1],$\eta(\dot{\gamma})$ は η が $\dot{\gamma}$ の関数であることを

---

[1] これまでの非圧縮性ニュートン流体の理論のなかでは,粘性係数は一つだけであり,μ で表された.これは流動状態に影響されない定数であった.一方,非ニュートン流体の理論においては,流体粒子のせん断変形に対する粘度と伸張変形に対する粘度が異なり,しかも,これらの粘度は流動状態によって大きさが変化する.そこで,ニュートン流体における定数としての μ と区別するために,非ニュートン流体の理論では粘性係数を η で表す.

意味する．η が不変量 $\dot\gamma$ の関数であることは，η の値が座標系の選び方には依らないことを保証している．ニュートン流体においては η は $\dot\gamma$ に依らず一定で，$\eta = \mu$ である．関数 $\eta(\dot\gamma)$ に対してさまざまなモデルが提案されている．

（1）べき乗則モデル

関数 $\eta(\dot\gamma)$ を

$$\eta(\dot\gamma) = K\dot\gamma^{n-1} \tag{9.9}$$

のように $\dot\gamma$ のべき乗で表すものをべき乗則モデル (power-law model) という．式 (9.9) において，K をコンシステンシー (consistency)，n をべき乗則指数 (power-law index) という．$n = 1$ はニュートン流体に対応し，このとき $K = \mu$ である．べき乗則モデルに従う流体をべき乗則流体 (power-law fluid) という．べき乗則モデルは物性を特徴づけるパラメーターが K と n の二つだけである．したがって，解析的な取り扱いが容易であり，広範囲の種類の流体の挙動をよい精度で表すことができるので，工業的によく用いられる．

式 (9.9) の両辺の常用対数をとると，

$$\log\eta = (n-1)\log\dot\gamma + \log K \tag{9.10}$$

となる．η と $\dot\gamma$ の関係を両対数グラフで示すと，図 9.5 のような傾きが $n-1$ の直線になる．$n < 1$ のときは shear-thinning，$n > 1$ のときは shear-thickening の傾向を示す．$n < 1$ の流体をチクソトロピー流体[1] (thixotropic fluid) といい，表 9.1 に示す流体がその例である．このほかに，ペンキや粘土もチクソトロピー流体である．ペンキを塗る前によくかき混ぜるとペンキの粘度が低下して塗りやすくなる．また，粘土を型の中に押し込んで成形し焼き物を作るとき，粘土を激しくかき混ぜてから型に押し込むと粘土の流動性が良くなり，型の隅々にまで粘土を行き渡らせることができ

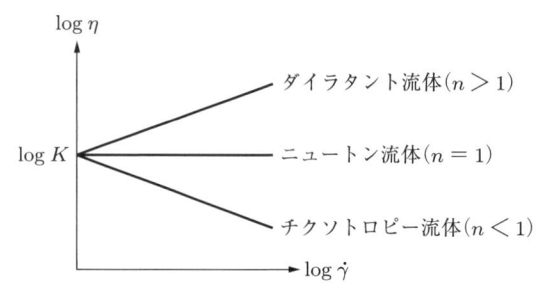

図 9.5 べき乗則モデルにおける η と $\dot\gamma$ の関係

---

[1] シクソトロピー流体 ともいう．

表 9.1 実在流体に対する K と n の値および適用できる変形速度の範囲

物　質	K [Pa·s^n]	n	変形速度の範囲 [s^{-1}]
ボールペンのインク	10	0.85	$10^0 \sim 10^3$
繊維柔軟剤	10	0.6	$10^0 \sim 10^2$
溶融ポリマー	10000	0.6	$10^2 \sim 10^4$
溶けたチョコレート	50	0.5	$10^{-1} \sim 10$
関節液	0.5	0.4	$10^{-1} \sim 10^2$
歯磨剤（練り歯磨き）	300	0.3	$10^0 \sim 10^3$
スキンクリーム	250	0.1	$10^0 \sim 10^2$
潤滑グリース	1000	0.1	$10^{-1} \sim 10^2$

る．これらはチクソトロピー流体の性質の有効利用の例である．$n > 1$ の流体をダイラタント流体 (dilatant fluid) といい，たとえばでん粉糊がこれに属する．

(2) クロスモデル，カローモデル

shear–thinning の性質をもつ流体は，図 9.1 のように，せん断速度の小さいところと大きいところでそれぞれほぼ一定の大きさの粘性係数をもつことが知られている．べき乗則モデルではこのような特徴を表現することができない．この欠点を補うために提案されたものが，クロスモデル (Cross model) やカローモデル (Carreau model) である．これらは次のように表される．

- クロスモデル

$$\eta(\dot{\gamma}) = \eta_\infty + \frac{\eta_0 - \eta_\infty}{1 + (K\dot{\gamma})^{1-n}} \tag{9.11}$$

- カローモデル

$$\eta(\dot{\gamma}) = \eta_\infty + \frac{\eta_0 - \eta_\infty}{[1 + (K\dot{\gamma})^2]^{(1-n)/2}} \tag{9.12}$$

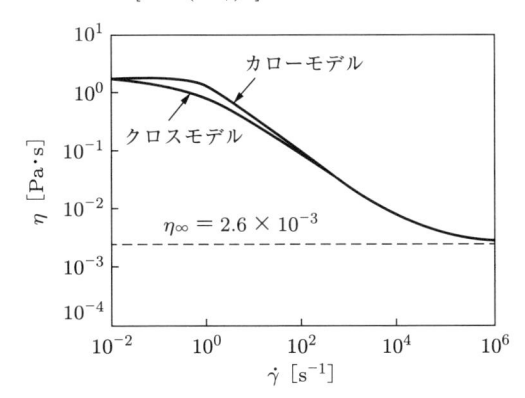

図 9.6 クロスモデルとカローモデルの粘性係数と変形速度の関係
　　　　($n = 0.4$, $K = 1.5$ s, $\eta_0 = 1.82$ Pa·s, $\eta_\infty = 2.6 \times 10^{-3}$ Pa·s)

ここに，$n < 1$ であり，η_0 と η_∞ はそれぞれ $\dot{\gamma} \to 0$ と $\dot{\gamma} \to \infty$ のときの粘性係数の値を表す．べき乗則モデルに含まれるパラメーターは K と n の二つであるのに対して，上のモデルには四つのパラメーター，$K, n, \eta_0, \eta_\infty$，が含まれる．式 (9.11)，(9.12) が描く η–$\dot{\gamma}$ 曲線の例を図 9.6 に示す．図 9.1 の shear-thinning の特徴をよく表している．

（3）ビンガムモデル

たとえば，6.4.2 項で述べたクエット流れのように，流体にせん断応力 τ を加えて流動させる場合を考えよう．τ が一定値 τ_y を超えるまでは流動が起こらず，τ が τ_y を超えると $\tau - \tau_y$ に比例するせん断速度で流動を生じるものを，ビンガムモデル (Bingham model) という．すなわち，

$$\dot{\gamma} = \begin{cases} 0 & (\tau \leqq \tau_y) \\ \dfrac{\tau - \tau_y}{\eta_p} & (\tau > \tau_y) \end{cases} \tag{9.13}$$

である．τ_y を降伏応力 (yield stress)，η_p を塑性粘度 (plastic viscosity) という．式 (9.13) を図示すると図 9.7 のようになる．ビンガムモデルにおける $\eta(\dot{\gamma})$ は次のように表現される．

$$\eta(\dot{\gamma}) = \begin{cases} \infty & (\tau \leqq \tau_y) \\ \eta_p + \dfrac{\tau_y}{\dot{\gamma}} & (\tau > \tau_y) \end{cases} \tag{9.14}$$

この種の流体を構成している物質は，3次元的な構造をもっていて十分な剛性がある．そのため，τ_y より小さい応力に対しては強い抵抗を示し，流動を生じない．しかし，外部応力が τ_y を超えると内部構造は分解し，$\tau - \tau_y$ に対してニュートン流体的な流動を示す．このモデルに属する流体には，油絵の具，マヨネーズ，胃のレントゲン撮影で造影剤として使われる硫酸バリウムがある．硫酸バリウムの場合，飲んで胃へ送られる過程では $\tau > \tau_y$ であり，ニュートン流体的に流動する．胃に入ると $\tau < \tau_y$ となって胃壁に付着し流動は停止する．

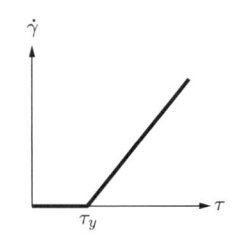

図 9.7 ビンガムモデルの τ と $\dot{\gamma}$ の関係

9.3.3 時間依存の流体

このグループに属する非ニュートン流体では，粘性応力は同じ時刻，同じ位置における変形速度のみの関数として表すことはできず，粘性応力が作用している時間にも関係する．いいかえると，式 (9.9) のコンシステンシー K が時間とともに変化する．このような現象は，流体に含まれている物質の分子結合の構造が変化することによるものと説明されている．一般に，変形を受けた物質の内部では分子結合が破壊される．その一方で，新たな分子結合が生成され，破壊と生成の速さが一致すると動的平衡状態ができる．このような平衡状態ができるとコンシステンシーは一定となり，その流体は前節の時間非依存の流体とみなすことができる．しかし，有限の観測時間の範囲内でこのような平衡状態ができない流体は，時間とともにコンシステンシーが変化し，たとえ変形速度が一定であっても粘度が時間とともに変化する．η が時間とともに減少していくものをチクソトロピー流体といい，酸化鉄，酸化アルミニウムなどのゾルや，ベントナイト，酸性白土の懸濁液などがその例である．たとえば，流体を同心円筒の間に入れて静止させたのち，一方の円筒を一定の回転数で回転させると，粘性による摩擦力のために流体が回転しはじめ，他方の円筒面にも摩擦力がはたらいてその円筒にトルクを生じる．ニュートン流体の場合，このトルクは一定であるが，チクソトロピー流体の場合，トルクは時間とともに減少していく．

これとは逆に，粘度が時間とともに増加していくものをレオペクシー流体 (rheopectic fluid) といい，五酸化バナジウムのゾルや石こうの懸濁液がその例である．

以上のほかに，時間依存の流体として粘弾性流体がある．これはとくに重要なモデルなので，項を改めて解説する．

9.3.4 粘弾性流体

物体に応力を加えると瞬間的に一定のひずみを生じ，応力を除くと瞬間的にひずみが消え，加えた応力と生じたひずみの間に比例関係が成立する性質をフック弾性 (Hookean elasticity) という．フック弾性をもつ物体をフック弾性体 (Hookean body) という．一方，応力を加えると瞬間的に一定の変形速度を生じて変形し続け，応力を除いても変形が元に戻ることはなく，加えた応力と生じた変形速度の間に比例関係が成立する性質をニュートン粘性 (Newtonian viscosity) という．ニュートン粘性をもつ物体をニュートン粘性体 (Newtonian body) という．

これまで，われわれは物体を固体，液体，気体に分類し，固体は弾性体，液体，気体は粘性体と考えてきた．しかし，たとえば窓枠の充填剤として使われるパテ (putty) は，壁にたたきつけると弾んで弾性的な振る舞いを示すが，長時間力を加え続けると流体のように流動する．また，プラスチックは高温では流れるが，低温では固い．人

間の関節液はヒアルロン酸という高分子の溶液で，歩行のような通常の運動では液体として潤滑剤の役割を果たすが，関節に衝撃力が加わると弾性体として振る舞い衝撃を吸収してくれる．氷を皿の上に置いて眺めていても液体のように流れることはなく，その意味で氷は固体である．しかし，数万年という長い時間で観察すると氷は氷河となって流動する．

このように，一般に物体は弾性と粘性をあわせもっており，観察時間や温度に応じてどちらかの性質が顕著になる．材料力学が対象とする弾性体は，人間が観察することのできる有限の時間のスケールでは粘性を示すことはなく，純弾性体として扱うことができる．また，ニュートン流体の運動を，ミリ秒やマイクロ秒という単位の瞬間的な時間のスケールではなく，人間の目で観察できる時間のスケールで観察すると弾性を示すことはなく，純粘性体として扱うことができる．しかし，物体のなかには人間が観察できる時間のスケールにおいて，弾性と粘性の両方の性質にもとづいた応答を示すものがある．このような物体を粘弾性体 (viscoelastic body) という．

ニュートン粘性流体に弾性が付加されたものを粘弾性流体 (viscoelastic fluid) という．高分子の流体の多くは粘弾性流体である．高分子流体においては，分子の鎖が力を受けるとゴムのように伸縮する．その伸縮が弾性的な応答を引き起こすと考えられる．ニュートン粘性流体ではエネルギーは粘性摩擦のために熱となって失われるが，粘弾性流体ではエネルギーの一部が流体中にひずみエネルギーとして蓄えられる．そのため，応力を取り除くと弾性ひずみのために流体ははじめの状態に戻ろうとして逆流を生じる．たとえば，9.2.2 項で述べたワイセンベルグ効果の実験で，丸棒の回転を止めて棒を自由にすると，棒が逆方向に回転する現象を観察することができる．粘弾性流体が示す，このような現象を弾性的回復 (elastic recoil) という．

応力とひずみ，応力と変形速度が線形関係にある場合の粘弾性を線形粘弾性 (linear viscoelasticity) という．弾性における応力 τ とひずみ γ の線形関係は，フックの法則

$$\tau = G\gamma \tag{9.15}$$

である．ここに，G は弾性係数 (elastic modulus) である．一方，粘性における応力 τ と変形速度 $\dot{\gamma}(= d\gamma/dt)$ の線形関係は，ニュートンの粘性法則

$$\tau = \mu\dot{\gamma} \tag{9.16}$$

である．ここに，μ は粘性係数である．線形粘弾性の数学理論は重ね合わせの原理 (principle of superposition) にもとづいている．すなわち，粘弾性体の応答は，弾性体としての応答と粘性体としての応答の重ね合わせで与えられる．

フック弾性 (式 (9.15)) を表す力学モデルは，図 9.8(a) のばね (ばね定数 G) で

(a) ばね　　(b) 入力 $\tau(t)$　　(c) 出力 $\gamma(t)$

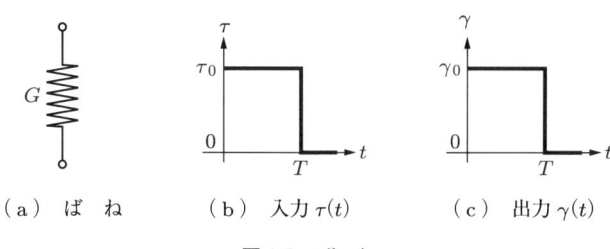

図 **9.8** ば　ね

表される．この場合，入力は応力 τ，出力はひずみ γ，あるいはその逆である．図 9.8(b) のようにばねに一定の応力 τ_0 を加えると，図 9.8(c) のように瞬間的にひずみ $\gamma_0\,(=\tau_0/G)$ が生じ，応力を除くと瞬間的にひずみも消える．

　一方，ニュートン粘性 (式 (9.16)) を表す力学モデルは，図 9.9(a) のダッシュポット (減衰定数 μ) で表される．この場合，入力は応力 τ，出力は変形速度 $\dot{\gamma}$，あるいはその逆である．図 9.9(b) のようにダッシュポットに一定の応力 τ_0 を加えると，一定の大きさの変形速度 $\dot{\gamma}\,(=\tau_0/\mu)$ が生じ，図 9.9(c) のようにひずみは時間とともに直線的に増加する．そして，応力を除いてもひずみは消えず，応力を除いた瞬間のひずみ $\gamma_0=\dot{\gamma}T$ が残る．

　これらの二つのモデルを組み合わせてできる最も簡単な線形粘弾性体の力学モデルは，二つをそれぞれ 1 個ずつ直列または並列に組み合わせるものである．図 9.10(a) のように直列に組み合わせるものをマクスウェルモデル (Maxwell model) といい，図 9.10(b) のように並列に組み合わせるものをフォークトモデル (Voigt model) またはケルビンモデル (Kelvin model) という．マクスウェルモデルは粘弾性流体を表し，フォークトモデルは粘弾性固体を表す．

　マクスウェルモデルを考えよう．マクスウェルモデルの粘弾性流体 (以後，これをマクスウェル流体 (Maxwell fluid) とよぶことにする) に応力 τ を作用させたときに生じる変形速度 $\dot{\gamma}$ は，式 (9.15) の弾性による変形速度

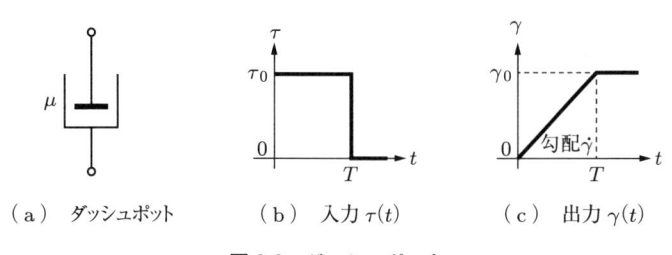

(a) ダッシュポット　　(b) 入力 $\tau(t)$　　(c) 出力 $\gamma(t)$

図 **9.9**　ダッシュポット

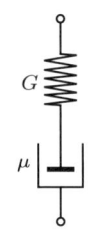

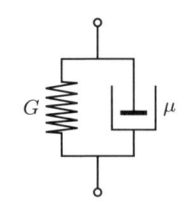

(a) マクスウェルモデル　(b) フォークトモデル

図 **9.10**　線形粘弾性体の力学モデル

$$\dot{\gamma}_1 = \frac{1}{G}\frac{d\tau}{dt}$$

と，式 (9.16) の粘性による変形速度

$$\dot{\gamma}_2 = \frac{\tau}{\mu}$$

の和で与えられる．したがって，

$$\dot{\gamma} = \dot{\gamma}_1 + \dot{\gamma}_2 = \frac{1}{G}\frac{d\tau}{dt} + \frac{\tau}{\mu}$$

より，

$$\frac{d\tau}{dt} + \frac{1}{\lambda}\tau = G\dot{\gamma} \tag{9.17}$$

を得る．ここに，$\lambda = \mu/G$ である．式 (9.17) がマクスウェル流体の応力の構成式である．

式 (9.17) の両辺に $e^{t/\lambda}$ をかけると，左辺を，

$$e^{\frac{t}{\lambda}}\left(\frac{d\tau}{dt} + \frac{1}{\lambda}\tau\right) = \frac{d}{dt}\left(\tau e^{\frac{t}{\lambda}}\right)$$

のように変形できるから，式 (9.17) は，

$$\frac{d}{dt}\left(\tau e^{\frac{t}{\lambda}}\right) = G e^{\frac{t}{\lambda}}\dot{\gamma} \tag{9.18}$$

となる．これを時間に関して過去 $(-\infty)$ から現在の時刻 (t) まで積分すると，

$$\left[\tau e^{\frac{t}{\lambda}}\right]_{-\infty}^{t} = \int_{-\infty}^{t} G e^{\frac{t'}{\lambda}}\dot{\gamma}(t')\,dt'$$

となる．$\tau(-\infty)$ が有限の大きさであれば，$\lim_{t \to -\infty} \tau e^{t/\lambda} \to 0$ であるから，

$$\tau(t) = G \int_{-\infty}^{t} e^{\frac{t'-t}{\lambda}}\dot{\gamma}(t')\,dt' \tag{9.19}$$

を得る．式 (9.17) を微分形の構成式といい，式 (9.19) を積分形の構成式という．式 (9.19) を見ると，現在の時刻 t における応力 $\tau(t)$ は現在の時刻の変形速度 $\dot{\gamma}(t)$ だけではなく，過去の変形速度 $\dot{\gamma}(t')$ ($-\infty < t' < t$) にも関係していることがわかる．そして，過去の変形速度の影響は過去にさかのぼるほど指数関数的に小さくなる．これを fading memory という．

たとえば，ニュートン流体のクエット流れのように，マクスウェル流体に，

$$\dot{\gamma}(t) = \begin{cases} 0 & (t < t_0) \\ \dot{\gamma}_0 & (t \geq t_0) \end{cases} \tag{9.20}$$

で与えられる変形速度を与えてみよう．ここに，$\dot{\gamma}_0$ は定数とする．このとき，ひずみ $\gamma(t)$ は，

$$\gamma(t) = \begin{cases} 0 & (t < t_0) \\ \dot{\gamma}_0(t - t_0) & (t \geq t_0) \end{cases} \tag{9.21}$$

となる．$t \geq t_0$ における応力 $\tau(t)$ は，式 (9.19) より，

$$\tau(t) = G\dot{\gamma}_0 \int_{t_0}^{t} e^{\frac{t'-t}{\lambda}} \, dt' = \mu\dot{\gamma}_0 \left(1 - e^{\frac{t_0-t}{\lambda}}\right) \tag{9.22}$$

となる．続いて，変形速度 $\dot{\gamma}_0$ を与えている状態で，時刻 $t_1 (> t_0)$ において瞬間的に変形速度を 0 にする．ひずみ $\gamma(t)$ は，

$$\gamma(t) = \dot{\gamma}_0(t_1 - t_0) \quad (t \geq t_1) \tag{9.23}$$

となって，一定となる．$t \geq t_1$ における応力 $\tau(t)$ は，

$$\begin{aligned}\tau(t) &= G \left(\dot{\gamma}_0 \int_{t_0}^{t_1} e^{\frac{t'-t}{\lambda}} \, dt' + 0 \times \int_{t_1}^{t} e^{\frac{t'-t}{\lambda}} \, dt'\right) \\ &= G\dot{\gamma}_0\lambda \left(e^{\frac{t_1-t}{\lambda}} - e^{\frac{t_0-t}{\lambda}}\right) \\ &= \mu\dot{\gamma}_0 \left(1 - e^{\frac{t_0-t_1}{\lambda}}\right) e^{\frac{t_1-t}{\lambda}} \\ &= \tau_1 e^{\frac{t_1-t}{\lambda}}\end{aligned} \tag{9.24}$$

となる．ここに，$\tau_1 = \tau(t_1)$ である．式 (9.20)〜(9.24) をグラフで示すと図 9.11 になる．図 (b) の γ_1 は $\gamma_1 = \gamma(t_1) = \dot{\gamma}_0(t_1 - t_0)$ である．ニュートン流体に変形速度 $\dot{\gamma}_0$ を与えると，瞬間的に応力 $\mu\dot{\gamma}_0$ が生じる．しかし，マクスウェル流体では図 9.11(c) のように応答に遅れが生じる．変形速度を瞬間的に 0 にすると，ニュートン流体では応力が瞬間的に 0 になるが，マクスウェル流体では図 9.11(c) のように指数関数的に 0 に近づく．この現象を応力緩和 (stress relaxation) という．定数 λ は時間の次元を

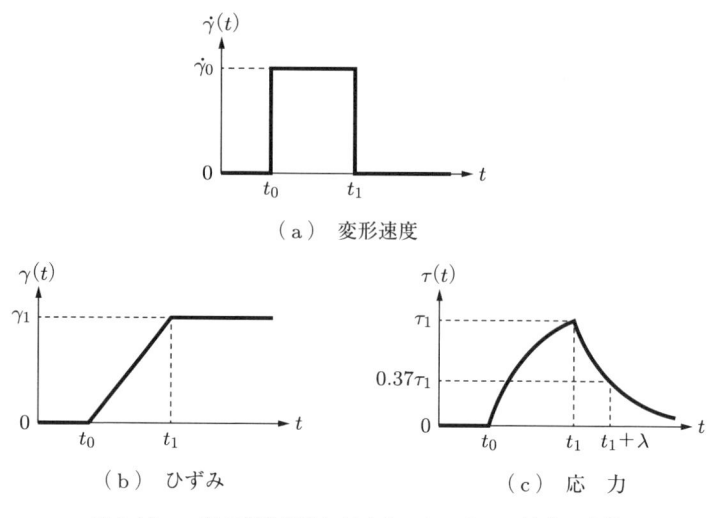

図 9.11 一定の変形速度に対するマクスウェル流体の応答

もつ量で，$t - t_1 = \lambda$ のときに応力は $\tau(t)/\tau_1 = e^{-1} \approx 0.37$ まで減少する．この λ を緩和時間 (relaxation time) という．

　実在の高分子流体では，複数の異なる緩和時間をもつ場合が多い．そのような流体の挙動を表現するには，一つの緩和時間しかもたない図 9.10(a) のモデルでは不十分である．そこで，図 9.10(a) のモデルを並列に結合した図 9.12 のモデルを考える．これを一般化マクスウェルモデル (generalized Maxwell model) という．一般化マクスウェルモデルに変形速度 $\dot{\gamma}(t)$ が与えられて k 番目の要素に応力 $\tau_k(t)$ が生じるとき，$\tau_k(t)$ と $\dot{\gamma}(t)$ の間に式 (9.17) が成り立つと考えると，式 (9.19) より，

$$\tau_k(t) = \int_{-\infty}^{t} G_k e^{\frac{t'-t}{\lambda_k}} \dot{\gamma}(t') \, dt' \tag{9.25}$$

を得る．ここに，$\lambda_k = \mu_k/G_k$ は k 番目の要素の緩和時間である．モデル全体に生じる応力 $\tau(t)$ は，

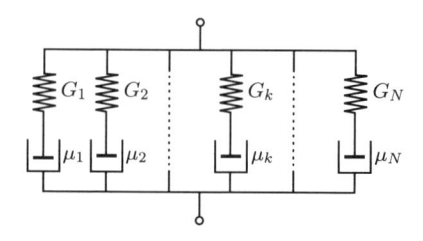

図 9.12 一般化マクスウェルモデル

$$\tau(t) = \sum_{k=1}^{N} \tau_k(t) = \int_{-\infty}^{t} \left(\sum_{k=1}^{N} G_k e^{\frac{t'-t}{\lambda_k}} \right) \dot{\gamma}(t')\,dt' \tag{9.26}$$

で与えられる.

ここまでは 1 次元のマクスウェルモデルを考えてきたが，実用的なモデルを構築するためにはモデルを 3 次元に拡張しなければならない．たとえば，式 (9.2)，(9.7) のように，行列で表現された粘性応力と変形速度の各成分が式 (9.17) に従うと考えると，

$$\frac{d\boldsymbol{\tau}}{dt} + \frac{1}{\lambda}\boldsymbol{\tau} = G\boldsymbol{D} \tag{9.27}$$

を得る．しかし，式 (9.27) で表される関係式は，座標変換によって式の形が変わってしまうことがわかっている（文献 [20] 参照）．構成式は物質の特性を表す関係式であるから，座標系の選び方に依存しないものでなければならない．この性質を客観性 (objectivity) という．客観性をもったマクスウェル流体の 3 次元モデルを導くためには，テンソル解析 (tensor analysis) という高度な数学手法が必要であり，それを解説することは本書の範囲を超えてしまう．マクスウェル流体の 3 次元モデルに興味のある方は，数学に関する準備を整えたうえで，たとえば文献 [20]〜[23] を勉強していただきたい．

9.4 法線応力効果

図 9.13 のように，2 枚の平行平板の間に流体を満たし，上の平板を下の平板に平行に一定の速さで動かし続けるときに生じる流れを考える．ニュートン流体に対するこのような流れをクエット流れとよんだが，レオロジーの分野では単純せん断流れ (simple shear flow) とよぶ．流体がニュートン流体の場合，流体中に生じる粘性応力の成分はせん断応力 τ_{xy}, τ_{yx} だけである．ところが，流体が粘弾性流体の場合は，せん断応力に加えて垂直応力 τ_{xx} が生じることが知られている．この垂直応力は，流体の高分子鎖が流れの方向に配向し，せん断応力によって引き延ばされる結果，高分子鎖が弾性によって収縮しようとして発生する張力に由来するものであると考えられて

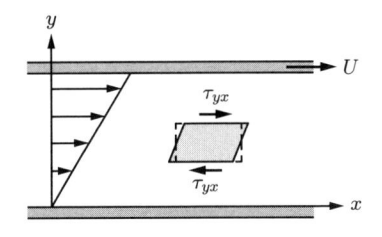

図 9.13 単純せん断流れ

いる．このように，付加的に生じる垂直応力が原因となって引き起こされる流動現象を法線応力効果 (normal stress effect) という．法線応力効果は粘弾性流体特有の性質であり，9.2 節で紹介したワイセンベルグ効果やバラス効果はその代表例である．

ワイセンベルグ効果の実験 (図 9.2(b)) において，回転する棒のまわりに図 9.14 の破線で示すリング状の流体部分を考え，その流体部分を構成する微少な体積要素に注目する．棒の半径を r，棒の回転の角速度を ω とすると，棒の表面での流速は $r\omega$ である．また，容器壁上での流速は 0 である．このとき，棒と容器壁の間には半径方向に $r\omega$ から 0 まで変化する流速分布 $u_\theta(r)$ が生じる．速度勾配 du_θ/dr は 0 ではないから，この速度勾配によって体積要素にはリングの接線方向にせん断応力が作用し，体積要素はせん断変形を受ける．それと同時に，リングを構成する流体はせん断応力による伸張変形も受ける．その結果，リング内には接線方向に張力 T が発生し，注目する体積要素には隣接する流体部分から図のような張力 T が作用する．この張力の合力が F となってリングの中心に向かって作用する．輪ゴムを巻いた物体が輪ゴムによって締めつけられるように，合力 F によって，リング状の部分がその内側を締めつける．流体の各部分が順にその内側を締めつけるので，棒に近い部分ほど流体の圧力が高くなる．その結果，棒付近の液面が盛り上がるのである．

図 9.15 のバラス効果を考えてみよう．粘弾性流体が細管内を流れているとき，流体部分は管の半径方向に生じる速度勾配によって流れ方向にせん断応力を受ける．そのせん断応力によって流体部分は流れ方向に伸張変形を起こす．引き延ばされたゴムひものように流体部分は収縮して元の太さに戻ろうとするが，周囲を管壁に取り囲まれているために元の太さに戻れず，流体部分には管の半径方向に圧力が加わる．流体が管から流出すると，この圧力が解放されるため流体部分は半径方向に膨らむのである．

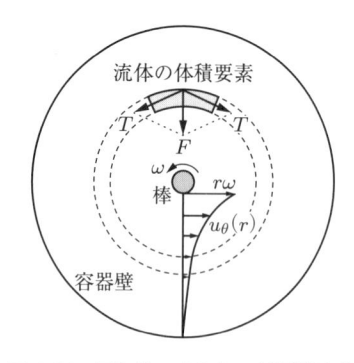

図 9.14 回転棒のまわりの粘弾性流体に生じる力

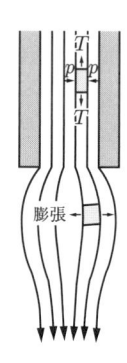

図 9.15 細管から流出する粘弾性流体

9.5 べき乗則流体のポアズイユ流れ

6.4.1 項で扱った 2 次元ポアズイユ流れを，べき乗則流体について考えてみよう．条件は，流体が非ニュートン流体であることを除けばすべて同じである．図 9.16 に示す 2 枚の平行平板間の定常流れを表す方程式は，連続の方程式

$$\frac{\partial u}{\partial x} + \frac{\partial v}{\partial y} = 0 \tag{9.28}$$

とコーシーの運動方程式

$$\left.\begin{aligned}\rho\left(u\frac{\partial u}{\partial x} + v\frac{\partial u}{\partial y}\right) &= -\frac{\partial p}{\partial x} + \frac{\partial \tau_{xx}}{\partial x} + \frac{\partial \tau_{yx}}{\partial y} \\ \rho\left(u\frac{\partial v}{\partial x} + v\frac{\partial v}{\partial y}\right) &= -\frac{\partial p}{\partial y} + \frac{\partial \tau_{xy}}{\partial x} + \frac{\partial \tau_{yy}}{\partial y}\end{aligned}\right\} \tag{9.29}$$

そして，粘性応力の構成式

$$\left.\begin{aligned}\tau_{xx} = 2\eta(\dot{\gamma})\frac{\partial u}{\partial x}, \quad \tau_{yy} &= 2\eta(\dot{\gamma})\frac{\partial v}{\partial y} \\ \tau_{xy} = \tau_{yx} &= \eta(\dot{\gamma})\left(\frac{\partial v}{\partial x} + \frac{\partial u}{\partial y}\right)\end{aligned}\right\} \tag{9.30}$$

である．

流れは x 軸に平行であるから $v=0$ である．連続の方程式 (9.28) より $\partial u/\partial x = -\partial v/\partial y = 0$ であるから，速度成分 u は y のみの関数となる．この結果を式 (9.30) に適用すると，

$$\tau_{xx} = \tau_{yy} = 0, \quad \tau_{xy} = \tau_{yx} = \eta(\dot{\gamma})\frac{du}{dy} \tag{9.31}$$

となる．変形速度 $\mathbf{D}$ は，

$$\mathbf{D} = \begin{bmatrix} 0 & \frac{1}{2}\frac{du}{dy} & 0 \\ \frac{1}{2}\frac{du}{dy} & 0 & 0 \\ 0 & 0 & 0 \end{bmatrix}$$

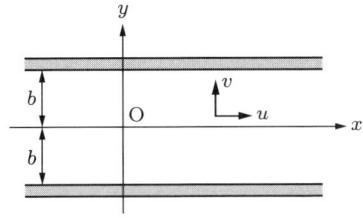

図 9.16 2 枚の平行平板間のべき乗則流体の流れ

であるから，式 (9.8) より $\dot{\gamma} = |du/dy|$ となる．したがって，粘性係数は，

$$\eta(\dot{\gamma}) = K \left| \frac{du}{dy} \right|^{n-1} \tag{9.32}$$

となる．ニュートン流体のポアズイユ流れから類推されるように，平板間の流れは x 軸に関して上下対称であると考えてよい．そこで，以後は $y \geqq 0$ の領域の流れに注目する．この領域では $du/dy < 0$ であるから，

$$\eta(\dot{\gamma}) = (-1)^{n-1} K \left(\frac{du}{dy} \right)^{n-1} \tag{9.33}$$

となる．

式 (9.31), (9.33) を式 (9.29) に代入し，$u = u(y)$, $v = 0$ であることを考慮すると，

$$(-1)^{n-1} K \frac{d}{dy} \left[\left(\frac{du}{dy} \right)^n \right] = \frac{\partial p}{\partial x} \tag{9.34}$$

$$\frac{\partial p}{\partial y} = 0 \tag{9.35}$$

を得る．$u(y)$ に対する境界条件は，

$$y = 0 \text{ で } \frac{du}{dy} = 0, \quad y = b \text{ で } u = 0 \tag{9.36}$$

である．式 (9.35) より圧力 p は x のみの関数であるから，式 (9.34) の右辺は x のみの関数である．一方，式 (9.34) の左辺は y のみの関数である．したがって，$0 \leqq y \leqq b$ において式 (9.34) が恒等的に成り立つためには式 (9.34) の両辺は定数でなければならない．この定数を $P_x (= dp/dx)$ とおいて，式 (9.34) を 1 回積分すると，

$$\left(\frac{du}{dy} \right)^n = \frac{P_x}{(-1)^{n-1} K} y + C_1 \quad (C_1 \text{ は任意定数}) \tag{9.37}$$

を得る．境界条件 (9.36) の第 1 式を適用すると $C_1 = 0$ となる．式 (9.37) をさらに積分し，境界条件 (9.36) の第 2 式を適用すると，

$$u(y) = \frac{n}{n+1} \left[\frac{P_x}{(-1)^{n-1} K} \right]^{\frac{1}{n}} (y^{\frac{n+1}{n}} - b^{\frac{n+1}{n}}) \tag{9.38}$$

を得る．流れが最も速いのは $y = 0$ においてである．流速の最大値を u_max とすると，

$$u_\mathrm{max} = -\frac{n}{n+1} \left[\frac{P_x}{(-1)^{n-1} K} \right]^{\frac{1}{n}} b^{\frac{n+1}{n}} \tag{9.39}$$

であるから，u_max を用いて式 (9.38) を書き直すと，

$$u(y) = u_\mathrm{max} \left[1 - \left(\frac{y}{b} \right)^{\frac{n+1}{n}} \right] \tag{9.40}$$

となる．$n=1$ のときは，ニュートン流体のポアズイユ流れの流速分布を表す．いくつかの n の値に対する $u(y)$ の形状を図 9.17 に示す．n の値が小さくなると流路の中心付近の形状が平坦になる．$n \to 0$ のとき $u(y) \to u_{\max}$ となって，$y = \pm b$ 以外では流速が一定となる．このとき $-b < y < b$ ではせん断応力は 0 で，流体があたかも剛体のように移動する．このような流れを栓流 (plug flow) という．

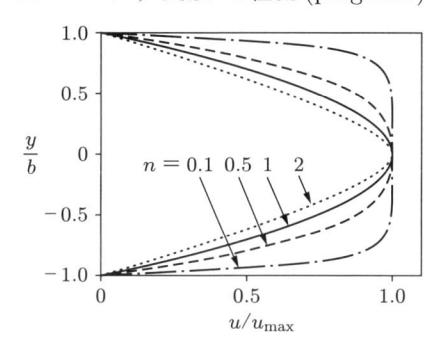

図 9.17 べき乗則流体のポアズイユ流れの流速分布

演習問題

9.1 式 (9.6) において，$\eta = \mu$ とおくとニュートン流体の構成式を表す．その構成式を無次元化すると，

$$\boldsymbol{\tau}^* = \frac{2}{Re}\mathbf{D}^*$$

となる．ここに，上付き添字 * は無次元量を意味する．Re は式 (6.60) で定義されるレイノルズ数である．さて，べき乗則流体の構成式の無次元形は，

$$\boldsymbol{\tau}^* = \frac{2}{Re}(\dot{\gamma}^*)^{n-1}\mathbf{D}^*$$

のように表すことができる．このときの Re の定義式を示せ．

9.2 速度が $(u, v, w) = (3x + 2z, 2x + y, 4y - 4z)$ で与えられる 3 次元流れについて，変形速度 $\mathbf{D}$ と変形速度の大きさ $\dot{\gamma}$ を求めよ．

9.3 非圧縮性粘性流体の 3 次元流れの速度が $(u, v, w) = (az, by, az + bx)$ で与えられている．変形速度の大きさが $\dot{\gamma} = 12 \text{ s}^{-1}$ であるとき，係数 a, b を求めよ．

9.4 べき乗則流体の粘性係数 η と変形速度の大きさ $\dot{\gamma}$ に関するデータが，問表 9.1 のように与えられている．コンシステンシー K とべき乗則指数 n を求めよ．

9.5 問図 9.1 のような傾斜角 θ の静止斜面上を，一定厚さ h でべき乗則流体が流れている．流れは定常流れとする．また，流体の上面は大気に接している．このとき，次の設問に答えよ．

(a) 流体内の速度 (u,v) と圧力 p を求めよ．大気との接触面（自由表面）における条件については，第 6 章演習問題の 6.3 を参照せよ．また，重力加速度を g，大気圧を p_{atm} とする．
(b) $n = 0.1,\ 0.5,\ 1.0$ のときの $u/u_{\max}$ を y/h に対してプロットせよ．

問表 9.1

$\dot{\gamma}\ [\text{s}^{-1}]$	$\eta\ [\text{Pa·s}]$	$\dot{\gamma}\ [\text{s}^{-1}]$	$\eta\ [\text{Pa·s}]$
0.1	3.0×10^5	7.0	3.2×10^4
0.3	1.8×10^5	10.0	2.4×10^4
0.7	1.1×10^5	30.0	1.5×10^4
1.0	8.5×10^4	70.0	9.0×10^3
3.0	5.2×10^4	100.0	7.0×10^3

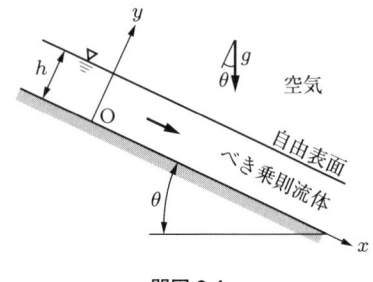

問図 9.1

第10章 流れの測定

10.1 圧力の測定

　液柱や固体の重さ，あるいは弾性体の弾性変形によって生じる応力などとつり合わせることによって圧力を測定する計器を圧力計 (pressure gauge) という．また，圧力を電気信号に変換する圧力変換器 (pressure transducer) もある．ここでは，代表的な圧力計や圧力変換器を概観してみよう．いろいろな圧力計の詳細については文献 [24] を参照していただきたい．

10.1.1 液柱圧力計

　液柱圧力計は，管内の液柱の高さによって圧力を測るもので，マノメーター (manometer) ともよばれる．水銀の高さで気圧を知る水銀気圧計がその例である．このほかにも，用途によってさまざまなマノメーターがある．

　管内を流れる液体の圧力は，図 10.1 のように輸送管に取り付けた鉛直細管内の液柱の高さを測ることによって知ることができる．管内の圧力を p，大気圧を p_{atm}，液体の密度を ρ_l として，図中の記号を用いると，

$$p = p_{\text{atm}} + \rho_l g H \tag{10.1}$$

が成り立つ．ここに，g は重力加速度である．図 10.1 のマノメーターは，液体を貯蔵

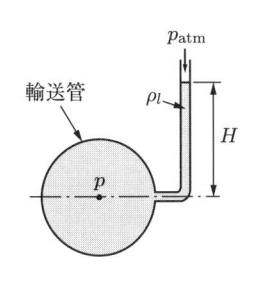

図 10.1　液体用マノメーター 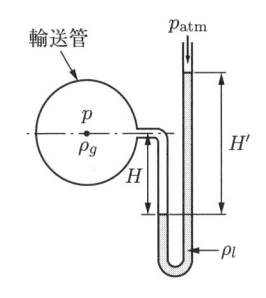　　　　図 10.2　気体用マノメーター

する容器内の圧力を測る場合にも使える．ただし，このマノメーターは $p > p_{\text{atm}}$ の場合にしか使えない．

輸送管内を流れる流体が気体の場合は，図 10.2 のような液体を封入した U 字管が用いられる．気体の密度を ρ_g，液体の密度を ρ_l として，図中の記号を用いると，管内の圧力 p は次式で求められる．

$$p = p_{\text{atm}} + \rho_l g H' - \rho_g g H \tag{10.2}$$

$\rho_l \gg \rho_g$ の場合は，上式の右辺第 3 項を無視できる．圧力が高い場合は，水銀のような密度の大きい液体が使われる．

管内の気体流れにおいて，二つの異なる断面での圧力差（たとえば，図 2.6 における $p_A - p_B$）を測定する場合には，図 10.3 のような U 字管マノメーター (U-tube manometer) が用いられる．図中の記号を用いると，圧力差 $p_1 - p_2$ は，

$$p_1 - p_2 = (\rho_l - \rho_g) g H \tag{10.3}$$

で与えられる．$\rho_l \gg \rho_g$ の場合は，

$$p_1 - p_2 \approx \rho_l g H \tag{10.4}$$

のように近似できる．封入される液体には，測定する圧力に応じて，水銀，水，アルコール，油などが用いられる．

U 字管マノメーターの欠点は，左右の液面の高さをそれぞれ測らなければならないことである．この欠点を取り除き，一方の液面の高さだけを測ればいいように考案された例を図 10.4 に示す．これは，一方の管の断面積を十分に大きくしておき，細い管のなかの液面の高さが変化しても太い管のなかの液面はほとんど動かないようにしたものである．二つの液面に等しい圧力がかかっているときの液面位置を基準にして，高圧 p_1 が作用したときの太い管の液面の降下量を h，低圧 p_2 が作用したときの細

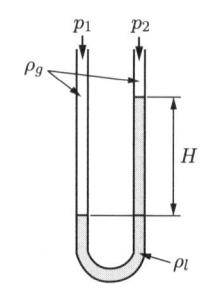

図 10.3 U 字管マノメーター

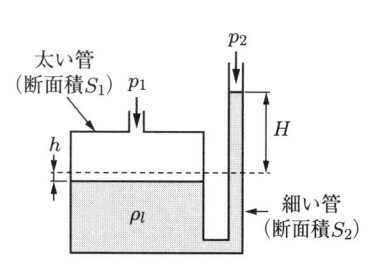

図 10.4 ゲッチンゲン型マノメーター

い管の液面の上昇量を H とすると，

$$p_1 - p_2 = \rho_l g(H+h) = \rho_l g H\left(1 + \frac{h}{H}\right) = \rho_l g H\left(1 + \frac{S_2}{S_1}\right) \tag{10.5}$$

が成り立つ．ここに，S_1, S_2 はそれぞれ太い管と細い管の断面積であり，$HS_2 = hS_1$ の関係がある．$S_1 \gg S_2$ となるようにつくられていれば，

$$p_1 - p_2 \approx \rho_l g H \tag{10.6}$$

のように近似できる．このような圧力計をゲッチンゲン型マノメーター (Göttingen-type manometer) という．

水柱の高さの変化が数 mm 程度の小さい圧力差を測定する場合は，図 10.5 のように U 字管の一方の管を傾斜させて液面の移動距離を大きくする方法が用いられる．このような圧力計を傾斜管マノメーター (inclined-tube manometer) という．図 10.5 を参照すると，

$$p_1 - p_2 = \rho_l g H = \rho_l g L \sin\theta \tag{10.7}$$

を得る．管の傾斜角 θ を小さくとれば L を大きくすることができるから，H の代わりに L を測ることによって測定誤差を小さくすることができる．

U 字管マノメーターで感度を高めるためには，上述のように管を傾斜させる方法のほかに，密度の小さい液体を用いる方法がある．しかし，利用可能な密度の小さい液体はなかなかない．そこで，密度がわずかに異なる 2 種類の液体を用いて，密度の小さい 1 種類の液体を用いるときと同じように感度を高める方法が考えられる．この方法を用いるものを 2 液マノメーター (two-liquid manometer) という．図 10.6 において，2 液の密度を ρ_1, ρ_2 ($\rho_1 > \rho_2$) とし，2 液の界面の高さの差を H とする．液溜の断面積はその下の細い管の断面積に比べて十分に大きく，液溜内の液面の高低差は無視できるとすれば，圧力差 $p_1 - p_2$ は，

$$p_1 - p_2 = (\rho_1 - \rho_2)gH \tag{10.8}$$

で与えられる．上式より，$\rho_1 - \rho_2$ が小さいときには，与えられた圧力差 $p_1 - p_2$ に

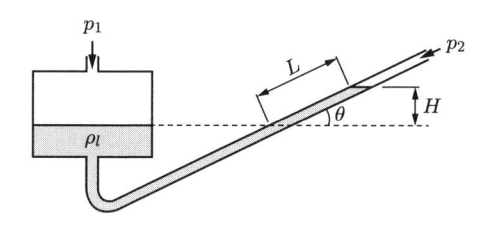

図 10.5 傾斜管マノメーター

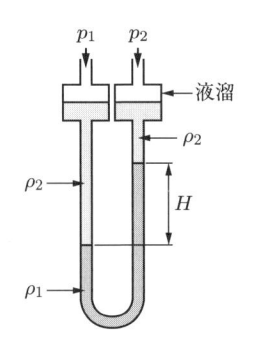

図 10.6 2 液マノメーター

対して H は大きくなる．2 液を選択する際は，密度差が小さいことのほかに，2 液が混和あるいは化合しないこと，界面が明瞭であることが条件になる．たとえば，水（密度 0.998 g/cm^3，20°C）とクロロホルム（密度 1.489 g/cm^3，20°C）の組み合わせがある．

10.1.2 弾性圧力計

弾性圧力計は，弾性体の変形によって生じる応力による力と圧力による力をつり合わせることによって，圧力の大きさを表示する計器である．弾性体として，ブルドン管，ベローズ，金属製の真空箱が使われる．

断面が扁平な楕円形の金属管を図 10.7 のように円弧状に曲げ，一端を固定して他端を密閉したものをブルドン管 (Bourdon tube) という．ブルドン管に内圧を加えると，管が伸びようとして自由端（密閉端）が図の破線のように外側に向かって動く．この動きを利用して圧力を指示する装置をブルドン管圧力計 (Bourdon-tube pressure gauge) という．フランス人のブルドン (Eugéne Bourdon) によって発明され，1849 年に「水銀を使わないで蒸気ボイラーの圧力を測るマノメーター」として特許を取得

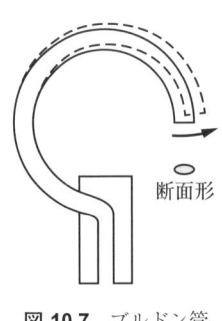

図 10.7 ブルドン管

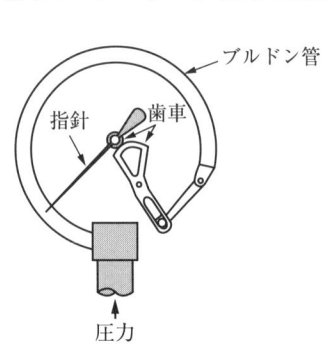

図 10.8 ブルドン管圧力計

図 10.9 ベローズ

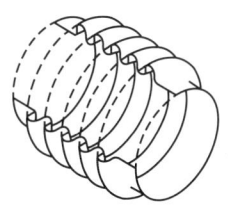

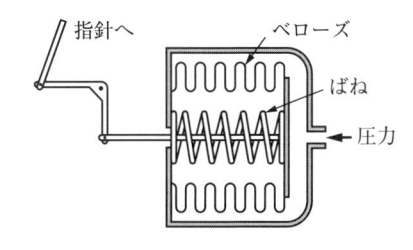

図 10.10 ベローズ圧力計

している．構造が簡単で安く製造でき，液体，気体の両方で使えることから広く普及している．管の寸法を変えることによって，数分の一気圧から数百気圧まで広範囲の圧力を測定することができる．図 10.8 にブルドン管圧力計の構造の一例を示す．ブルドン管の自由端の変位はきわめて小さいので，自由端と圧力値を示す針の間には動きを拡大するしくみが設けられている．

ベローズ (bellows) とは，図 10.9 のように外周に蛇腹状の深いひだをもつ薄肉の円筒のことで，外圧をかけると円筒の軸方向に縮む性質をもつ．この変形を利用して圧力を指示する計器をベローズ圧力計 (bellows pressure gauge) という．図 10.10 にベローズ圧力計の構造の一例を示す．ベローズだけでは弾性が弱いため，内部にばねを入れて圧力に対する比例性を高めている．ベローズは圧力に対する感度が大きいので，ベローズ圧力計は低圧の測定に用いられる．

内部を真空にした円盤形の金属製容器に，外から圧力をかけたときの円板面の変形を利用して圧力を指示する計器をアネロイド気圧計 (aneroid barometer) という．主に，気圧測定に用いられる．水銀気圧計に比べて精度は劣るが，小型軽量で取り扱いが簡単なため広く用いられている．アネロイドという単語は，水銀気圧計に対して水銀を用いないことから，ギリシャ語の "a"（否定の意味）と "neros"（液体の）が語源になっている．

10.1.3 圧力変換器

圧力変換器は，圧力を変位，圧電変化，電気抵抗変化，静電容量変化などに変換し，さらに，それらを電気信号に変換するものである．液体圧力計や弾性圧力計が，おもに定常圧力を測るのに対して，圧力変換器は変動圧力の測定に用いられる．

圧力が作用する受圧板にひずみゲージを張り，ゲージの伸長変形を電気抵抗の変化とし，これをブリッジ回路を介して電圧の変化として検出するものを電気抵抗型圧力変換器という．受圧板としてシリコン単結晶のダイアフラムを用い，表面にゲージ部を拡散させて受圧体とゲージを一体にしたものもある．

水晶に力を加えると電圧を生じる現象をピエゾ圧電効果 (piezoelectric effect) とい

う．この現象を利用した変換器をピエゾ圧電型圧力変換器 という．また，最近は，圧電性をもった高分子材料の薄膜も開発されている．この薄膜は，任意の形状に切り取って物体表面に張り付けることが可能であり，有用性が高い．

コンデンサーマイクロホンと同じ原理で，受圧膜の変位を電極間の静電容量の変化としてとらえて圧力を測るものもある．これを静電容量型圧力変換器という．

圧力変換器を使用する際は圧力と電気信号の関係を校正する作業が必要であり，圧力測定の精度はこの校正作業に依存する．

10.1.4　全圧管と静圧管

流れのなかの全圧や静圧を測る器具を，それぞれ，全圧管 (total pressure tube)，静圧管 (static pressure tube) という．全圧管は，図 10.11 のような，先端に小孔のあいた円筒形の細い管で，流れに平行に置いて小孔部で全圧（よどみ点圧力）を測定する．これに対して静圧管は，図 10.12 のような，先端を閉じて後方の管壁に小孔または細溝を設けた円筒形の細い管である．静圧測定では流れのなかに静圧管を入れることで流れを乱さないことが重要であり，静圧は全圧よりも測定が難しい．図 10.12 のような先端が半球形の静圧管では，先端の影響（先端部から側壁へ流れが曲げられることによる圧力低下）が圧力を検知する孔（静圧測定孔）に及ばないようにするために，先端から孔までの距離は管径の 10 倍以上とり，孔の直径を管径の 1/10 程度にすることが必要である．また，下流の支柱による圧力上昇の影響を避けるために，孔と支柱の距離も十分にとる必要がある．

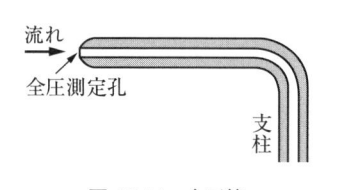

図 10.11　全圧管

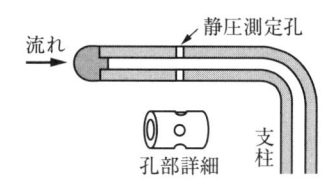

図 10.12　静圧管

10.2　流速の測定

流速の測定法として，ピトー静圧管を用いる方法を 5.3 節で述べた．このほかに，流体中や流体表面に浮遊する物体を目印にして測る方法，風速計のように羽の回転数から風速を知る方法，熱線の冷却率を調べることによって流速を測る方法，ドップラー効果を利用する方法などがある．ここでは，浮遊物，ピトー静圧管，熱線風速計，レーザードップラー流速計を用いる測定法を紹介する．

10.2.1 浮遊物の利用

浮遊物を利用する方法は最も簡便な方法で，たとえば，水面に散布したアルミ粉の動きを一定の露出時間で撮影し，アルミ粉の軌跡の長さを露出時間で割れば，水面の流速分布を知ることができる．水の流れでは水素気泡も使われる．水中に直径 0.01〜0.05 mm の白金線を張り，これを負極として別に陽極を設けて電圧をかけると，水が電気分解されて白金線の表面に水素の気泡が密に発生する．この水素気泡は流れにのって移動する．一定の時間間隔で断続的に電圧をかけると，水素気泡の筋がいくつもできる．この筋を撮影して解析すれば，水中の流速分布を知ることができる．たとえば，図 10.13 は，流れに平行に置かれた平板表面の境界層内の流速分布を，水素気泡によって可視化した写真である．3 本の曲線は異なる時刻の水素気泡の筋である．曲線と白金線の間の距離を経過時間で割れば，境界層内の各高さにおける流速を知ることができる．

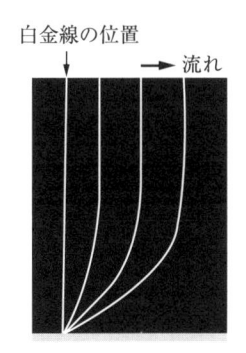

図 10.13 平板表面の境界層内の流れ（文献 [3]）

10.2.2 ピトー静圧管

全圧管と静圧管を組み合わせたものがピトー静圧管 (Pitot static tube) である．図 10.14 に，JIS で定められた標準型ピトー静圧管を示す．原理は，すでに 5.3 節で述べたように，先端で測った全圧 p_A と管壁で測った静圧 p_B の差から，式 (5.29) で流速を求めるものである．式 (5.29) は理想流体に対して導かれたものであるが，粘性のある実在流体に対しては，

$$p_A - p_B = K \frac{1}{2} \rho U^2 \tag{10.9}$$

のように，ピトー静圧管係数 (coefficient of Pitot-static tube) K を導入する．K の値は実験によって定められるが，流れのレイノルズ数が，

$$Re = \frac{Ud}{\nu} > 60$$

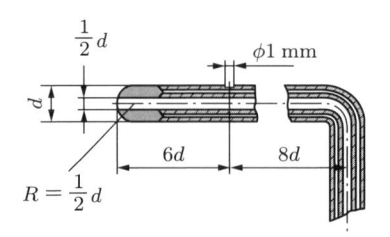

図 10.14 JIS 標準型ピトー静圧管（文献 [25]）

ならば $K=1$ としてよいことが知られている．ここに，U はピトー静圧管の中心における流速，d はピトー静圧管の直径，ν は流体の動粘性係数である．

空気流の場合，流速が大きいと圧縮性の影響を考慮しなければならない．流れのマッハ数 Ma が $Ma<1$（亜音速流れ）の場合には，

$$p_A - p_B = \frac{1}{2}\rho U^2 \left(1 + \frac{1}{4}Ma^2 + \frac{2-\kappa}{24}Ma^4 + \cdots\right) \tag{10.10}$$

となることが知られている．ここに，κ は定圧比熱と定積比熱の比を表し，比熱比 (specific heat ratio) とよばれる．

10.2.3 熱線風速計

電流を流して加熱されている金属線（熱線）を気流中に置くと，流れによって熱が奪われる．奪われる熱量が流速に依存するという原理を用いて流速を測るものが熱線風速計 (hot-wire anemometer) である．測定方法の違いによって2種類の熱線風速計がある．熱線の抵抗が温度によって変化することを利用して，一定電流を流している状態で，冷却による熱線の抵抗変化を測定するものを定電流型熱線風速計という．一方，熱線の温度，すなわち抵抗を一定に保つように電圧を調節し，その電圧の変化を測定することによって流速を知る方法を定温度型（または定抵抗型）熱線風速計という．ここでは広く用いられている後者を解説する．

測定にはホイートストンブリッジが用いられ，ブリッジの1辺に熱線が組み込まれる．図 10.15 に回路の一例を示す．熱線が気流にさらされると熱線の温度が下がり，抵抗が変化する．その抵抗変化のために生じる BD 間の非平衡電圧を，補償増幅器を通したあとに AD 間にかけると，熱線の温度が上がり，抵抗がもとの大きさに戻る．このときのブリッジ電圧を測定すれば風速を知ることができる．定電流型に比べて周波数応答性がよく，気流の乱れの測定に適している．

熱線には，直径 $2\sim10\,\mu m$，長さ 1 mm 程度の白金線やタングステン線が使われる．太さは目的によって選ぶが，細いものは切れやすく変質しやすい．太いほど感度はよくなるが，太すぎると多量の電流を必要として不経済である．消費電力が少なく，測

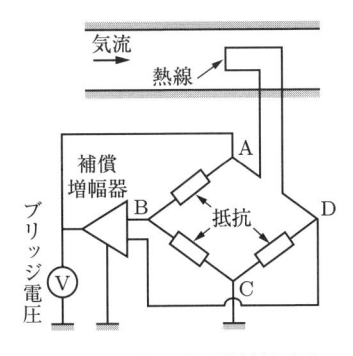

図 10.15 定温度型熱線風速計

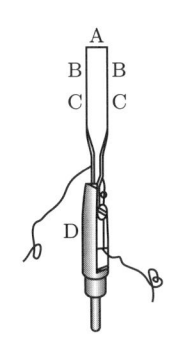

図 10.16 熱線素子（文献 [24]）

定のときに熱線部が点に近いものがよい．図 10.16 に熱線素子の一例を示す．白金線 A の両端を太い白金線 B に溶接し，それをマンガニン線 C にろう付けし，エボナイト棒 D に固定してある．

同じ原理にもとづくものとして，くさび状または円柱状基材に厚さ $0.1\ \mu m$ 程度の白金膜を付着させてセンサとする熱膜流速計がある．熱線風速計が空気を測定対象とするのに対し，熱膜流速計は水を測定対象とする．最近はこれらを区別せず熱線流速計とよぶことが多い．

10.2.4　レーザードップラー流速計

レーザー光が流れのなかの微粒子によって散乱するとき，ドップラー効果によって周波数が変化する．その周波数変化が，粒子の速さに比例することを利用して，流速を測定する装置がレーザードップラー流速計 (laser Doppler velocimeter) である．光源として，ヘリウム–ネオン（波長 $0.6328\ \mu m$）やアルゴン（波長 $0.488\ \mu m$）のガスレーザーが使われる．散乱光の強度を高めるために，直径 $1\ \mu m$ 以下の固体粒子や液体粒子を流体に添加することがある．たとえば，水にはポリエチレン粒子や脱脂乳，空気にはシリコン油や酸化チタンが使われる．

レーザードップラー流速計は流れのなかにプローブを挿入する必要がないため，
① 測定する流れを乱さない，
② 応答性が速く，局所的な流速の瞬間値を連続的に測定できる，
③ 測定対象が液体でも気体でも使える，
④ 校正が不要である，

などの特徴がある．測定できる流速範囲が広く，$10^{-6} \sim 10^3$ m/s である．現在広く使われている流速計の一つである．

10.3　流量の測定

流量の測定には二つの方法がある．一つは，通過する流体を一定体積の桝で測り取る方法で，この方法にもとづく流量計を容積流量計 (volumetric flowmeter) という．もう一つは，障害物の前後に生じる圧力差を測る方法で，この方法を利用する流量計を差圧流量計 (differential pressure flowmeter) という．ここでは，2.3.2 項の内容と関係の深い差圧流量計について解説する．容積流量計については文献 [24] を参照していただきたい．

10.3.1　絞り流量計

絞り流量計 (restriction flowmeter) は，管のなかにオリフィスやノズルのような障害物や，ベンチュリ管のようなくびれを設けて断面積を絞り，前後に生じる圧力差を測ってベルヌーイの式から流量を求めるものである．

(1) オリフィス

管の断面積よりも小さい同心の穴をあけた薄板をオリフィス (orifice) という．図 10.17 に例を示す．構造が簡単で，取り付けのために管に大きな変更を必要としないことから工業上広く用いられる．

流れは非圧縮性の定常流れで圧力損失がないと仮定する．図 10.17 の断面 A と B でベルヌーイの式を組み立てると，

$$p_A + \frac{1}{2}\rho V_A^2 = p_B + \frac{1}{2}\rho V_B^2 \tag{10.11}$$

を得る．ところで，流れの最小断面部分はオリフィスの位置ではなく，図に示すようにオリフィスの下流で発生する．このような現象を縮流 (vena contracta) という．最小断面部分付近での静圧を測ることはできても，最小断面積 S_B を測定することは難しい．そこで，オリフィス開口部の面積 S を用いて，

$$S_B = c_c S \tag{10.12}$$

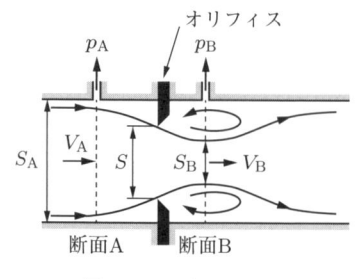

図 **10.17**　オリフィス　　　　　　図 **10.18**　ノズル

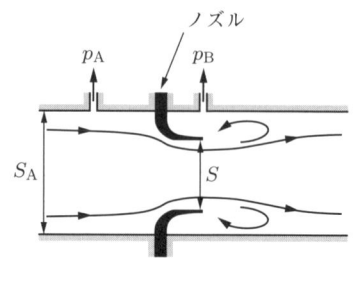

のように表し，c_c を収縮係数 (coefficient of contraction) という．したがって体積流量 Q は，

$$Q = S_A V_A = c_c S V_B \tag{10.13}$$

で与えられる．式 (10.11) と式 (10.13) より V_A を消去して V_B を求めると，

$$V_B = \frac{1}{\sqrt{1 - c_c^2 m^2}} \sqrt{\frac{2(p_A - p_B)}{\rho}} \tag{10.14}$$

となる．ここに，$m = S/S_A$ である．実際の流れには，粘性やオリフィス下流に生じる渦の影響がある．そこで，これらの影響を考慮して式 (10.14) を，

$$V_B = \frac{c_v}{\sqrt{1 - c_c^2 m^2}} \sqrt{\frac{2(p_A - p_B)}{\rho}} \tag{10.15}$$

のように修正する．このとき導入された c_v を速度係数 (coefficient of velocity) という．式 (10.15) を式 (10.13) に代入すると，

$$Q = \alpha S \sqrt{\frac{2(p_A - p_B)}{\rho}} \tag{10.16}$$

を得る．ここで，

$$\alpha = \frac{c_c c_v}{\sqrt{1 - c_c^2 m^2}} \tag{10.17}$$

を流量係数 (coefficient of discharge) といい，オリフィスでは 0.6 程度である．

（2）ノズル

図 10.18 に示すものをノズル (nozzle) という．縮流がほとんど発生しないので，収縮係数を $c_c = 1$ とすることができる．

（3）ベンチュリ管

オリフィスやノズルでは，それらを通過した直後の流れと管壁の間に渦が発生する．この渦によって流れの運動エネルギーが消費されるために，下流で流れがもとに戻っても，その静圧は上流の静圧にまでは戻らない．これを圧力損失 (pressure loss) という．オリフィスやノズルの欠点は圧力損失が大きいことである．そこで，管の断面積を連続的に，しかもなめらかに変化させることによって流れのはく離を抑え，圧力損失を小さくするよう工夫されたものがベンチュリ管 (Venturi tube) である．ベンチュリ管による流量測定の原理は 2.3.2 項で述べた．図 10.19 に，実験的に最もよい形とされるベンチュリ管を示す．絞り部は流入側も流出側も円錐形である．流入側円錐の頂角が大きすぎると最小断面部で流れが管軸に平行にならず，はく離が生じる．流入

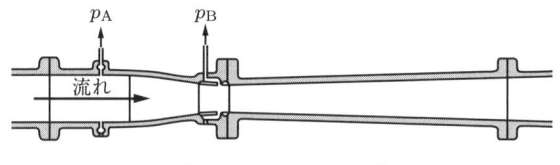

図 10.19 ベンチュリ管

側円錐には頂角 20 〜 22°のものが使われる．一方，流出側円錐の頂角は圧力損失が最小になるように決められる．頂角が大きすぎると流れが管壁からはく離し，小さすぎると管が長くなって摩擦による圧力損失が増大する．使われる流出側円錐の頂角は 7 〜 15°である．

10.3.2 面積流量計

図 10.20 のような，断面積が連続的に変化する鉛直の管に円板を入れ下から流体を流すと，円板の前後に生じる圧力差によって円板は上向きの力を受ける．円板が移動すると流れの断面積が変化し，圧力差も変化する．そこで，円板の重量と圧力差による力がつり合ったときの円板の高さから流量を定めるものが面積流量計 (area flowmeter) である．

図 10.20 において，高さ h における鉛直管の断面積を $A\,(=\pi R^2)$，円板の正面面積を $a\,(=\pi r^2)$ とし，円板の上面と下面の圧力差を Δp とすると，体積流量 Q は，

$$Q = k(A-a)\sqrt{\frac{2\Delta p}{\rho}} \tag{10.18}$$

で与えられる．ここに，k は比例係数，ρ は流体の密度である．円板の重量を W とすれば，力のつり合い式は，

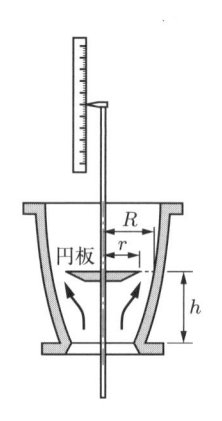

図 10.20 面積流量計の原理

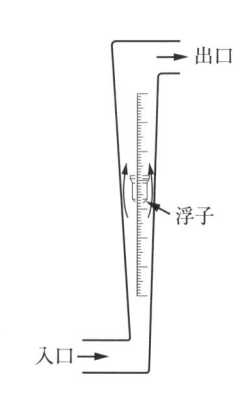

図 10.21 ロタメーター

$$W = a\,\Delta p \tag{10.19}$$

である.いま,円板の高さ h が流れの断面積 $A - a$ に比例するように管壁の形をつくり,

$$ch = k(A - a) \tag{10.20}$$

となるよう係数 c を定めておくとする.以上の 3 式をまとめると,

$$Q = ch\sqrt{\frac{2W}{\rho a}} \tag{10.21}$$

を得る.これより,高さ h を知れば体積流量 Q を知ることができる.

図 10.21 は面積流量計の一つで,ロタメーター (rotameter) とよばれるものである.ガラス製の円錐管に目盛りが刻んであり,浮子の高さを直読できるようになっている.浮子が球形で,気体の流量を測定できるものもある.

10.4　粘度の測定

流れの測定という章題目からははずれるが,流体の流れを特徴づけるうえで重要な役割を果たす,粘度の測定法について概観しておこう.粘度を測定する粘度計 (viscometer) は,測定原理によって表 10.1 のように分類される.ここでは,細管粘度計,回転粘度計,落体粘度計を紹介する.

表 10.1　粘度計の分類

種　類	測定範囲 [Pa·s]	精度 [%]	特　徴
細管粘度計	10^5 以下	1〜3	絶対測定も可能.毛細管粘度計は JIS に規定.
落体粘度計	$10^{-2} \sim 10^{10}$	1〜2	絶対測定も可能.落球粘度計は JIS に規定.
回転粘度計	$10^{-3} \sim 10^{11}$	2〜3	円錐 – 平板形はせん断速度が一定.
振動粘度計	10^2 以下	1〜3	測定時間が短い.連続測定・記録に適する.
平行平板粘度計	$10 \sim 10^{10}$	3〜5	平行板形はせん断速度が小.

10.4.1　細管粘度計

太さが一様な円管内の液体の流れを考える.流れは管軸に平行で,定常であるとする.管の長さを ℓ,内径を $2a$ として,液体の粘性係数を μ とする.管の入口と出口の間の圧力差を $\Delta p\ (>0)$ とし,管内の圧力勾配は一定で,$\Delta p/\ell$ に等しいとする.このとき,体積流量 Q は,

$$Q = \frac{\pi a^4\,\Delta p}{8\mu\ell} \tag{10.22}$$

で与えられる．これをポアズイユの法則 (Poiseuille's law)，あるいはハーゲン・ポアズイユの法則 (Hagen-Poiseuille law) という．式を書き換えると，

$$\mu = \frac{\pi a^4}{8Q\ell} \Delta p \tag{10.23}$$

を得る．この式を用いると，体積流量 Q と圧力差 Δp を測定することによって，液体の粘性係数 μ を求めることができる．この考え方にもとづく粘度計を細管粘度計 (capillary viscometer) という．実際の測定では，流れの運動エネルギーに対する補正や管端の補正が必要になる．補正方法の詳細は文献 [24] を参照していただきたい．

細管として毛細管を使う毛細管粘度計 (capillary viscometer) は，多くの場合最も正確な値が得られるとされている．図 10.22 は，実用的な毛細管粘度計の一つであるオストワルト粘度計 (Ostwald viscometer) である．構造は一つの U 字管で，一方の管が毛細管になっている．試料液の一定量をピペットで A から注入し，これを毛細管の上に設けられた測時球の上まで吸い上げる．液を流下させて，液面が測時球の上下に付けられた 2 本の標線 m_1，m_2 の間を通過するのに要する時間を測る．標線の通過時間を Δt とすると，試料の粘性係数 μ は，

$$\mu = \alpha \rho \Delta t - \frac{\beta \rho}{\Delta t} \tag{10.24}$$

で求められる．ここに，ρ は液体の密度，α と β は粘度計固有の定数である．上式の右辺第 1 項は，式 (10.22) を時間で積分して時間 Δt の間に流下する液体体積を計算することによって導かれる（文献 [24] 参照）．右辺第 2 項は運動エネルギーに対する補正項である．あらかじめ ρ と μ のわかっている 2 種類の液体を使って，α と β を求めておく必要がある．

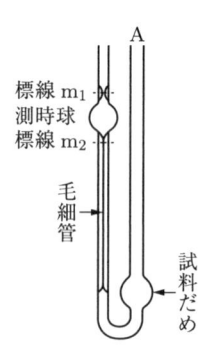

図 10.22 オストワルト粘度計

10.4.2 回転粘度計

液体内で円筒や円板を回転すると,粘性による抵抗を受ける.回転に要するトルクが粘度に比例することを利用して,トルクの測定から液体の粘度を求めるものが回転粘度計 (rotational viscometer) である.図 10.23 の共軸円筒粘度計や図 10.24 の円錐-平板粘度計がある.

共軸円筒粘度計の原理は次のとうりである.内筒の半径を a,外筒の半径を b とし,外筒が角速度 ω で回転するとする.外筒の回転によって生じる円筒間の流れは円筒の軸に垂直な平面に平行で,速度分布は円筒の軸方向に一様であるとする.このとき,流れが内筒に及ぼすモーメント M は,

$$M = \frac{4\pi\mu\omega\ell a^2 b^2}{b^2 - a^2} \tag{10.25}$$

で与えられる(文献 [24] 参照).ここに,ℓ は内筒の試料に接する部分の長さである.モーメント M を測定すると,

$$\mu = \frac{M(b^2 - a^2)}{4\pi\omega\ell a^2 b^2} \tag{10.26}$$

によって試料の粘性係数 μ を知ることができる.

式 (10.26) は,流れが円筒の軸方向に一様であると仮定して導かれたものである.実際には,図 10.23 の外筒の底の部分では流れの状態は異なるし,液面の影響や内筒の支持部の摩擦の影響もある.実際の測定ではこれらの影響に対する補正が行われる(文献 [24] 参照).

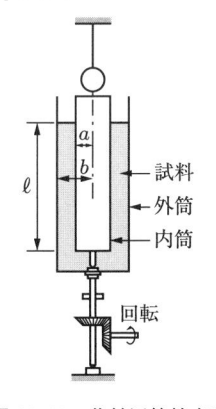

図 10.23 共軸円筒粘度計

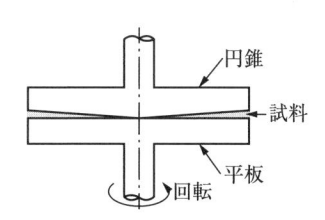

図 10.24 円錐-平板粘度計

10.4.3 落体粘度計

試料液のなかを自由落下する物体の,一定区間の落下所要時間を測定して粘度を求めるものを落体粘度計 (falling body viscometer) という.とくに,球体を落下させる

ものを落球粘度計 (falling ball viscometer) という.

$Re < 1$ の遅い粘性流れのなかに置かれた球にはたらく抗力 D は,ストークスの抵抗式

$$D = 6\pi\mu U R \tag{10.27}$$

で与えられる.ここに,U は一様流速,R は球の半径である.球が無限の広がりをもつ液体中を自由落下する場合を考えよう.球が落下する速さはしだいに増していくが,球にはたらく重力が抗力と浮力の和に等しくなったとき,一定の落下速さに達する.その速さを終端速さ (terminal speed) という.終端速さを V_t とし,V_t は式 (10.27) が成り立つ範囲の大きさであるとする.このとき,球にはたらく重力,抗力,浮力 (buoyancy force) をそれぞれ W, D, B とすれば,力のつり合い式

$$D + B - W = 0 \tag{10.28}$$

が成り立つ.液体の密度を ρ_l,球の密度を ρ_b とすれば,重力 W と浮力 B は,

$$W = \frac{4}{3}\pi R^3 \rho_b g, \qquad B = \frac{4}{3}\pi R^3 \rho_l g \tag{10.29}$$

で与えられる.式 (10.27) において $U = V_t$ とした式と式 (10.29) を式 (10.28) に代入し,μ について解くと,

$$\mu = \frac{2gR^2(\rho_b - \rho_l)}{9V_t} \tag{10.30}$$

を得る.これより,球の終端速さを測定すれば液体の粘度を求めることができる.実際の利用にあたっては,試料液を納める容器の壁の影響に対する補正や式 (10.27) の成立する範囲よりも大きいレイノルズ数の流れに対する補正が必要になる.

第11章

次元解析

11.1 単 位

　流体力学に限らず理工学の分野では，長さ，質量，時間，力，速さなどさまざまな量が現れる．これらを物理量 (physical quantity) という．物理量にはそれぞれ基準となる量，すなわち単位 (unit) があり，物理量の大きさは単位の何倍であるかを示す数値と単位を表す記号の組み合わせで表される．たとえば，質量については国際キログラム原器の質量を 1 kg と定め，その 5 倍の質量を 5 kg と表す．また，長さについては，1 秒の 299,792,458 分の 1 の時間に光が真空中を進む距離を 1 m と定めている．単位には，基準量が独立に定義されているものと，物理法則によって基準の単位を組み合わせてつくられるものがある．前者を基本単位，後者を組立単位あるいは誘導単位とよぶ．基本単位と組立単位をあわせて単位系 (unit system) という．

　現在，理工学の分野では，世界共通の単位系として SI 単位系[1] (International system of units) が使われる．SI 単位系では，質量，長さ，時間，温度，電流，光度の六つを基本単位にとり，それぞれ kg (キログラム)，m (メートル)，s (秒)，K (ケルビン)，A (アンペア)，cd (カンデラ) を用いて表す．流体力学で通常用いられる基本単位は，上記のうち kg, m, s, K の四つである．速さや密度の単位は組立単位の一つであって，速さは m/s で表し，密度は kg/m^3 で表す．組立単位は基本単位を用いて表示されるのが普通であるが，なかには固有の単位名称をもつものもある．力の単位は N (ニュートン) であるが，これは質量 1 kg の物体を加速度 1 m/s^2 で運動させるのに要する力を 1 N と定めている．N を基本単位を用いて表すと $N = kg \cdot m/s^2$ である．また，圧力の単位として Pa (パスカル) が使われる．これは，基本単位を用いると $Pa = N/m^2 = kg/(m \cdot s^2)$ である．

　基本単位だけを使っていると，物理量の大きさが非常に大きな数値や非常に小さな数値になる場合がある．このような桁数の多い数値を扱うのは不便である．そのようなとき，基本単位に接頭記号をつけた単位が用いられる．たとえば，1000 m を 1 km

---

[1] SI は，「国際単位系」のフランス語訳である Le Système International d'Unités に由来する．

表 11.1 接頭記号

大きさ	接頭記号	大きさ	接頭記号
10^{18}	E (エクサ)	10^{-1}	d (デシ)
10^{15}	P (ペタ)	10^{-2}	c (センチ)
10^{12}	T (テラ)	10^{-3}	m (ミリ)
10^{9}	G (ギガ)	10^{-6}	μ (マイクロ)
10^{6}	M (メガ)	10^{-9}	n (ナノ)
10^{3}	k (キロ)	10^{-12}	p (ピコ)
10^{2}	h (ヘクト)	10^{-15}	f (フェムト)
10	da (デカ)	10^{-18}	a (アト)

と表すときのkが接頭記号である．この場合kは10^3を意味する．接頭記号には表11.1に示す種類がある．

11.2 次　元

組立単位が基本単位のどのような組み合わせになっているかを示すものを次元 (dimension) という．たとえば，面積はm^2という単位をもつから，"面積は長さの2乗の次元をもつ"という．また，長さの次元を記号Lで表すとき，面積の次元はL^2であるという[1]．物理量Xの次元を表すのに記号$[X]$を使う．長さの次元をL，質量の次元をM，時間の次元をTで表すとき，力Fの次元$[F]$は次のように表せる．

$$[F] = LMT^{-2}$$

また，(圧力) = (力)/(面積) であるから，圧力pの次元は，

$$[p] = \frac{[F]}{[(面積)]} = \frac{LMT^{-2}}{L^2} = L^{-1}MT^{-2}$$

となる．

L, M, Tを基本の次元として，本書に登場する主要な物理量の次元を$L^a M^b T^c$で表すとき，物理量と指数a, b, cの組み合わせを表11.2にまとめておく．L, M, Tにそれぞれm，kg，sを代入すれば，それぞれの物理量の単位を導くことができる．

---

[1] L^2の指数2を次元とよぶ場合もある．

表 11.2 主要な物理量の次元 ($[X] = L^a M^b T^c$)

物理量 X	a	b	c	物理量 X	a	b	c
長さ	1	0	0	比重	0	0	0
質量	0	1	0	運動量	1	1	−1
時間	0	0	1	力,重量	1	1	−2
面積	2	0	0	圧力	−1	1	−2
体積	3	0	0	仕事	2	1	−2
角度	0	0	0	圧縮率	1	−1	2
速さ	1	0	−1	粘性係数	−1	1	−1
加速度	1	0	−2	動粘性係数	2	0	−1
角速度	0	0	−1	体積流量	3	0	−1
密度	−3	1	0	質量流量	0	1	−1

11.3 次元解析

　流れのなかに置かれた球にはたらく抗力に，流れや流体のどのような因子が影響し，その因子と抗力の間にどのような関係があるのかを実験で調べることを考えてみよう．まず最初にすることは，抗力に影響を与えると考えられる因子を選び出すことである．そこで，われわれは，流体の密度 ρ，流体の粘性係数 μ，流れの速さ U，球の大きさ（直径）d を因子として選び，抗力 D との間に，

$$D = f(\rho, \mu, U, d) \tag{11.1}$$

という関係を想定する．そして，括弧のなかのパラメーターを変えながら D を測定し，関数 f の性質を見いだそうとする．このとき，複数のパラメーターを同時に変えることはせず，三つのパラメーターを固定しておき，残りの一つを変えながら測定を行うという方法をとるはずである．たとえば，ρ, μ, d を固定して U を変えると，抗力 D と流れの速さ U の関係を示すデータが得られる．しかし，このデータから導かれる D と U の関係は，d という直径の球と ρ, μ という物性値をもつ特定の流体に対してのみ成り立つ関係であり，われわれが望む任意の流体の流れのなかに置かれた任意の大きさの球にはたらく抗力に関する一般的な関係ではない．そこで，このほかに，

① ρ, μ, U を固定して，D と d の関係を調べる実験
② μ, U, d を固定して，D と ρ の関係を調べる実験
③ ρ, U, d を固定して，D と μ の関係を調べる実験

も行うことになる．しかし，このなかには ρ や μ を変える（すなわち，流体の物性を変える）という難しい実験も含まれていて，その実施は容易ではない．仮に，これ

らの実験をすべて行うことができて，D と ρ, μ, U, d の間の個々の関係を示すデータが入手できたとしよう．そのとき，それらの個別のデータから，式 (11.1) の関数 f の一般的な性質を導くにはどうすればよいであろうか．これは相当にやっかいな作業である．

さて，次元解析 (dimensional analysis) という手法を用いると，式 (11.1) は次のような二つの無次元量の間の関係に置き換えることができる．

$$\frac{D}{\rho U^2 d^2} = \phi\left(\frac{\rho U d}{\mu}\right) \tag{11.2}$$

これによって，D と ρ, μ, U, d の間の個々の関係を調べる代わりに，二つの無次元量 $D/(\rho U^2 d^2)$ と $\rho U d/\mu$ の間の関係を調べればよいことになる．このとき，直径の異なる球や，異なる密度や粘度の流体を使って実験を繰り返す必要はない．特定の球の直径や特定の流体の密度や粘度を使って，上の二つの無次元量についてデータを整理すればよい．したがって，実験の回数を減らすことができ，データ整理が容易になる．また，実験経費や実験に要する時間を節約できる．このように，複数の物理量の間の関係を，それよりも少ない数の無次元量の間の関係に置き換える手法が次元解析である．

次元解析は，次に述べるバッキンガムのパイ定理 (Buckingham pi theorem) に基礎をおいている．

> k 個の物理量からなる方程式があり，方程式の各項の次元はみな同じであるとする．それらの物理量の次元を表すために必要な基本の次元の数を r とするとき，この方程式は，それらの物理量で構成される $(k-r)$ 個の無次元量の関係式に変換できる．

上の定理に現れる無次元量をパイ数 (pi number, pi term) とよび，Π で表す．たとえば，式 (11.2) の $D/(\rho U^2 d^2)$ や $\rho U d/\mu$ がパイ数である．k 個の物理量 $u_1, u_2, \cdots, u_k$ からなる方程式

$$u_1 = f(u_2, u_3, \cdots, u_k)$$

を考える．この式が意味をもつためには，左辺の u_1 の次元と右辺の関数 f を構成している各項の次元は一致していなければならない．このとき，この方程式を構成している基本の次元の数を r とすると，この方程式は $(k-r)$ 個のパイ数からなる．

$$\Pi_1 = \phi(\Pi_2, \Pi_3, \cdots, \Pi_{k-r}) \tag{11.3}$$

という関係式に変換できる，というのがバッキンガムのパイ定理の意味するところである．

11.4 次元解析の実際

バッキンガムのパイ定理にもとづく次元解析の方法を述べる．ここで紹介する方法は method of repeating variables とよばれるものである[1]．

【次元解析の手順】
① 現象に関係するすべての物理量を列挙し，k を決める．
② 個々の物理量の次元を基本の次元（たとえば，L, M, T など）で表し，r を求める．
③ パイ数の個数 $k-r$ を求める．
④ 物理量には，一つのパイ数にしか現れないものと複数のパイ数に現れるものとがある．たとえば，式 (11.2) において，抗力 D は左辺にのみ現れ，粘性係数 μ は右辺にのみ現れている．このとき，これらの量は一つのパイ数にしか現れない．このような量を nonrepeating variable とよぶことにする．一方，密度 ρ や流れの速さ U，直径 d は式 (11.2) の両辺にあるから複数のパイ数に現れる．このような，複数のパイ数に現れる物理量を repeating variable とよぶことにする．そこで，すべての物理量を repeating variable と nonrepeating variable に分ける．一つのパイ数に含まれる repeating variable の数は r に等しくなければならない．さらに，一つのパイ数に含まれる repeating variable は互いに独立な次元をもっており，一つのパイ数には基本の次元がすべて含まれなければならない．
⑤ 1 個の nonrepeating variable と r 個の repeating variable をかけてパイ数を構成する．たとえば，u_1 を nonrepeating variable とし，u_2, u_3, u_4 を repeating variable とするとき，パイ数を $u_1 u_2^a u_3^b u_4^c$ のように表して，これが無次元量になるように指数 a, b, c を決める．
⑥ ⑤の作業をほかの nonrepeating variable に適用して，別のパイ数をつくる．
⑦ つくられたすべてのパイ数について，無次元量であることを確認する．
⑧ パイ数の間の関係式 (11.3) をつくり，その意味を考える．

以上の手順を，前節で例にあげた球にはたらく抗力の問題に応用してみよう．

❶ 現象に関係する物理量は，抗力 D，流体の密度 ρ，流体の粘性係数 μ，流れの速さ U，球の直径 d である．したがって $k=5$ である．これら五つの量の間の関係を式 (11.1) のように考える．
❷ 表 11.2 を参考にして各物理量の次元を調べると，

---

[1] ここで紹介する method of repeating variables については文献 [26] を参考にした．そこで，英語表記の専門用語を無理に和訳するとかえって意味が通じなくなるおそれがあるので，一部の用語は英語表記のまま使用する．

$$[D] = LMT^{-2}, \qquad [\rho] = L^{-3}M, \qquad [\mu] = L^{-1}MT^{-1}$$
$$[U] = LT^{-1}, \qquad [d] = L$$

である．物理量の次元を構成している基本の次元は L, M, T の三つであるから，$r = 3$ である．

❸ 必要なパイ数の個数は $k - r = 2$ である．

❹ ρ, U, d を repeating variable とし，D と μ を nonrepeating variable に選ぶ．

❺ 最初のパイ数 Π_1 を，次のようにおく．

$$\Pi_1 = D\rho^a U^b d^c$$

このとき，右辺の物理量が並ぶ順番は問題ではない．両辺の次元を調べると，

$$L^0 M^0 T^0 = (LMT^{-2})(L^{-3}M)^a(LT^{-1})^b(L)^c$$

となる．両辺の L, M, T の指数を等値すると，a, b, c に関する連立 1 次代数方程式が次のように得られる．

$$\begin{cases} 1 - 3a + b + c = 0 \\ 1 + a = 0 \\ -2 - b = 0 \end{cases}$$

これを解くと $a = -1$, $b = -2$, $c = -2$ を得るから，パイ数 Π_1 は，

$$\Pi_1 = \frac{D}{\rho U^2 d^2}$$

となる．

❻ 二つ目のパイ数 Π_2 を，μ と ρ, U, d を使って，

$$\Pi_2 = \mu\rho^a U^b d^c$$

のようにおく．上と同様に，両辺の次元を調べると，

$$L^0 M^0 T^0 = (L^{-1}MT^{-1})(L^{-3}M)^a(LT^{-1})^b(L)^c$$

となるから，両辺の L, M, T の指数を等値することによって，

$$\begin{cases} -1 - 3a + b + c = 0 \\ 1 + a = 0 \\ -1 - b = 0 \end{cases}$$

を得る．これを解くと $a = b = c = -1$ であるから，パイ数 Π_2 は，

$$\Pi_2 = \frac{\mu}{\rho U d}$$

となる.

❼ 得られた二つのパイ数 Π_1 と Π_2 が無次元量であることの確認は,読者への演習問題としよう.

❽ 以上より,関係式

$$\frac{D}{\rho U^2 d^2} = \phi\left(\frac{\mu}{\rho U d}\right) \tag{11.4}$$

が得られる.関係式を構築するときに,パイ数の逆数を使ってもよい.すなわち,式 (11.4) で Π_2 の代わりに,その逆数を使って,

$$\frac{D}{\rho U^2 d^2} = \phi\left(\frac{\rho U d}{\mu}\right) \tag{11.5}$$

とすることもできる.

式 (11.5) において,右辺の括弧内は流れのレイノルズ数 Re である.抗力係数 C_D を,

$$C_D = \frac{D}{\frac{1}{2}\rho U^2 A} \quad \left(A = \frac{\pi d^2}{4} \text{ は球の正面面積}\right) \tag{11.6}$$

で定義すると,式 (11.5) の左辺は $(\pi/8)C_D$ に等しい.したがって,式 (11.5) は球の抗力係数とレイノルズ数の関係として,

$$C_D = \frac{8}{\pi}\phi(Re) \tag{11.7}$$

あるいは,$\phi' = (8/\pi)\phi$ として,

$$C_D = \phi'(Re) \tag{11.8}$$

のように書き直すことができる.この関係より,抗力係数はレイノルズ数の関数であることが理解される.大きさの異なる球をいろいろな流体の流れのなかにおいて抗力を測定し,その結果を C_D と Re の関係として整理すると,図 11.1 のようなグラフが得られる.たとえ物体の大きさや流体の種類が変わっても,式 (11.5) あるいは式 (11.8) のように無次元量の関係として整理すると,データが 1 本の曲線上に乗ることがわかる.したがって,たとえば水の流れを使った実験で図 11.1 のような関係が得られたとすると,その関係は空気や油の流れのなかに置かれた球にはたらく抗力の推定にも利用することができる.

さて,式 (11.5) の導出にあたって,repeating variable として ρ, U, d を採用した.次は,μ を repeating variable,ρ を nonrepeating variable としてみよう.この場合

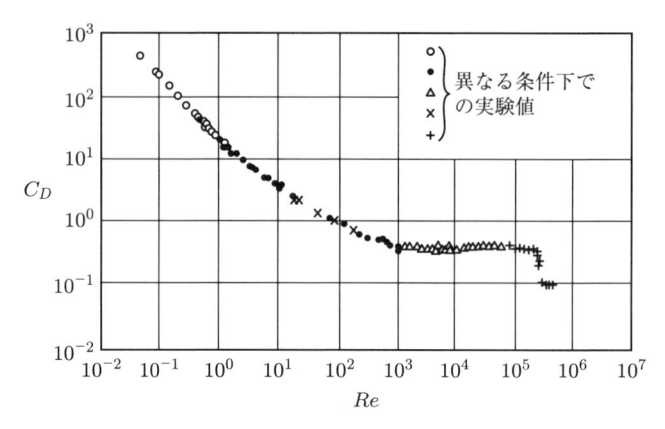

図 11.1 球の抗力係数 C_D と流れのレイノルズ数 Re の関係

は式 (11.5) の代わりに，

$$\frac{D}{\mu U d} = \phi\left(\frac{\rho U d}{\mu}\right) \tag{11.9}$$

が得られる．ここで，左辺の分母は $\mu U d = \mu(U/d)d^2$ のように変形できるから，これは粘性による力を表している．すなわち，左辺は抗力と粘性による力の比を表しており，式 (11.9) は球の抗力の大部分が流体の粘性によって生じる場合に便利な関係式と考えられる．このように，repeating variable と nonrepeating variable の選び方によって，導かれる関係式が表す意味が変わってくる．実験データをどのように整理するかを考えて repeating variable と nonrepeating variable を選ばなくてはいけない．

次に，球が水面に置かれ，波の影響も受ける場合を考えてみよう．このとき，重力の影響を無視できないから，球にはたらく抗力に影響する因子として，ρ, μ, U, d に重力加速度 g を加える．そこで，

$$D = f(\rho, \mu, U, d, g)$$

とおく．この場合，$k = 6$, $r = 3$ であるから，パイ数の個数は $k - r = 3$ となる．ρ, U, d を repeating variable，D, μ, g を nonrepeating variable として，前述の手順に従うと，

$$\frac{D}{\rho U^2 d^2} = \phi\left(\frac{\rho U d}{\mu}, \frac{U^2}{gd}\right) \tag{11.10}$$

を得る．右辺の括弧内の第 1 項は流れのレイノルズ数 Re である．括弧内の第 2 項はフルード数 Fr を用いて，

$$\frac{U^2}{gd} = \left(\frac{U}{\sqrt{gd}}\right)^2 = Fr^2$$

のように表すことができる．式 (11.10) の左辺は，抗力係数 C_D を用いて $(\pi/8)C_D$ と表すことができる．したがって，$\phi' = (8/\pi)\phi$ とおくと，式 (11.10) は，

$$C_D = \phi'\left(Re, Fr^2\right) \tag{11.11}$$

となる．これより，水面の波の影響を受ける球にはたらく抗力は，レイノルズ数とフルード数の関数であることがわかる．

最後に，球形の人工衛星が大気圏に突入するときの抗力を考えてみよう．このとき，空気の圧縮性が重要な因子になる．圧縮性を表す物理量として体積弾性率 K を加え，抗力 D を，

$$D = f(\rho, \mu, U, d, K)$$

のように表す．この場合，$k = 6$，$r = 3$ であるから，パイ数の個数は $k - r = 3$ となる．ρ, U, d を repeating variable，D, μ, K を nonrepeating variable としてパイ数を求めると，関係式

$$\frac{D}{\rho U^2 d^2} = \phi\left(\frac{\rho U d}{\mu}, \frac{\rho U^2}{K}\right)$$

を得る．ここで，$\sqrt{K/\rho}$ が音速 a に等しいことを思い出すと[1]，右辺の括弧内の第2項は，

$$\frac{\rho U^2}{K} = \left(\frac{U}{\sqrt{K/\rho}}\right)^2 = \left(\frac{U}{a}\right)^2 = Ma^2$$

となる．ここに，Ma はマッハ数である．したがって，

$$C_D = \phi'\left(Re, Ma^2\right)$$

という関係式が得られる．これより，人工衛星にはたらく抗力はレイノルズ数とマッハ数の関数であることがわかる．

---

[1] 1.5.1 項の式 (1.12) を参照のこと．

付録A ギリシャ文字

表 **A.1** ギリシャ文字

小文字	大文字	英語表記	日本語読み
α	A	alpha	アルファ
β	B	beta	ベータ，ビータ
γ	Γ	gamma	ガンマ
δ	Δ	delta	デルタ
ε, ϵ	E	epsilon	イプシロン，エプシロン
ζ	Z	zeta	ツェータ，ジータ，ゼータ
η	H	eta	イータ，エータ
θ	Θ	theta	シータ，テータ
ι	I	iota	イオタ
κ	K	kappa	カッパ
λ	Λ	lambda	ラムダ
μ	M	mu	ミュー
ν	N	nu	ニュー
ξ	Ξ	xi	グザイ，クシイ
o	O	omicron	オミクロン
π	Π	pi	パイ
ρ	P	rho	ロー
σ	Σ	sigma	シグマ
τ	T	tau	タウ
υ	Υ	upsilon	ウプシロン
ϕ, φ	Φ	phi	ファイ，フィー
χ	X	chi	カイ
ψ	Ψ	psi	プサイ，プシー
ω	Ω	omega	オメガ

付録 B

水と空気の物性値

表 B.1 水の物性値

温度 [°C]	密度 [kg/m³]	比重量 [1)] [kN/m³]	粘性係数 [Pa·s]	動粘性係数 [m²/s]	音速 [m/s]
0	999.9	9.806	1.787×10^{-3}	1.787×10^{-6}	1403
5	1000.0	9.807	1.519×10^{-3}	1.519×10^{-6}	1427
10	999.7	9.804	1.307×10^{-3}	1.307×10^{-6}	1447
20	998.2	9.789	1.002×10^{-3}	1.004×10^{-6}	1481
30	995.7	9.765	7.975×10^{-4}	8.009×10^{-7}	1507
40	992.2	9.731	6.529×10^{-4}	6.580×10^{-7}	1526
50	988.1	9.690	5.468×10^{-4}	5.534×10^{-7}	1541
60	983.2	9.642	4.665×10^{-4}	4.745×10^{-7}	1552
70	977.8	9.589	4.042×10^{-4}	4.134×10^{-7}	1555
80	971.8	9.530	3.547×10^{-4}	3.650×10^{-7}	1555
90	965.3	9.467	3.147×10^{-4}	3.260×10^{-7}	1550
100	958.4	9.399	2.818×10^{-4}	2.940×10^{-7}	1543

1) 比重量 γ と密度 ρ は $\gamma = \rho g$ の関係にある．ここに，g は重力加速度で，海面における値 $g = 9.807$ m/s² を用いている．

表 B.2 1 気圧 (101325 Pa) での空気の物性値

温度 [°C]	密度 [kg/m^3]	比重量 [2)] [N/m^3]	粘性係数 [Pa·s]	動粘性係数 [m^2/s]	音速 [m/s]
−40	1.514	14.85	1.57×10^{-5}	1.04×10^{-5}	306.2
−20	1.395	13.68	1.63×10^{-5}	1.17×10^{-5}	319.1
0	1.292	12.67	1.71×10^{-5}	1.32×10^{-5}	331.4
5	1.269	12.45	1.73×10^{-5}	1.36×10^{-5}	334.4
10	1.247	12.23	1.76×10^{-5}	1.41×10^{-5}	337.4
15	1.225	12.01	1.80×10^{-5}	1.47×10^{-5}	340.4
20	1.204	11.81	1.82×10^{-5}	1.51×10^{-5}	343.3
25	1.184	11.61	1.85×10^{-5}	1.56×10^{-5}	346.3
30	1.165	11.43	1.86×10^{-5}	1.60×10^{-5}	349.1
40	1.127	11.05	1.87×10^{-5}	1.66×10^{-5}	354.7
50	1.109	10.88	1.95×10^{-5}	1.76×10^{-5}	360.3
60	1.060	10.40	1.97×10^{-5}	1.86×10^{-5}	365.7
70	1.029	10.09	2.03×10^{-5}	1.97×10^{-5}	371.2
80	0.9996	9.803	2.07×10^{-5}	2.07×10^{-5}	376.6
90	0.9721	9.533	2.14×10^{-5}	2.20×10^{-5}	381.7
100	0.9461	9.278	2.17×10^{-5}	2.29×10^{-5}	386.9
200	0.7461	7.317	2.53×10^{-5}	3.39×10^{-5}	434.5
300	0.6159	6.040	2.98×10^{-5}	4.84×10^{-5}	476.3
400	0.5243	5.142	3.32×10^{-5}	6.34×10^{-5}	514.1
500	0.4565	4.477	3.64×10^{-5}	7.97×10^{-5}	548.8
1000	0.2772	2.719	5.04×10^{-5}	1.82×10^{-4}	694.8

1) 比重量 γ と密度 ρ は $\gamma = \rho g$ の関係にある．ここに，g は重力加速度で，海面における値 $g = 9.807\,\mathrm{m/s^2}$ を用いている．

演習問題解答

第 1 章

1.1 K=200 MPa
1.2 104.6 MPa
1.3 2.14 GPa
1.4 (a) $2\mu V/b$ (b) 0
1.5 1.14 Pa·s
1.6 0.375 m/s
1.7 1.08 N
1.8 286 N
1.9 775 W
1.10 $P = \mu b \ell V^2 / h$
1.11 最小2乗法を用いて τ と $\dot{\gamma}\,(= d\gamma/dt)$ の回帰式を求め，それより $d\tau/d\dot{\gamma}$ を導く．両対数グラフ用紙上に $d\tau/d\dot{\gamma}$ を $\dot{\gamma}$ に対してプロットすると解図 1.1 を得る．これより，$\dot{\gamma} < 70\ \mathrm{s}^{-1}$ ではニュートン流体と考えてよいが，$\dot{\gamma} > 70\ \mathrm{s}^{-1}$ では非ニュートン流体として扱わなければならないことがわかる．
1.12 (a) $T = C(T^{3/2}/\mu) - S$ (b) $C = 1.53 \times 10^{-6}$ Pa·s/K$^{1/2}$, $S = 102$ K

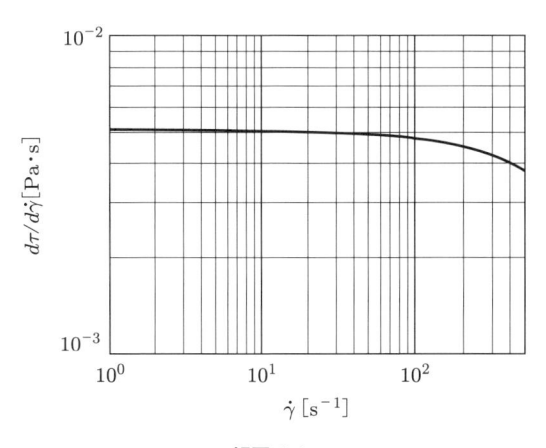

解図 1.1

1.13 (a) $x^2 + y^2 = C$ (b) $xy = C$ (c) $y^3 - 3x^2 y = C$ （C は任意定数）
1.14 (a) $xy = C$ （C は任意定数） (b) 省略 (c) $x = a(1+t)$, $y = b/(1+t)$ (d) $xy = ab$
1.15 省略

第 2 章

2.1 (a) $20/3 \text{ m}^3/\text{s}$ (b) 17 m/s
2.2 11.2 節の記号を用いると, $[\rho] = ML^{-3}$, $[V] = LT^{-1}$, $[p] = ML^{-1}T^{-2}$ であることを用いる.
2.3 (a) 1.26 kg/m^3 (b) $5.42 \times 10^{-3} \text{ m}^3/\text{s}$ (c) 2.96 kPa
2.4 $Q^* = \sqrt{2gh\left(\dfrac{\rho_w - \rho_a}{\rho_a}\right)\dfrac{S_1^2 S_2^2}{S_1^2 - S_2^2}}$
2.5 図 2.8(a) の U 字管の右の管において, 左の管の液面の高さにおける力の静的つり合いを考える.
2.6 $\rho_B/\rho_A = 2.8$
2.7 $v = \sqrt{\dfrac{8FD^2}{\pi\rho(D^4 - d^4)}}$
2.8 $d = \left(\dfrac{1}{D^4} + \dfrac{g\pi^2}{8Q^2}y\right)^{-1/4}$
2.9 運動量変化の式は, (x 方向) $M_1 V \cos\theta + M_2(-V\cos\theta) - MV = -F\sin\theta$, ($y$ 方向) $M_1 V \sin\theta + M_2(-V\sin\theta) = F\cos\theta$ となる.
2.10 7.5 kN
2.11 35 N
2.12 287 N
2.13 (a) $\dfrac{\rho V_2^2}{2S_1}(S_1 - S_2) + p_{\text{atm}}(S_1 - S_2)$ (b) $\dfrac{\rho V_2^2}{2S_1}(S_1 - S_2)$
2.14 0.15 m
2.15 $\rho S V^2 \sqrt{2(1-\cos\alpha)}$
2.16 (a) 1451 N (b) $-22.5°$ (c) 27 m/s^2
2.17 $V = 1.6 \text{ m/s}$, $\theta = 64°$, $D = 0.11 \text{ m}$
2.18 (a) 10 m/s (b) 5.1 m (c) $V_\text{C} = \sqrt{V_\text{B}^2 - 2gh}$ (d) $F = \rho S_\text{B} V_\text{B} V_\text{C}$ (e) 2.1 m
2.19 (a) $U_\text{B}/U_\text{A} = 1.6$ (b) $p_\text{A} = p_\text{B} + (\rho' - \rho)gh$ (c) $F = \pi d^2 \left[(\rho' - \rho)gh - \dfrac{3}{25}\rho U_\text{A}^2\right]$
2.20 $7.1 \times 10^{-2} \text{ N·m}$
2.21 (a) 0.69 N·m (b) 352 rpm
2.22 34 rpm

演習問題解答　**277**

第 3 章

3.1 実現可能な流れか否かは，与えられた速度成分が連続の方程式 (3.49) を満たすか否かを調べればよい．オイラー方程式の利用には圧力に関する情報が必要なので，この場合は使えない．(a) 可能　(b) 不可能　(c) 不可能　(d) 可能　(e) 不可能　(f) 不可能

3.2 連続の方程式 (3.49) を用いる．次の解の中の $C(x)$, $C(y)$ はそれぞれ x, y の任意関数を表す．(a) $v = -3y\cosh x + C(x)$　(b) $u = -2x(y+1) + C(y)$　(c) $u = 2Ay/x + C(y)$　(d) $v = -\dfrac{2}{3}Axy^3 + C(x)$

3.3 (a) $v = Ay^2/(4x^{3/2})$　(b) $Du/Dt = -\dfrac{1}{4}A^2 y^2 x^{-2}$, $Dv/Dt = -\dfrac{1}{4}A^2 y^3 x^{-3}$

3.4 オイラー方程式 (3.50), (3.51) を用いる．$p = -\dfrac{1}{2}\rho A^2(x^2 + y^2) - \rho g y + p_0$

3.5 (a) $v = -2xy$　(b) $Du/Dt = 2x^3 + 2xy^2$, $Dv/Dt = 2y^3 + 2x^2 y$　(c) $p = p_0 - \dfrac{1}{2}\rho(x^4 + 2x^2 y^2 + y^4)$

3.6 $p = p_{\text{atm}} + \rho g(h - y)$

3.7 $p(0) - p(\ell) = \dfrac{3}{2}\rho U_0^2$

3.8 (a) 圧縮性流れ，$D\rho/Dt = -\rho(2yt + xy^2)$　(b) $Du/Dt = 2xy + 4xy^2 t^2 + \dfrac{2}{3}x^2 y^3 t$, $Dv/Dt = \dfrac{2}{3}xy^4 t + \dfrac{1}{3}x^2 y^5$　(c) (接線の勾配) $= [v/u]_{t=2,(x,y)=(2,4)} = 4/3$

3.9 連続の方程式 (3.7) と物質微分の定義 (3.12) を用いて $D\rho/Dt$ を求める．両者が一致しないので，この流れは実現不可能である．

3.10 それぞれの式の右辺を展開し，連続の方程式を考慮しつつ整理すればよい．

3.11 $\dfrac{\partial p}{\partial x} = \left(\dfrac{\partial p}{\partial \rho}\right)\left(\dfrac{\partial \rho}{\partial x}\right) = a^2\left(\dfrac{\partial \rho}{\partial x}\right)$ のように変形できることを利用する．

3.12 圧縮性流れの連続の方程式 (3.7) を用いる．$\rho(t) = \dfrac{\rho_0 \ell_0}{\ell_0 - Vt}$

第 4 章

4.1 (a) 非回転流れ　(b) 非回転流れ　(c) 非回転流れ　(d) 回転流れ

4.2 56

4.3 $\Gamma = 2A$

4.4 直線 s と同じ向きをもつ単位ベクトルを $\mathbf{n}$ とすると，$U_s = \mathbf{U}\cdot\mathbf{n}$ である．

4.5 省略

4.6 図 4.21 の座標 (x,y) を (X,Y) に置き換えたとき，図 4.22 の座標 (x,y) との間に $X = (x-a)\cos\alpha + (y-b)\sin\alpha$, $Y = -(x-a)\sin\alpha + (y-b)\cos\alpha$ が成り立つことを利用する．

4.7 (a) $\psi = \tan^{-1}\dfrac{y}{x}$　(b) $\psi = \dfrac{y}{x^2 + y^2}$　(c) $\psi = x^3 y - xy^3$　(d) $\psi = xy^2$

4.8 1 本の流線に沿って ψ の全微分 $d\psi$ が 0 であることを示せばよい．

4.9 (a) $u = 3x^2 - 3y^2$, $v = -6xy$ (b) $\partial u/\partial x + \partial v/\partial y = 0$ または $\partial \phi^2/\partial x^2 + \partial \phi^2/\partial y^2 = 0$ が成り立つことを示せばよい． (c) $\psi = 3x^2y - y^3$ (d) 流線の方程式は $y = 0$, $y = \pm\sqrt{3}x$ である．図は省略． (e) $|b|^3$

4.10 (a) $\partial \phi^2/\partial x^2 + \partial \phi^2/\partial y^2 = 0$ が成り立つことを示せばよい． (b) $u = 2x \geqq 0$, $v = -2y \leqq 0$ である． (c) $\psi = 2xy$ (d) $Q = \psi(x_w, y_w) - \psi(0,0) = 2x_w y_w$

4.11 (a) 満たす． (b) $\tau = \dfrac{2\mu U}{h}$．向きは x 軸正方向． (c) $\psi = \dfrac{U}{3h^2}y^2(3h - y)$ (d) $Q = \psi(y = h) - \psi(y = 0) = \dfrac{2}{3}Uh$ (e) $\zeta = \dfrac{2U}{h^2}(y - h)$

4.12 (a) 満たす． (b) $\psi = U\left(y - \dfrac{y^3}{3b^2}\right)$ (c) $Q = \psi(y = b) - \psi(y = -b) = \dfrac{4}{3}Ub$ (d) 流れの領域のいたるところで渦度が 0 ではないのでこの流れは回転流れである．したがって速度ポテンシャルは存在しない．

4.13 (a) $v = -2xy$ (b) $\psi = x^2y - \dfrac{1}{2}y^2$ (c) 流線の方程式は $y = 0$, $y = 2x^2$ である．図は省略． (d) $Q = \psi(0,0) - \psi(0,2) = 2$ (e) 流れの領域のいたるところで渦度が 0 ではないのでこの流れは回転流れである．したがって速度ポテンシャルは存在しない．

4.14 (a) $u = -3$, $v = -3x^2$ (b) $Du/Dt = 0$, $Dv/Dt = 18x$ (c) $\zeta = -6x$

4.15 (a) $\psi = \dfrac{\sigma}{2\pi}\tan^{-1}\dfrac{y}{x} - \dfrac{\Gamma}{2\pi}\ln\sqrt{x^2 + y^2}$

(b) $u = \dfrac{\sigma x - \Gamma y}{2\pi(x^2 + y^2)}$, $v = \dfrac{\sigma y + \Gamma x}{2\pi(x^2 + y^2)}$ (c) 流線の方程式を求め，表計算ソフトを使って流線上の点の座標を計算して，流線を描くと，解図 4.1 を得る．

4.16 (a) $\psi = Uy + \dfrac{\sigma}{2\pi}\tan^{-1}\dfrac{y}{x}$

(b) $u = U + \dfrac{\sigma}{2\pi}\dfrac{x}{x^2 + y^2}$, $v = \dfrac{\sigma}{2\pi}\dfrac{y}{x^2 + y^2}$ (c) $\left(-\dfrac{\sigma}{2\pi U}, 0\right)$ (d) 流線の方程式は

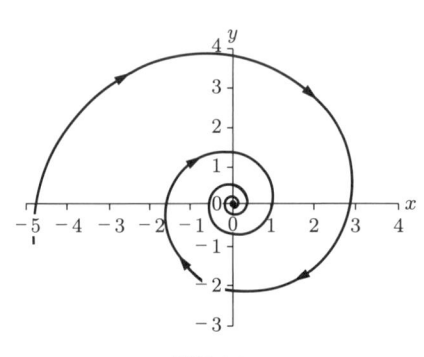

解図 4.1

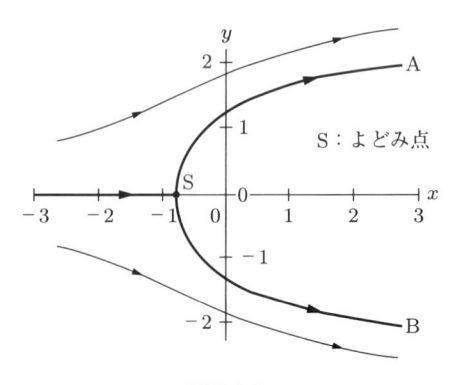

解図 4.2

$Uy + \dfrac{\sigma}{2\pi}\tan^{-1}\dfrac{y}{x} = 0$ である．演習問題 4.15(c) と同じ方法で流線を描くと，解図 4.2 の太い実線の曲線を得る．点 S がよどみ点である．曲線 ASB を固体表面とみなすと，これは先端を丸めた半無限の板状物体のまわりの流れを表している．

第 5 章

5.1 20 N

5.2 $F = \dfrac{5}{3}\rho U^2 W R$．力 F は建物を持ち上げる向きに作用する．

5.3 $u_r = 0$ と $1 - R^2/r^2 \neq 0$ より $\cos\theta = 0$ を得る．$\theta \neq \pi/2$ より $\theta = 3\pi/2$ となる．この条件の下で $u_\theta = 0$ を解けばよい．

5.4 37 m/s

5.5 (a) $V_1 = \sqrt{2gh}$, $V_2 = \sqrt{2g(h+\ell)}$, $p_1 = p_2 = 0$ (b) $V_1 = V_2 = \sqrt{2g(h+\ell)}$, $p_1 = -\rho g\ell$, $p_2 = 0$ (c) 容器 B の方が大きい．

5.6 (a) $V_C = 11$ m/s (b) $h = 8.6$ m (c) B における圧力を p_B，大気圧を p_{atm} とすると，$p_B < p_{atm}$ となるので，水は外へ噴出しない．

5.7 (a) $h = 0.68$ m (b) d_1 を大きくする方がよい． (c) d_2 を小さくする方がよい．

5.8 (a) $V_A = \sqrt{2g(H - \ell\sin\theta)}$ (b) $V_B = \cos\theta\sqrt{2g(H - \ell\sin\theta)}$ (c) $h = \ell\sin\theta + H\sin^2\theta - \ell\sin^3\theta$ (d) $F = 2\rho g S\cos\theta(H - \ell\sin\theta)$

5.9 油と空気の界面上に点 A，油と水の界面上に点 B，底の穴に点 C を設け，AB 間，BC 間でそれぞれベルヌーイの式を立てる．$Q = 13$ L/s

5.10 $Q = 4.4$ L/s, $h = 0.63$ m

5.11 (a) $p_1 = \rho g(h_1 - y)$, $p_2 = \rho g(h_2 - y)$ (b) $V_1 = \sqrt{\dfrac{2gh_2^2}{h_1 + h_2}}$ (c) $F = \dfrac{\rho g(h_1 - h_2)^3}{2(h_1 + h_2)}$

5.12 $h(t)$ は常微分方程式

$$\frac{dh}{dt} = -\sqrt{\frac{2ga^2}{A^2 - a^2}}\sqrt{h}$$

を解いて求める．$V(t)$ は

$$V = -\frac{A}{a}\frac{dh}{dt}$$

で求める．

$$h(t) = \left[\sqrt{H} - \sqrt{\frac{ga^2}{2(A^2 - a^2)}}\,t\right]^2, \quad V(t) = \sqrt{\frac{2gHA^2}{A^2 - a^2}} - \frac{gaA}{A^2 - a^2}t$$

5.13 実際にスプーンを水流に近づけてスプーンの動きを確かめてみればよい．理由については，スプーンの両側に 2 点を設け，その点における圧力を比較してみる．

5.14 カーテンの両側に高さの同じ 2 点を設け，その点における圧力を比較してみる．

第 6 章

6.1 (面 A にはたらくせん断力) $= -4\mu ab$, (面 B にはたらくせん断力) $= -2\mu b^2$

6.2 (a) $P_x = 6\mu U/h^2$ (b) 速度分布は $u/U = 3(y/h)^2 - 2(y/h)$ で与えられる．図は省略． (c) $P_x = 2\mu U/h^2$ (d) 速度分布は $u/U = (y/h)^2$ で与えられる．図は省略．

6.3 (a) $u = 0$, $v = \dfrac{g}{2\nu}(x-h)^2 + V - \dfrac{gh^2}{2\nu}$ (b) $V - \dfrac{gh^2}{3\nu}$ (c) 省略

6.4 (a) ナビエ・ストークス方程式 (6.8) において，$u = u(y)$, $v = 0$, $X = g\sin\theta$, $Y = -g\cos\theta$ である．$u = \dfrac{g\sin\theta}{2\nu}(2hy - y^2)$, $v = 0$, $p = \rho g(h-y)\cos\theta$ (b) $y = h$ で最大流速 $gh^2 \sin\theta/(2\nu)$ が生じる． (c) 省略 (d) $Q = gh^3\sin\theta/(3\nu)$ (e) $U = gh^2\sin\theta/(3\nu)$ (f) 速度分布は $u/U = -\dfrac{3}{2}(y/h)^2 + 3(y/h) - 1$ で与えられる．図は省略．

6.5 (a) $u = \dfrac{P_x - \rho g\sin\theta}{2\mu}(y^2 - hy) - \dfrac{U}{h}y$, $v = 0$ (b) $p = \dfrac{p_\text{A} - p_\text{O}}{\ell}x - (\rho g\cos\theta)y + p_\text{O}$ (c) 速度成分 u の分布形は，重力によって生じる右向きの流れと上板の移動によって生じる左向きの流れの速さの相対的な関係によって変わる．$[du/dy]_{y=0}$ と 0 の大小関係によって三つに分類する必要がある．図は省略． (d) 省略

6.6 $A = c/\sqrt{mk}$, $B = C = 1$

6.7 $\dfrac{\partial^2 w^*}{\partial t^{*2}} + \left(\dfrac{I}{A^2}\right)\dfrac{\partial^4 w^*}{\partial t^{*4}} = 0$. 無次元数は I/A^2 である．

6.8 $Gr = \dfrac{\rho_0^2 g \beta L^3 \Delta T}{\mu^2}$, $Pr = \dfrac{\mu c_v}{\kappa}$

6.9 (a) 833 m/s (b) 10 倍 (c) $D_p/D_m = 10$

6.10 1.25 N

6.11 (a) 式 (6.79) の両辺を x で，式 (6.80) の両辺を y で偏微分したものを辺々足してみる．次に，式 (6.80) の両辺を x で偏微分した式から，式 (6.79) の両辺を y で偏微分した式を辺々引いてみる．
(b) 渦度 ζ が流れ関数 ψ を用いて $\zeta = -(\partial^2\psi/\partial x^2 + \partial^2\psi/\partial y^2)$ のように表されることを利用する．

6.12 球にはたらく抗力，浮力，重力をそれぞれ D, B, W とすると，$D + B - W = 0$ である．D に対してストークスの抵抗式を利用する．

6.13 省略

6.14 式 (6.8) の第 2 式の両辺を x で偏微分した式から，式 (6.8) の第 1 式の両辺を y で偏微分した式を辺々引いてみる．

第 7 章

7.1 (a) $D_f = \rho b \int_0^\delta V(y)[U - V(y)]\, dy$ (b) $\dfrac{2}{15}$ (c) $\dfrac{\delta^*}{\delta} = \dfrac{1}{3}$, $\dfrac{\theta}{\delta} = \dfrac{2}{15}$

7.2 (a) 境界層近似を用いて $\dfrac{\partial v}{\partial x} \sim \dfrac{\ell}{L^2}U$, $\dfrac{\partial u}{\partial y} \sim \dfrac{U}{\ell}$ より $\dfrac{\partial u}{\partial y} \gg \dfrac{\partial v}{\partial x}$ を導く.

(b) $\dfrac{\sigma_{yx}}{\left[\frac{1}{2}\rho U^2 \sqrt{\nu/(Ux)}\right]} = 2f''(\eta)$ である. 図は省略.

7.3 (a) 断面 1 と 2 の流速分布の違いを考える. (b) $\dfrac{U_2}{U_1} = \dfrac{h}{h - 2\delta^*}$

(c) $p_2 - p_1 = \dfrac{\rho U_1^2}{2}\left[1 - \dfrac{h^2}{(h - 2\delta^*)^2}\right]$

7.4 (a) $\delta_{99} = 14$ mm, $\delta^* = 4.9$ mm, $\theta = 1.9$ mm (b) $D_f = 3.4$ N

7.5 $x = 0.93$ m

7.6 5.5×10^{-5} N

7.7 7.6 節の結果を利用する. 0.26 N

7.8 $V_b/V_a = (b/a)^{1/3}$

7.9 (a) $A_0 = A_2 = 0$, $A_1 = 2$, $A_3 = -2$, $A_4 = 1$ (b) $A = 0$, $B = 1$, $C = \pi/2$ (c) $A = 1/2$, $B = -1/2$, $C = \pi$

7.10 (a) $\delta = 5.84\sqrt{\nu x/U}$, $\delta^* = 1.75\sqrt{\nu x/U}$, $\theta = 0.685\sqrt{\nu x/U}$, $\tau_w = 0.343\mu U\sqrt{U/(\nu x)}$ (b) 表 7.2 を参照. ただし, $\alpha = 1 - 2/\pi$, $\beta = 2/\pi - 1/2$, $\gamma = \pi/2$ である.

7.11 $\delta = 4.12\sqrt{\nu x/U}$, $\delta^* = 1.71\sqrt{\nu x/U}$, $\theta = 0.648\sqrt{\nu x/U}$, $\tau_w = 0.324\mu U\sqrt{U/(\nu x)}$

7.12 $A_0 = 0$, $A_1 = 2 + \lambda/6$, $A_2 = -\lambda/2$, $A_3 = -2 + \lambda/2$, $A_4 = 1 - \lambda/6$. ただし $\lambda = (\delta^2/\nu)(dU/dx)$.

7.13 $A_0 = A_1 = 0$, $A_2 = 3$, $A_3 = -2$ 図は省略.

7.14 省略

第 8 章

8.1 0.34

8.2 最高速さを $V_{\max}$, 最大出力を $P_{\max}$, 自動車にはたらく抗力を D とすれば, $P_{\max} = DV_{\max}$ である. (a) $D = \dfrac{1}{2}\rho V_{\max}^2 A C_D$ である. $V_{\max} = 42$ m/s (b) 向かい風の速さを V_{wind} とするとき $D = \dfrac{1}{2}\rho(V_{\max} + V_{\text{wind}})^2 A C_D$ である. $V_{\max} = 34$ m/s

8.3 31 m/s

8.4 (a) 表 8.1 より $C_D = 2.30$ を用いる. $T = 0.575\rho\omega^2 d\ell^4$ (b) 166 rpm

8.5 $T_1 = \dfrac{1}{64}\rho\omega^2 d\ell^4 C_D$, $T_2 = \dfrac{1}{8}\rho\omega^2 d\ell^4 C_D$ より $\dfrac{T_2}{T_1} = 8$ である.

8.6 半球面の抗力係数には表 8.2 の数値を用いる. ただし, 気流に対する半球面の向きに

よって値が異なる．抗力を求めるときの気流の速さは，半球面に対する相対速さであることに注意しなければいけない．212 rpm

8.7 $k = 3.10d$

8.8 $\omega = 0.242(U/\ell)$

8.9 解表 8.1 のとおり．

解表 8.1

ボールの種類	抗力 [N]	(減速度)/(重力加速度)
ディンプルのあるゴルフボール	0.81	1.8
表面がなめらかなゴルフボール	1.69	3.8
卓球のボール	0.11	4.3

8.10 $U = 6.3$ cm, $Re = 5.6$

8.11 (a) 41 N　(b) 131 N

8.12 $\theta = 20°$

8.13 (a) 4.8 N　(b) 100 N

8.14 流氷の海面上の部分が受ける抗力を D_1，海面下の部分が受ける抗力を D_2 とする．流氷が一定の速さで動き続けるとき $D_1 = D_2$ が成り立つ．この式より V に関する 2 次方程式を導く．2 根のうち $V > U$ となる根は無縁根である．

$$V = \frac{\sqrt{7\rho_w \rho_a} - \rho_a}{7\rho_w - \rho_a} U$$

8.15 $D = 3\pi\mu U d = \frac{1}{2}\rho U^2 (\pi d^2/4) C_D$ より C_D を求め，$Re = \rho U D/\mu$ を用いて整理すればよい．

8.16 ボールにはたらく抗力，浮力，重力をそれぞれ D, B, W とする．静止水面を $y = 0$ とする y 軸を鉛直下向きにとり，y 方向のボールの速さを v とする．ボールの質量を m とするとき，ボールの運動方程式は $m(dv/dt) = W - D - B$ である．$y = h$ において $v = 0$ である．

$$h = \frac{2d}{3C_D}\left(\frac{\rho_a}{\rho_w}\right) \ln\left[\frac{3C_D}{4gd(1-\rho_b/\rho_w)} V_0^2 + 1\right]$$

8.17 例題 8.4 と同じ図式解法を使って U を求める．$U = 3.7$ m/s

8.18 例題 8.4 と同じ図式解法を用いる．$U > 22$ m/s

第 9 章

9.1 $Re = \rho U^{2-n} L^n / K$

9.2 $\mathbf{D} = \begin{bmatrix} 3 & 1 & 1 \\ 1 & 1 & 2 \\ 1 & 2 & -4 \end{bmatrix}$, $\dot{\gamma} = 2\sqrt{19}$

9.3 $a = -b = \pm 6 \text{ s}^{-1}$

9.4 式 (9.9) の両辺の常用対数をとると $\log \eta = \log K + (n-1) \log \dot\gamma$ となる．最小 2 乗法を用いて $\log \eta$ と $\log \dot\gamma$ の回帰式を求め，$\log K$ と $n-1$ の値を決定する．
$K = 89480 \text{ Pa·s}^{0.46}$, $n = 0.46$.

9.5 (a) $u(y) = u_{\max}\left[1 - \left(1 - \dfrac{y}{h}\right)^{\frac{n+1}{n}}\right]$, $v = 0$, $p = \rho g (h-y) \cos\theta + p_{\text{atm}}$

(b) 解図 9.1 のとおり

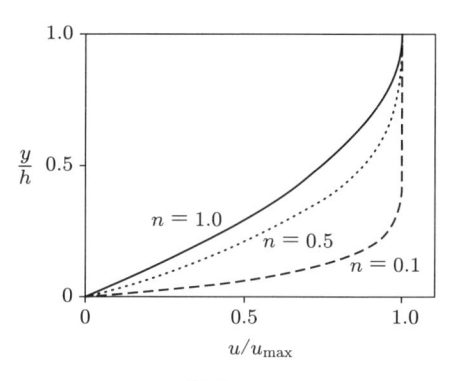

解図 **9.1**

参 考 文 献

[1] 流れの可視化学会 編，流れの可視化ハンドブック，朝倉書店，1989.
[2] Van Dyke, M., An Album of Fluid Motion, The Parabolic Press, 1982.
[3] 日本機械学会 編，写真集 流れ，丸善，1984.
[4] 種子田定俊，画像から学ぶ流体力学，朝倉書店，1989.
[5] 小林敏雄 監修，岡本孝司，川橋正昭，西尾 茂 訳，PIV の基礎と応用，シュプリンガー・フェアラーク東京，2000.
[6] 可視化情報学会 編，PIV ハンドブック，森北出版，2002.
[7] Ferziger, J. H., Perić, M. 共著，小林敏雄，谷口伸行，坪倉 誠 共訳，コンピュータによる流体力学，シュプリンガー・フェアラーク東京，2003.
[8] 中山 司，流れ解析のための有限要素法入門，東京大学出版会，2008.
[9] 金原寿郎 編，基礎物理学 (上)，裳華房，1971.
[10] Fung, Y. C. 著，大橋義夫，村上澄男，神谷紀生 共訳，連続体の力学入門，改訂版，培風館，2000.
[11] 中村育雄，流体解析ハンドブック，共立出版，1998.
[12] 大橋秀雄，流体力学 (1)，標準機械工学講座 11，コロナ社，1982.
[13] 日本流体力学会編，流体力学ハンドブック，第 2 版，丸善，1998.
[14] 日野幹雄，流体力学，朝倉書店，1994.
[15] Granger, R. A., Fluid Mechanics, Dover Publications, Inc., New York, 1995.
[16] Howarth, L., "On the solution of the laminar boundary layer equations", Proceedings of the Royal Society of London, Series A, Vol. 164, pp. 547–579 (1938).
[17] 流れの可視化学会 編，流れのファンタジー，ブルーバックス B629，講談社，1986.
[18] 巽 友正 編，乱流現象の科学，東京大学出版会，1986.
[19] 木田重雄，柳瀬眞一郎，乱流力学，朝倉書店，1999.
[20] Morrison, F. A., Understanding Rheology, Oxford University Press, New York, 2001.
[21] Phan-Thien, N., Understanding Viscoelasticity: Basics of Rheology, Springer-Verlag, Berlin, 2002.
[22] 中村喜代次，非ニュートン流体力学，コロナ社，1997.
[23] 白樫正高，増田 渉，高橋 勉，流体工学の基礎 – 乱流，圧縮性流れ，非ニュートン流体，丸善，2006.
[24] 眞島正市，磯部 孝 編，計測法通論，東京大学出版会，1981.
[25] 日本機械学会 編，機械工学便覧，A5 流体工学，丸善，1988.
[26] Munson, B. R., Young, D. F. and Okiishi, T. H., Fundamentals of Fluid Mechanics, Second edition, John Wiley & Sons, Inc., New York, 1994.

索　引

英字先頭

CFD　8
fading memory　239
method of repeating variables　267
nonrepeating variable　267
PIV　8
repeating variable　267
rpm　25
shear-thickening　229, 232
shear-thinning　228, 232
U字管　32
　　──マノメーター　248

あ　行

圧縮性　13
　　──流れ　21
　　──流体　13
　　非──　13
　　非──流れ　21
　　非──流体　13
圧縮率　13, 265
圧力　10, 265
　　──抗力　4, 191, 204
　　──方程式　112
　　──係数　114, 213
　　──損失　190, 257
　　よどみ点──　31, 252
圧力計　247
　　液柱──　247
　　弾性──　250

　　ブルドン管──　250
　　ベローズ──　251
圧力変換器　247, 251
　　静電容量型──　252
　　電気抵抗型──　251
　　ピエゾ圧電型──　252
アネロイド気圧計　251
アボガドロの法則　9
一様流　96, 113
一般化されたベルヌーイの式　112, 123
一般化されたニュートン流体　231
一般化マクスウェルモデル　240
渦　83, 104, 105
　　──音　196
　　──なし流れ　84
　　──の不生不滅の定理　88, 90, 211
　　──流量計　195
　　──励振　195
　　自由──　105
　　出発──　211
　　双子──　193
渦点　105
　　──の強さ　105
渦度　83
　　──と循環の関係　86
　　──の成分　84
運動学的な量　56
運動方程式　56, 59, 64
　　コーシーの──　64
運動量　34, 265

286　索　引

　　　──厚さ　178
　　　──積分方程式　183
　　　──保存の法則　35
　　　角──　45
　　　──の法則　35, 56
曳糸性　230
エオルス音　196
液柱圧力計　247
エネルギー厚さ　179
エネルギー方程式　56, 67, 74
エネルギー保存の法則　28, 56, 67
円錐-平板粘度計　261
オイラー
　　　──の運動方程式　75
　　　──の方法　56
　　　──方程式　75
応力　62
　　　──緩和　239
　　　垂直──　62
　　　せん断──　62
　　　粘性──　64
応力の構成式　74, 131
　　　ニュートン流体の──　132, 227
　　　マクスウェル流体の──　238
大きさの評価　160
オストワルト粘度計　260
遅い流れ　157
オーダー　157, 159, 169
オリフィス　256
音速　14, 273, 274
温度　12
　　　摂氏──　12
　　　絶対──　12

か　行

回転　82
回転流れ　84
回転粘度計　259, 261
外力　61

角運動量　45
　　　──の法則　45
　　　──方程式　45, 65
重ね合わせの原理　236
カルマン　182, 194
　　　──渦列　193
カローモデル　233
慣性モーメント　66
完全流体　55
緩和時間　240
気化器　33
基本単位　263
客観性　241
キャンバー　192, 209
境界条件　134
境界層　167
　　　99%──厚さ　176
　　　──厚さ　168, 176
　　　──近似　169
　　　──制御　191
　　　──流れの相似解　175
　　　──のはく離　188, 189
　　　──方程式　171
　　　層流──　213
　　　平板表面の──　168
　　　乱流──　214
共軸円筒粘度計　261
クエット流れ　138
クッタ・ジューコフスキーの定理　119
組立単位　263
グラスホフ数　165
クロスモデル　233
計算流体力学　8
形状抗力　204
ゲージ圧　12
ゲッチンゲン型マノメーター　249
ケルビンモデル　237
検査体積　36
検査面　36

後縁　208
　　——角　209
　　——フラップ　192
構成式　131
　　応力の——　74, 131
　　積分形の——　239
　　ニュートン流体の応力の——　133, 227
　　非粘性流体の——　74
　　微分形の——　239
　　マクスウェル流体の応力の——　238
後方よどみ点　107
高揚力装置　192
後流　193
抗力　4, 40, 115, 203
　　圧力——　4, 191, 204
　　形状——　204
　　——面積　208
　　造波——　204
　　摩擦——　4, 204, 214
　　誘導——　204
抗力係数　204, 211
　　2次元翼の——　209
　　3次元翼の——　209
　　主な2次元物体の——　205
　　主な3次元物体の——　206
　　断面——　209
　　摩擦——　181
　　身近な物体の——　207
コーシーの運動方程式　64
コーシー・リーマンの微分方程式　94
コンシステンシー　232

さ　行

差圧流量計　256
細管粘度計　259
最大矢高　209
最大揚力係数　209

最大翼厚　209
サイフォン効果　230
サザーランドの公式　26
作動円板　41
散逸エネルギー　73
時間依存の流体　231, 235
時間非依存の流体　231
軸受
　　ジャーナル——　158
　　すべり——　158
シクソトロピー流体　232
次元　264
　　——解析　265
実質微分　60
失速　210
　　——角　210
質量保存の法則　27, 56
質量流量　28, 265
絞り流量計　256
ジャーナル軸受　158
自由渦　105
収縮係数　257
終端速さ　262
自由表面　134
縮流　256
出発渦　211
主流　167
循環　85, 104, 210
　　——と渦度の関係　86
巡航　191
状態量　10
初期条件　134
伸長変形　80
振動粘度計　259
吸い込み　97, 98
吸い込み点　98
　　——の強さ　99
水槽実験　151
垂直応力　62

288　索　引

推力　36, 41
すきまフラップ　192
　　　多重——　192
ストークス　133, 158
　　　——近似　157
　　　——流れ　157
　　　——の仮説　133
　　　——の抵抗式　158, 225, 262
　　　——方程式　157
ストローハル数　195
すべり軸受　158
すべり条件　135
すべりなし条件　135
スラット　192
スロット　191
静圧　30, 252, 253
　　　——測定孔　121, 252
静圧管　252
　　　ピトー——　120, 253
静電容量型圧力変換器　252
摂氏温度　12
絶対圧　12
絶対温度　12
接頭記号　263
全圧　30, 252, 253
　　　——測定孔　121, 252
全圧管　252
遷移　202, 214
前縁　208
　　　——スラット　192
　　　——半径　208
線形粘弾性　236
せん断
　　　——応力　15, 17, 62
　　　——ひずみ　15
　　　——変形　15, 81
せん断速度　16, 82, 132, 227
　　　——依存粘性　228
前方よどみ点　107

栓流　245
相似
　　　幾何学的な——　150
　　　力学的な——　150
相似解
　　　境界層流れの——　175
　　　レイリー問題の——　148
造波抗力　204
層流　201
　　　——境界層　213
　　　——の速度分布　202
　　　——はく離　213
速度
　　　せん断——　16, 82, 132, 227
　　　——係数　257
　　　——ポテンシャル　90
　　　ひずみ——　81, 132, 227
　　　変形——　82, 132, 227

　　た　行

大気開放の条件　136
対気速さ　121
対称翼型　209
ダイスウェル　229
体積弾性係数　13
体積弾性率　13
体積流量　28, 260, 265
　　　——と流れ関数の関係　94
対地速さ　121
第2粘性係数　133
ダイラタント流体　233
対流　164
　　　マントル——　4
多重すきまフラップ　192
縦弾性係数　131
ダブレット　103
ダランベールのパラドックス　115
単位　263
　　　基本——　263

　　　　組立―― 263
　　　　誘導―― 263
単位系　263
　　　　SI―― 263
弾性圧力計　250
弾性係数　236
弾性的回復　236
断面抗力係数　209
断面揚力係数　209
力のポテンシャル　61
チクソトロピー流体　232, 235
調和関数　95
定温度型熱線風速計　254
定常流れ　20
定抵抗型熱線風速計　254
定電流型熱線風速計　254
ディフューザー　190
定容比熱　75, 140
低レイノルズ数流れ　157
ディンプル　3, 214
電気抵抗型圧力変換器　251
動圧　30
動粘性係数　134, 265, 273, 274
等方性　132
等ポテンシャル線と流線の関係　95
動力　25
トリチェリの公式　120
トルク　45
トレーサー　7

な 行

内力　61
流れ　10, 81
　　　1次元――　19
　　　2次元――　19
　　　3次元――　20
　　　圧縮性――　21
　　　渦なし――　84
　　　円柱まわりの――　105
　　　遅い――　157
　　　回転――　84
　　　クエット――　138
　　　高レイノルズ数――　181
　　　ストークス――　157
　　　定常――　20
　　　低レイノルズ数――　157
　　　――の可視化　7
　　　速い――　167
　　　非圧縮性――　21
　　　非回転――　84
　　　非定常――　20, 143
　　　ポアズイユ――　136
　　　ポテンシャル――　91, 213
流れ関数　91, 173
　　　2次元圧縮性流れの――　92
　　　3次元流れの――　92
　　　――と体積流量の関係　94
　　　――と流線の関係　94
ナビエ・ストークス方程式　134
　　　――の厳密解　136
2液マノメーター　249
肉厚曲線　209
二重わき出し　100
　　　――の軸　103
二重わき出し点　103
　　　――の強さ　103
ニュートン　16
　　　――粘性　235, 237
　　　――粘性体　235
　　　――の粘性法則　18, 236
ニュートン流体　16, 132, 227
　　　一般化された――　231
　　　――の応力の構成式　132, 227
　　　非――　18, 227
熱線風速計　254
　　　定温度型――　254
　　　定抵抗型――　254
　　　定電流型――　254

熱伝導率　70
熱膜流速計　255
熱力学的な量　56
熱力学の第1法則　67
粘性　15
　　　ニュートン——　235, 237
　　　ニュートンの——法則　18, 236
　　　——応力　64
　　　——係数　17, 131, 265, 273, 274
　　　第2——係数　133
　　　——摩擦力　180
粘弾性
　　　線形——　236
　　　——体　236
　　　——流体　236
粘着条件　135
粘度　15
　　　——の測定　259
粘度計　259
　　　円錐-平板——　261
　　　オストワルト——　260
　　　回転——　259, 261
　　　共軸円筒——　261
　　　細管——　259
　　　振動——　259
　　　平行平板——　259
　　　毛細管——　260
　　　落体——　259, 261
　　　落球——　262
ノズル　257

は 行

排除厚さ　177
パイ数　266
はく離　204, 210, 213
　　　境界層の——　188, 189
　　　層流——　213
　　　乱流——　214
ハーゲン・ポアズイユの法則　260

バッキンガムのパイ定理　266
速い流れ　167
速さ　265
　　　終端——　262
　　　対気——　121
　　　対地——　121
バラス効果　229, 242
非圧縮性　13
　　　——流れ　21
　　　——流体　13
ピエゾ圧電型圧力変換器　252
ピエゾ圧電効果　251
非回転流れ　84
非回転の条件　90
比重　10, 265
比重量　10, 273, 274
ひずみ速度　81, 132, 227
非定常流れ　20, 143
ピトー静圧管　120, 121, 253
　　　——係数　253
　　　標準型——　253
非ニュートン流体　18
　　　——の特徴的な挙動　228
　　　——のモデル化　231
比熱
　　　定容——　75
比熱比　254
非粘性流体　55
　　　——の構成式　74
非粘着条件　135
標準大気　12
ビンガムモデル　234
風洞実験　152
フォークトモデル　237
双子渦　193
フック
　　　——弾性　235, 236
　　　——弾性体　235
　　　——の法則　13, 15, 236

物質微分　60
物理量　263
不変量　231
ブラジウス　172
　　——の解　172, 174
　　——方程式　174
ブラジウス方程式の数値解　175
フラップ
　　後縁——　192
　　すきま——　192
　　多重すきま——　192
プラントル　167
　　——数　165
　　——の境界層方程式　171
フーリエの法則　70
フルード数　155
ブルドン　250
ブルドン管　250
　　——圧力計　250
プロペラ　41
　　——の推進効率　44
噴流　38
平均矢高曲線　209
平行平板粘度計　259
べき乗則指数　232
べき乗則モデル　232
べき乗則流体　232
　　——のポアズイユ流れ　243
ベルヌーイ
　　——の定理　30
　　——関数　166
ベルヌーイの式　30
　　一般化された——　112, 123
ベローズ　251
　　——圧力計　251
変形
　　伸張——　80
　　せん断——　81
変形速度　82, 132, 227

　　——の大きさ　231
ベンチュリ管　32, 190, 257
ポアズイユ流れ　136
　　べき乗則流体の——　243
　　——における流体内の温度分布
　　　140
ポアズイユの法則　260
法線応力効果　241
保存力　61
ポテンシャル流れ　91, 213
　　基本的な——　95
ボルテックスジェネレーター　203

ま行

マクスウェルモデル　237
　　一般化——　240
マクスウェル流体　237
　　——の応力の構成式　238
マグヌス効果　118
摩擦抗力　4, 204, 214
　　——係数　181
マッハ数　14, 254
マノメーター　33, 247
　　傾斜管——　249
　　ゲッチンゲン型——　249
　　2液——　249
　　U字管——　248
密度　8, 10, 265, 273, 274
迎え角　191, 209
無次元化　148
メモリ効果のある流体　231
メモリ効果のない流体　231
面積流量計　258
毛細管粘度計　260
模型実験　149

や行

矢高　209
誘導抗力　204

誘導単位　263
容積流量計　256
揚力　40, 115, 203
　　　——の発生　210
揚力係数　204
　　　2次元翼の——　209
　　　3次元翼の——　209
　　　最大——　209
　　　断面——　209
翼　208, 210
　　　2次元——　208
　　　3次元——　209
翼型　208
　　　対称——　209
翼弦　209
　　　——線　209
　　　——長　209
横弾性係数　15, 131
よどみ点　31, 107
　　　——圧力　31, 252
　　　後方——　107
　　　前方——　107

ら　行

落体粘度計　259, 261
ラグランジュ
　　　——の渦定理　90
　　　——の方法　55
落球粘度計　262
ラプラス方程式　90
乱流　201
　　　——境界層　214
　　　——はく離　214
　　　——の速度分布　202
　　　——の輸送効果　202
　　　——への遷移　202
理想流体　55
流管　27
流跡線　22, 23

流線　21, 23, 94
　　　——と流れ関数の関係　94
　　　——と等ポテンシャル線の関係　95
流体　9
　　　圧縮性——　13
　　　完全——　55
　　　時間依存の——　231
　　　時間非依存の——　231
　　　シクソトロピー——　232
　　　ダイラタント——　233
　　　チクソトロピー——　232, 235
　　　ニュートン——　16, 132, 227
　　　非圧縮性——　13
　　　非ニュートン——　18, 227
　　　非粘性——　55
　　　べき乗則——　232
　　　マクスウェル——　237
　　　メモリ効果のある——　231
　　　メモリ効果のない——　231
　　　理想——　55
　　　——粒子　22, 59
　　　——静力学　10
　　　——動力学　10
　　　レオペクシー——　235
流体力学　10
　　　計算——　8
流動　10
流脈線　23
流量
　　　質量——　28, 265
　　　体積——　28, 260, 265
　　　——係数　257
　　　——の測定　256
流量計　256
　　　渦——　195
　　　差圧——　256
　　　絞り——　256
　　　面積——　258
　　　容積——　256

臨界レイノルズ数　202, 205, 213
レイノルズ　201
　　——の相似法則　149, 151
　　——の実験　201
レイノルズ数　149, 211
　　臨界——　202, 205, 213
　　——の大きさ　154
　　——の物理的意味　153
レイリー層　147
　　——の厚さ　147
レイリー問題　143
　　——の相似解　148
レオペクシー流体　235

レオロジー　228
レーザードップラー流速計　255
連続体　9
連続の方程式　28, 56, 58
ロタメーター　259
ロッド・クライミング効果　229

わ　行

ワイセンベルグ効果　229, 242
わき出し　97, 98
わき出し点　98
　　——の強さ　99

著者略歴

中山 司（なかやま・つかさ）
1975 年　東京大学工学部航空学科卒業
1980 年　東京大学大学院工学系研究科博士課程単位取得退学
現　在　中央大学教授（理工学部精密機械工学科）
　　　　工学博士

編集担当	大橋貞夫・小林巧次郎（森北出版）
編集責任	水垣偉三夫（森北出版）
組　版	アベリー
印　刷	エーヴィス
製　本	ブックアート

流体力学 ― 非圧縮性流体の流れ学 ―　　　© 中山 司 2013
2013 年 10 月 2 日　第 1 版第 1 刷発行　【本書の無断転載を禁ず】

著　者　中山　司
発行者　森北博巳
発行所　森北出版株式会社
　　　　東京都千代田区富士見 1-4-11（〒102-0071）
　　　　電話 03-3265-8341 ／ FAX 03-3264-8709
　　　　http://www.morikita.co.jp/
　　　　日本書籍出版協会・自然科学書協会　会員
　　　　JCOPY ＜(社)出版者著作権管理機構 委託出版物＞

落丁・乱丁本はお取替えいたします．

Printed in Japan ／ ISBN978-4-627-67441-7